TURING 图灵程序设计丛书

Third Edition

Hello World!

Computer Programming for Kids and Other Beginners

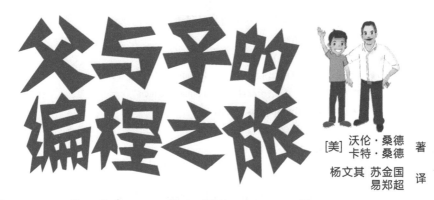

父与子的编程之旅

[美] 沃伦·桑德
卡特·桑德 著

杨文其 苏金国
易郑超 译

与小卡特一起学Python（第3版）

人民邮电出版社
北京

图书在版编目（CIP）数据

父与子的编程之旅：第3版. 与小卡特一起学Python/
（美）沃伦·桑德（Warren Sande），（美）卡特·桑德
（Carter Sande）著；杨文其，苏金国，易郑超译. --
北京：人民邮电出版社，2020.10
（图灵程序设计丛书）
ISBN 978-7-115-54724-8

Ⅰ. ①父… Ⅱ. ①沃… ②卡… ③杨… ④苏… ⑤易…
Ⅲ. ①软件工具－程序设计 Ⅳ. ①TP311.561

中国版本图书馆CIP数据核字(2020)第161362号

内 容 提 要

　　编程是一项充满乐趣的挑战，想上手非常容易！在本书中，沃伦和卡特父子以亲切的笔调、通俗的语言，透彻、全面地介绍了计算机编程世界。他们以简单易学的 Python 语言为例，通过可爱的漫画、有趣的示例，生动地介绍了变量、循环、输入和输出、数据结构以及图形用户界面等基本的编程概念。与第 2 版不同，第 3 版的示例使用 Python 3 而不是 Python 2，另外添加了关于网络的新内容。只要懂得计算机的基本操作，任何人都可以跟随本书，由简入难，学会编写 Python 程序，甚至制作游戏。

　　本书适合青少年和其他所有 Python 初学者，尤其适合用作亲子学习材料。

◆ 著　　　[美] 沃伦·桑德　卡特·桑德
　　译　　　杨文其　苏金国　易郑超
　　责任编辑　谢婷婷
　　责任印制　周昇亮

◆ 人民邮电出版社出版发行　　北京市丰台区成寿寺路11号
　　邮编　100164　电子邮件　315@ptpress.com.cn
　　网址　https://www.ptpress.com.cn
　　廊坊市印艺阁数字科技有限公司印刷

◆ 开本：700×1000　1/16
　　印张：27　　　　　　　　　　　2020年10月第1版
　　字数：498千字　　　　　　　　2025年3月河北第24次印刷
　　　　　　著作权合同登记号　图字：01-2020-1750 号

定价：119.00元
读者服务热线：(010)84084456-6009　印装质量热线：(010)81055316
反盗版热线：(010)81055315

对本书第1版的赞誉

"这是一本同时适合小朋友和大朋友的好书。"

——Gordon Colquhoun，Avalon Consulting Services 公司计算机顾问

"这是一本为成长中的人们编写的 Python 书。"

——John Grayson 博士，《Python 与 Tkinter 编程》作者

"这本书读起来很有意思，学起来也很有意思！"

——André Roberge 博士，加拿大圣安娜大学校长

"作者写了一本很友好也很有教育意义的编程书，学习起来很有趣也很轻松。"

——Bryan Weingarten，软件架构师

"我隆重推荐这本书！"

——Horst Jens，Python 教师，*Programming While Playing* 作者

"Python 是非常棒的编程入门语言。我非常高兴看到这本专门为孩子写的 Python 书。"

——Jeffrey Elkner，教育工作者

"如果要教给孩子一件事，那就是原则。如果要教给孩子两件事，那就是原则和计算机编程。要教后者，只要有这本书就够了。"

——Josh Cronemeyer，ThoughtWorks 高级软件顾问

"我很喜欢这本书中与卡特的互动……我的学生非常喜欢那个电子宠物程序！这让我回想起自己多年前拥有的 Tamagotchi 电子宠物。"

——Kari J. Stellpflug，教育工作者

"计算机编程是一种培养孩子学习能力的有力工具……学习编程的孩子会把这种能力运用到其他方面。"

——Nicholas Negroponte，"每个孩子一台笔记本计算机"计划发起人

对本书第 2 版的赞誉

"通过这本书来学习编程，真是再简单不过了！"

——Shawn Stebner，英特尔公司网络工程师

"这本书将编程变得和煎培根一样容易。"

——Elisabet Gordon，中学生

"对任何人来说，这都是一本非常出色的 Python 入门书。它非常有趣！"

——Mason Jenkins，中学生

"上到 88 岁，下到 8 岁，任何想学习编程的人都可以阅读这本书。它不仅以一种有趣的方式介绍了 Python 编程，而且其中的最佳实践还适用于学习其他编程语言。"

——Ben Ooms，Sogeti 公司软件工程师

"不论老幼，只要想学习编程这项必备且有趣的技能，这都是一本非常好的入门书。"

——Sue Gee，I-Programmer 网站编辑

"作者由浅入深，直到教会读者制作有趣的 2D 图形游戏和模拟器。Python 是我向编程新手推荐的首选语言，这本书正是非常好的学习资源。第 1 版出版后，我就一直向学生推荐它。"

——Dave Briccetti，软件开发工程师和教师

前　　言

你或许认为，前言就是写在正文之前的内容，不涉及重要知识，可以跳过它直接读正文。如果真的是这样，你当然可以跳过前言，不过谁知道你会不会漏掉什么好东西。你真的想好了吗？反正前言篇幅也不长，也许你应该看看再说，说不定会有意想不到的收获。

什么是编程

很简单，编程就是告诉计算机要执行什么操作。计算机只是没有思想的机器，它并不知道执行某项操作的具体细节，也就是说，一切都要明确地告诉它，还要确保所有信息都准确。

不过，一旦给计算机"下达"了正确的指令，它就能做很多让人惊奇的事情。

术语箱

　　指令（instruction）就是发送给计算机的基本命令，它通常要求计算机做某件特定的事情。

计算机程序由多条指令组成。之所以计算机能完成这么多了不起的事情，是因为有许多聪明的程序员编写了软件来告诉它操作的细节。软件就是在计算机上运行的程序，它既可以是单个程序，也可以是多个程序的集合。有些软件运行在与当前计算机相连的另一台计算机上，比如 Web 服务器。

到底怎么回事？

计算机要用数量非常庞大的电路来"思考"，最基础的电路就是一些开关。

工程师和计算机科学家使用 1 和 0 来代表"开"和"关"，所有这些 1 和 0 都是一种二进制代码。二进制实际上就表示"两种状态"，这两种状态分别是"开"和"关"，也就是 1 和 0。

你知道吗？"二进制数字"就是我们常说的"位"。

Python——我们与计算机沟通的语言

所有计算机内部都使用二进制代码描述指令，不过大多数人并不擅长使用这种语言。我们需要一种更简便的方法来告诉计算机需要执行的操作，编程语言就此诞生了。利用计算机编程语言，我们可以先用一种自己能理解的方式编写程序，然后再把它翻译成二进制代码供计算机使用。

当然，编程语言有很多种，但本书选用 Python，教你如何使用 Python 来告诉计算机如何操作。

强烈建议使用 Hello World 安装程序来安装本书所需的 Python 版本，可以访问本书网站（https://www.manning.com/books/hello-world-third-edition）下载并安装 [①]。

为什么学编程

你可能不会成为专职的程序员（大多数人不会），不过学习编程确实有很多理由。

- ❏ 最重要的理由就是你想学！不论是作为业余爱好还是作为职业技能，编程都会很有意思，并会让你受益良多。
- ❏ 如果你对计算机感兴趣，想更多地了解它的工作方式，想知道如何让它执行预期的操作，这也不失为学习编程的一个好理由。
- ❏ 也许你想自己编写游戏，或者找不到合适的程序能完全满足你的需要，如果是这样，你就会想自己编写程序。
- ❏ 如今计算机已经无处不在，无论是在工作中、在学校里还是在家里，都很有可能要用到计算机。学习编程能帮助你从总体上更好地了解计算机。

为什么选用 Python

现在编程语言确实太多了！那么，对于这样一本给孩子看的编程书，为什么要选择 Python 来讲解呢？主要有以下几个原因。

---

① 也可以访问图灵社区，下载随书文件：http://www.ituring.cn/book/2834。——编者注

❑ 最初创建 Python 的出发点就是为了便于学习。在我所用过的所有计算机语言中，Python 是最易读、最方便编写，也是最好理解的。

❑ Python 是免费的。你可以下载 Python，还可以下载很多用 Python 编写的既好玩又有用的程序，所有这些都是免费的。

❑ Python 是开源软件。从某个角度来说，"开源"指的是任何用户都可以扩展 Python，也就是创建一些新"工具"。当补充这些新工具后，就可以用 Python 实现更多操作，或者尽管是执行同样的操作，但是有了这些新工具后，执行起来也会比原来更容易。很多人已经实现了这种扩展，目前已经有非常多的免费 Python 工具可供下载。

❑ Python 并不是"玩具"。确实，它非常适合学习编程，不过实际上全世界每天都有成千上万的专业人士在使用这种语言，包括在美国国家航空航天局、谷歌等机构和公司工作的程序员。所以，在学习 Python 后，你不用再去学"真正"的语言来编写"真正"的程序，很多工作完全可以使用 Python 来完成。

❑ Python 可以在各种计算机上运行，包括运行 Windows、macOS 和 Linux 等操作系统的计算机。在大多数情况下，如果一个 Python 程序可以在 Windows 计算机上运行，那么它也可以在 Mac 计算机上运行。本书中的程序适用于大多数安装了 Python 的计算机。（另外要记住，如果你要用的计算机上还没有安装 Python，完全可以免费安装。）

❑ 我自己很爱 Python，希望你也会和我一样。

像程序员一样思考

虽然本书使用 Python，但是书中介绍的有关编程的大部分内容同样适用于其他编程语言。学习用 Python 编程可以让你有一个很好的起点，有了这个基础，将来学习任何其他编程语言都会很轻松。

还有一点需要指出……

使用计算机最有趣的一点就是玩游戏，游戏中的图像和音效对孩子尤其有吸引力。我们将学习如何自己编写游戏，在这个过程中，我们还会利用图形和声音做很多工作。下面就是我们要开发的一些程序的屏幕截图。

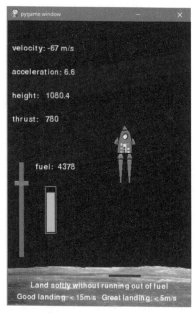

不过我认为，也可以说至少我希望，就像让飞船和滑雪者在屏幕上移动一样，你会发现学习这些基础知识并编写第一个 Python 程序同样很有趣。

祝你玩得开心！

致　　谢

第 1 版

如果没有我的好妻子 Patricia，没有她给予的灵感、鼓励和支持，本书的创作根本不可能开始，当然也无从结束。因为卡特（我们的儿子）对学习编程产生了浓厚的兴趣，而我们找不到一本合适的书来满足他高涨的学习热情，所以 Patricia 对我说："你应该写一本书，这会是一个不错的项目，你们两个可以合作完成。"她总是对的，这一次也不例外。Patricia 总是有办法让人展示出最出色的一面。于是，卡特和我开始考虑该写些什么，我们一起构思每一章的大纲，编写示例程序，还力求更风趣、更有意思。一旦踏上征途，卡特和 Patricia 就坚信我们一定能胜利到达终点。卡特舍弃了每晚的睡前故事时间，全心投入写作本书。如果我们稍稍有一段时间放松，他就会提醒我："爸爸，我们好几天都没有写书了！"卡特和 Patricia 让我相信，只要用心去做，就没有做不到的事情。还要感谢家里的其他所有人，包括我的女儿 Kyra，写作本书让她少了很多与全家人在一起的时光。我要感谢家人的耐心和一如既往的支持，正是这一切才让本书得以问世。

写稿是一回事，出版则是另一回事。如果没有 Manning 出版公司的 Michael Stephens 的热心和长久以来的支持，本书绝不可能出版。从一开始，他就相当认可并赞同确实需要这样一本书。Michael 对这个项目充满信心，而且在整个过程中都一直耐心地指导我这样一个从来没有写过书的新手，这些对我们来说意义非凡，实在令人感激。我还要向 Manning 出版公司帮助我们出版本书的所有人诚挚地道一声谢，特别是 Mary Piergies，感谢她耐心地协调出版过程的方方面面。

如果没有 Martin Murtonen 生动有趣的插图，本书肯定会逊色不少。这些插图作品足以清楚地展示 Martin 过人的创造力和天赋。他还是一个非常容易相处的人，与他合作真是一件惬意的事情。

曾经有一天，我就工作中的一个问题问朋友兼同事 Sean Cavanagh："要是用 Perl 来实现，你会怎么做？" Sean 回答说："我不会用 Perl，而是会用 Python。"于是，我决定开始学习这门编程语言。在我学习 Python 的过程中，Sean 回答了我的很多问题，还仔细地审校了最初的书稿。他还创建了本书所用的安装程序，并负责维护。他的帮助让我感激不尽。

　　还要感谢在本书的出版过程中参与审校和帮助准备书稿的所有人：Vibhu Chandreshekar、Pam Colquhoun、Gordon Colquhoun、Tim Couper、Josh Cronemeyer、Simon Cronemeyer、Kevin Driscoll、Jeffrey Elkner、Ted Felix、David Goodger、Lisa L. Goodyear、John Grayson、Michelle Hutton、Horst Jens、Andy Judkis、Caiden Kumar、Anthony Linfante、Shannon Madison、Kenneth McDonald、Evan Morris、Alexander Repenning、André Roberge、Kari J. Stellpflug、Kirby Urner 和 Bryan Weingarten，是他们的努力让本书日臻完善。

沃伦·桑德（Warren Sande）

　　我要感谢 Martin Murtonen 专门给我画的漫画，感谢妈妈在我两岁的时候就让我玩计算机，而且还提出写书这样一个绝妙的想法。最重要的是，我要感谢爸爸为我和本书付出心血，感谢他教我学习编程。

卡特·桑德（Carter Sande）

第 2 版

　　在更新本书的过程中，很多曾为第 1 版的问世做出贡献的人再次帮助了我们。除了前面列出来的那些人，我们还要感谢帮忙审校本书第 2 版的人：Ben Ooms、Brian T. Young、Cody Roseborough、Dave Briccetti、Elisabet Gordon、Iris Faraway、Mason Jenkins、Rick Gordon、Shawn Stebner 和 Zachary Young。此外还要感谢 Ignacio Beltran-Torres 和 Daniel Soltis，他们在第 2 版出版之前对终稿做了非常仔细的技术校对。

　　最后，我们还要感谢 Manning 出版公司的所有员工，是他们让第 2 版比第 1 版更胜一筹。

第 3 版

除了前面提到的那些人，我们还想感谢在本书第3版的出版过程中帮助审校的人：Adail Retamal、Ben McNamara、Biswanath Chowdhury、Björn Neuhaus、Bob Dust、Eli Hini、Evyatar Kafkafi、James McGinn、Marilynn Huret 和 Melissa Ice。

再次感谢我们的老朋友 Sean Cavanagh，他又一次帮我们制作了第 3 版所用的安装程序。

最后，我们再次感谢 Manning 出版公司的所有员工，是他们让第 3 版比前面两个版本更胜一筹。希望通过学习这 3 版，你已经彻底掌握 Python 了。

关于本书

本书介绍计算机编程的基础知识，是一本面向青少年及初学者的书。当然，只要你想学习计算机编程，就可以阅读本书。

要读懂本书，并不需要对编程有任何了解，但是你至少要知道如何使用计算机。也许你只是用计算机发邮件、上网、听音乐、玩游戏或者写作业，但只要能在计算机上进行一些基本的操作，比如启动某个程序，或者打开和保存文件，那么学习本书就绝对没问题。

你需要什么

本书会用一门名为 Python 的计算机语言教你学习编程。Python 是免费的，可以从很多地方下载，包括本书的网站（https://www.manning.com/books/hello-world-third-edition）。要通过本书学习编程，你只需要具备如下条件。

- 拥有本书。（这是当然了！）
- 能使用计算机，并且这台计算机已经安装了 Windows、macOS 或者 Linux 等操作系统。本书中的例子都是在 Windows 计算机上完成的。（对于 Mac 计算机用户和 Linux 计算机用户，可以访问本书网站来获取一些帮助。）
- 了解关于使用计算机的一些基础知识（如启动程序、保存文件等）。如果你有任何这方面的问题，可以向他人寻求帮助。
- 在计算机上安装 Python 之前征求他人同意，可能是爸爸妈妈，也可能是老师，或者是负责管理这台计算机的人。**强烈建议使用 Hello World 安装程序**来安装本书所需的 Python 版本，可以在本书的网站上找到该安装程序[①]。
- 渴望学习和尝试新事物，即使需要多次尝试也不会轻易放弃。

---

① 也可以访问图灵社区，下载随书文件：http://www.ituring.cn/book/2834。——编者注

你不需要什么

要通过本书学习编程，你不需要具备下列条件。

❑ 购买任何软件。你所需要的一切都是免费的，而且本书的网站也提供了所需软件。

❑ 掌握任何有关计算机编程的知识。因为本书面向初学者，所以你无须提前掌握编程知识。

如何使用本书

如果想通过本书更好、更快地学习编程，需要注意下面几点。

❑ 跟着例子学。
❑ 键入程序。
❑ 做习题。
❑ 别担心，放松点。

跟着例子学

在本书中，示例的形式如下所示：

```
if timsAnswer == correctAnswer:
    print("You got it right!")
    score = score + 10
```

一定要按照示例自己键入代码并运行程序，书中会明确地告诉你如何操作。当然，你也可以坐在一张舒适的大椅子上读完整本书，可能也能从中学到一些有关编程的知识。不过，通过自己动手编程，学到的知识会多得多。

安装 Python

要想使用本书，你需要在计算机上安装 Python。**强烈建议使用 Hello World 安装程序来安装本书所需的 Python 版本。**

采用其他方法安装的 Python 版本可能会缺少本书所需的一些模块，不能正常运行本书的示例程序。若是如此，那么当出现问题时，你可能会十分沮丧。

键入程序

　　本书提供的安装程序会把所有示例程序复制到计算机硬盘上（如果你希望如此，就可以这样做），安装程序可以在本书的随书文件中找到。可以下载单个示例程序，不过我建议尽可能自己键入这些程序。通过亲手键入程序，你会对编程（特别是对Python）有更多的了解。（至少还可以多做一些打字练习！）

做习题

　　每一章的最后都有一些习题，可以让你练习所学内容。尽可能多地做些习题。如果实在有困难，可以向了解编程的人寻求帮助，通过一起解决问题，收获更多知识。记住，在做完题之前最好别看答案。（扫描每章测试题旁边的二维码，可以获得部分习题的答案，不过在做完题之前还是不要提前看。）

别担心，放松点！

　　不要担心犯错误。实际上，你需要尽量多犯错误！我认为，在犯错误之后，搞清楚如何找出并改正错误是一种很好的学习方法。

　　在编程中，除了多费一点时间，你的错误通常不会带来其他损失。所以完全可以犯很多错误，当然从中也会获得很多经验和教训，你会发现这个过程很有意思。

卡特有话说

　　本书有趣、易懂，适合青少年和初学者阅读。很幸运，我有卡特这个小帮手。卡特热爱计算机，他希望能更多地了解计算机。卡特的参与督促我加深对本书的认识，他发现的有趣或不寻常的东西或者不合理的地方，在书中会通过右边这个卡通人物说出来。

第 3 版新增内容

与第 2 版相比，以下是第 3 版新增的内容。

- ❑ 第 3 版的示例使用 Python 3，而不是 Python 2。（附录 B[①] 解释了 Python 3 和 Python 2 的差异。）
- ❑ 针对第 20 章中的 GUI 编程，我们从 PyQt 4 切换到了 PyQt 5。另外，第 22 章中的 Hangman 程序和第 24 章中的电子宠物程序同样使用了 PyQt 模块。
- ❑ 第 2 版的第 26 章讨论了简单的游戏 AI（人工智能），第 3 版把它替换成了关于网络的新内容。

致家长和老师

　　Python 是免费的开源软件，在计算机上安装和使用这种语言没有任何危险。Python 以及使用本书所需的其他所有软件都可以从本书的随书文件中免费获取。这些文件很容易安装和使用，而且没有病毒和恶意插件。

电子书及附录

　　扫描下方二维码，即可购买本书中文版电子书，并从"随书下载"处获取本书电子版附录。

---

① 请至图灵社区下载本书附录：http://www.ituring.cn/book/2834。——编者注

目 录

## 第 1 章

出 发 吧

1.1　安装 Python

首先需要在计算机上安装 Python，这一点非常容易。**强烈建议使用 Hello World 安装程序来安装本书所需的 Python 版本**。请访问本书网站（https://www.manning.com/books/hello-world-third-edition），根据计算机的操作系统找到相应的安装程序版本。

从前的美好时光

在个人计算机时代的初期，计算机操作起来非常简单。它们大多已经内置了一种名为 BASIC 的编程语言，人们什么也不必安装，只需打开计算机，此时屏幕上就会显示"READY"（准备就绪），然后就可以开始键入 BASIC 程序了。听上去很不错，是不是？

当然，那时能看到的也只有"READY"而已。没有程序，没有窗口，也没有菜单。如果希望计算机做点其他事情，就必须编写程序！那时没有文字处理器、媒体播放器和 Web 浏览器，总之如今使用的所有应用程序在当时都没有。根本不存在互联网，当然上网也就无从说起了。当时的计算机没有好玩的图片，也没有好听的声音，只是在出错时偶尔会发出"哔哔"声。

本书分别提供了面向 Windows、macOS、Linux 的 Python 版本。本书中的所有例子均使用 Windows 版本，不过 macOS 版本和 Linux 版本的使用方法与此类似。只需按网站上的说明运行适合自身操作系统的版本即可。

本书使用 Python 3.7.3 版本，即本书的随书文件提供的 Python 版本。当你阅读本书时，可能已经有了更新的 Python 版本。本书中的所有例子均已用 Python 3.7.3 进行了测试。它们很可能也适用于以后的 3.x 版本，不过这只是猜测，未来情况是无法预知的。

即使你之前已经在计算机上安装了 Python，也请务必安装本书所需的一些"额外内容"。浏览本书网站上的安装说明部分（Linux/Manual Installation Instructions），查看相关内容。再次强调，要想确保本书中的全部代码能够正确运行，最好使用本书随书文件中提供的安装程序。

Python 3 与 Python 2

本书第 2 版使用 Python 2，此后，Python 3 变得越来越流行，因此我们在第 3 版对此进行了修订。然而事实上，Python 3 并不是真正意义上的版本"升级"。也就是说，用 Python 2 编写的代码（如第 2 版中的示例代码）并不一定能够在 Python 3 中正常运行，反之亦然。

更多有关 Python 2 和 Python 3 的细节，参见附录 B[①]。

1.2　从 IDLE 启动 Python

启动 Python 有两种方法。一种方法是从 IDLE 启动，也就是现在要使用的方法。

---

① 请至图灵社区下载本书附录：http://www.ituring.cn/book/2834。——编者注

在 Start（开始）菜单中，可以看到 Python 3.7 下面的 IDLE 选项（Python GUI）。单击这个选项，IDLE 窗口就打开了，如图 1-1 所示。

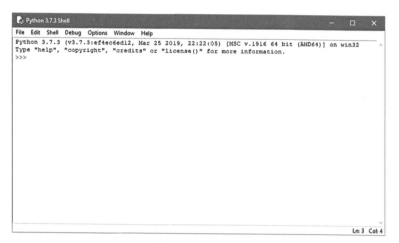

图 1-1　IDLE 窗口

IDLE 是一个 Python shell。shell 的意思就是"外壳"，简单地说，就是一种通过键入文本与程序进行交互的途径，可以利用这个 shell 与 Python 进行交互。（正是因为这个原因，可以看到图 1-1 中窗口的标题栏上显示 Python 3.7.3 Shell。）除了 shell，IDLE 还有一些其他特性，我们稍后再学习。

图 1-1 中的 >>> 是 Python **提示符**（prompt）。提示符是程序等待用户键入信息时显示的符号，>>> 提示符表明 Python 已经准备就绪，可以开始键入 Python 指令。

1.3　来点指令吧

下面就来向 Python 下达第一条指令。在 >>> 提示符末尾的光标后面键入：

```
print("Hello World!")
```

然后按下回车键（Enter），在有些键盘上也叫 Return。每键入一行指令，都要按回车键。

按下回车键之后，会看到下面的响应：

```
Hello World!
>>>
```

图 1-2 显示了执行这个指令后 IDLE 窗口中的情况。

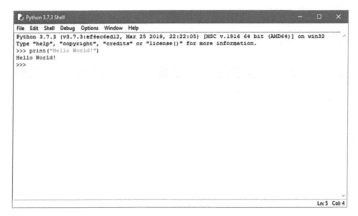

图 1-2 在 IDLE 中执行指令 print("Hello World!")

Python 会完全执行被键入的指令：它会打印（print）相应的消息。（在编程中，打印通常是指在屏幕上显示文本，而不是用打印机打印在纸上。）你键入的这行文本就是一条 Python 指令。你现在就是在编程！计算机已经在你的掌控之中！

在学习编程时都有这样一个传统：刚开始都是让计算机显示 "Hello World!"。我们也会沿袭这个传统，本书的书名就是从这里来的。欢迎来到编程世界！

这个问题问得好！ IDLE 想帮你更好地理解这些内容。它用不同的颜色显示文本，用来区分代码（code）的不同部分。（在 Python 之类的语言中，代码就是下达给计算机的指令，这只是指令的另一个叫法。）本书稍后将对这些不同部分逐一说明。

如果出问题

如果键入的指令有误，可能会看到类似下面的结果：

```
>>> pront("Hello World!")
Traceback (most recent call last):
  File "<stdin>", line 1, in <module>
NameError: name 'pront' is not defined
>>>
```

这条错误消息表示，Python 不能识别所键入的指令。在这个例子中，print 被错拼为 pront，Python 不知道该怎么处理。当遇到这种情况时，可以再试一次，确保自己完全按照示例键入了指令。

嘿，原来键入 **print** 会显示紫色，而键入 **pront** 看不到紫色。

这是有原因的。print 是 Python 的内置函数，而 pront 不是。

术语箱

> 内置函数和关键字是 Python 中的术语。IDLE 用特殊的颜色显示这些词，这样就可以知道它们比较特殊了。

1.4 与 Python 交互

你在上一节中执行的步骤就是在交互模式中使用 Python。当键入指令（命令）后，Python 就会立即执行它。

术语箱

> 执行（命令、指令或程序）是运行或实现的另一种形象说法。

下面就在交互模式中再尝试几条指令。在提示符后面键入以下指令：

```
>>> print(5 + 3)
```

你会看到：

```
8
>>>
```

这样看来 Python 确实会做加法！这并不奇怪，计算机本来就很擅长算术运算。

下面再试一个：

```
>>> print(5 * 3)
15
>>>
```

　　大多数的计算机程序和语言使用符号 * 作为乘号。这个符号称作"星号"或"星"。如果你在数学课上总是把"5 乘以 3"写作"5×3"，那么在 Python 中就必须习惯用 * 来做乘法。（在大多数键盘上，这个符号与数字 8 位于同一个按键上。）

我能口算出 5 乘以 3，根本不需要 Python 或者计算机来帮忙！

那好，再试试这个：

```
>>> print(2345 * 6789)
15920205
>>>
```

那么，这一个呢？

```
>>> print(12345678987654321234567899 * 9876543212345678987654321)
121932632007315960006096522024081660722451112635269
>>>
```

嘿，计算器根本放不下这么大的数！

没错。但是利用计算机，超大数值的算术运算也能完成。不仅如此，还可以做些别的事情，如下所示：

```
>>> print("cat" + "dog")
catdog
>>>
```

或者试试这样：

```
>>> print("Hello " * 20)
Hello Hello Hello Hello Hello Hello Hello Hello Hello Hello
Hello Hello Hello Hello Hello Hello Hello Hello Hello Hello
```

除了算术运算，计算机擅长的另一件事就是反复做一些事情。这里，在 Python 中键入的指令是将 Hello 打印 20 遍。后面还会在交互模式中执行更多指令，接下来先学习一些编程知识。

1.5 该编程了

目前看到的例子只是交互模式中的单条 Python 指令。通过这些指令可以查看 Python 能够执行哪些操作，这固然不错，不过这些例子并不是真正的程序。程序是集合在一起的多条指令。下面就来创建我们的第一个 Python 程序吧。

首先需要找到键入程序的办法。如果只是在交互式窗口中键入指令，Python 不会"记住"所键入的内容。需要使用

在谈到菜单选择时，比如 File ▶ New Window，第一部分（这里的 File）是主菜单。由 ▶ 可知，下一部分（这里的 New Window）是 File 菜单中的一个子菜单。本书接下来都会使用这种方法来表示菜单。

一个文本编辑器，比如 Windows 上的"记事本"、macOS 上的 TextEdit，或者 Linux 上的 vi，文本编辑器能把程序保存到硬盘上。IDLE 提供了一个文本编辑器，该文本编辑器比"记事本"更容易满足日常需要。可以从 IDLE 的菜单中选择 File（文件）▶ New Window（新窗口），找到这个文本编辑器。

此时可以看到一个与图 1-3 类似的窗口。因为文件还没有命名，所以标题栏显示 untitled（未命名）。

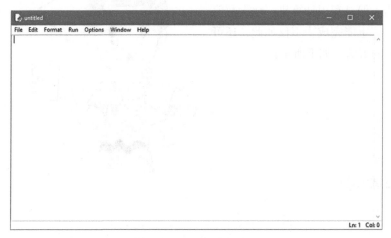

图 1-3　文本编辑器示例

现在，在这个文本编辑器中键入代码清单 1-1 中的程序。

代码清单 1-1　我们第一个真正的程序

```
print("I love pizza!")
print("pizza " * 20)
print("yum " * 40)
print("Buuuuurp!")
```

键入代码之后，使用 File（文件）▶ Save（保存）或者 File（文件）▶ Save As（另存为）菜单项保存这个程序。把这个文件命名为 pizza.py，可以把它保存到你希望保存的任何位置，但一定要记住这个位置，以便之后找到它。你可能还想创建一个新的文件夹来保存 Python 程序。文件名末尾的 .py 很重要，它会告诉计算机这是一个 Python 程序，而不只是普通的文本文件。

你注意到标题中的"代码清单 1-1"了吗？如果示例代码构成了一个完整的 Python 程序，本书就会像这样对它进行编号，这样你能很容易地在随书下载的文件中找到相应的代码。

你可能已经注意到，这个编辑器在程序中使用了不同的颜色。一些词是紫色，一些词是绿色。这是因为 IDLE 认为你会键入一个 Python 程序，它会用紫色显示 Python 的内置函数，用绿色显示引号中间的所有内容，这样能提高 Python 代码的可读性。

1.6 运行你的第一个程序

保存程序之后，就可以选择 Run（运行）菜单（还是在 IDLE 窗口中执行），然后选择 Run Module（运行模块），如图 1-4 所示。这样就能运行你的程序了。

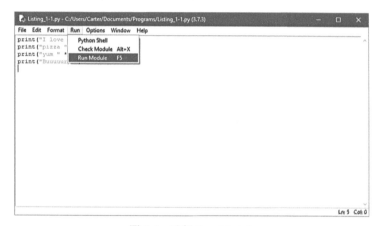

图 1-4　选择 Run Module

Python shell 窗口（启动 IDLE 时出现的那个窗口）再次变成了活动窗口，并会显示如图 1-5 所示的结果。

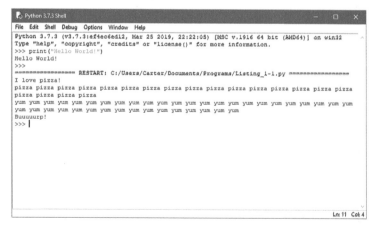

图 1-5　运行你的第一个 Python 程序

RESTART 部分表明已经开始运行一个程序。（如果你在反复运行程序来进行测试，这会很有帮助。）

当然，这个程序确实没有太大用处。不过起码你能让计算机听从你的指令了。随着学习的深入，我们的程序会越来越有意思。

1.7 如果出现问题

如果程序出现错误并且无法运行，可能会发生两种错误：语法错误和运行时错误。下面来分别了解这两种错误，这样一来，无论遇到哪一种错误，都能知道如何加以应对。

1.7.1 语法错误

IDLE 会在尝试运行程序之前对程序进行检查。由 IDLE 找到的错误通常是语法错误，语法是编程语言的拼写规则和编写规则，**语法错误**表示你键入的不是合法的 Python 代码。下面是一个例子：

```
print("I love pizza!")
print("pizza " * 20)
print("yum " * 40)
print(Buuuuurp!")
```

缺少引号

在 print(和 Buuuuurp!" 之间缺少一个引号。如果运行这个程序，IDLE 会弹出一条内容为 "SyntaxError" 的消息。此时必须查看代码，找出哪里出现了错误。IDLE 会用红色突出显示它认为出错的位置。也许问题不会恰好出现在红色显示的位置，不过应该会很接近。

1.7.2 运行时错误

第二种可能发生的错误是指，在运行程序之前 Python（或 IDLE）无法检测出来的错误。因为这种错误只在程序运行时才会发生，所以叫作**运行时错误**（runtime error）。下面是一个例子：

```
print("I love pizza!")
print("pizza " * 20)
print("yum " + 40)
print("Buuuuurp!")
```

如果保存并试图运行这个程序，程序确实会开始运行。前两行指令会打印出来，但是接下来会看到一条错误消息：

```
>>>
RESTART: C:/HelloWorld/examples/error1.py
I love pizza!
pizza pizza pizza pizza pizza pizza pizza pizza pizza pizza pizza pizza pizza
pizza pizza pizza pizza pizza pizza pizza
Traceback (most recent call last):
  File "C:/HelloWorld/examples/error1.py", line 3, in <module>
    print("yum " + 40)
TypeError: must be str, not int
>>>
```

错误消息的开始处 ← Traceback (most recent call last):

错误发生的具体位置 ← File "C:/HelloWorld/examples/error1.py", line 3, in <module>

代码中发生错误的行号 ← print("yum " + 40)

Python 认为出现错误的原因 ← TypeError: must be str, not int

以 Traceback 开头的代码行表示错误消息开始。下一行指出哪里发生了错误，这里给出了文件名和行号。然后显示的就是出错的代码行，这可以帮助你找出代码中的问题。错误消息的最后一部分显示了 Python 认为出现错误的原因。对编程和 Python 有了更多了解之后，这条错误消息理解起来也就更容易了。

> 为什么可以执行
> print("pizza " * 20)，
> 但不可以执行
> print("yum " + 40)？

听我说，卡特，这有点像将苹果和鳄放在一起。在 Python 中，不能把完全不同的东西加在一起，比如说文本和数字。正是因为这个原因，执行 print("yum " + 40) 会出错。这就像是在问："5 个苹果加 3 只鳄是多少？"结果是 8，但是 8 个什么呢？把它们加在一起没有任何意义。不过大多数可以通过乘以一个数字来翻倍。（如果有 2 只鳄，再乘以 5，那么就会有 10 只鳄！）正因如此，print("pizza " * 20) 可以正确执行。

像程序员一样思考

看到错误消息不用担心。它们只是为了帮助你找出问题出在哪里，以便你修正错误。如果程序确实出了问题，那么你肯定更希望看到错误消息。没有给出任何错误消息的 bug 才更难找到！

1.8 你的第二个程序

第一个程序没有太大的实际意义，它只是在屏幕上打印了一些内容。下面来试一个更有意思的程序。

代码清单 1-2 是一个简单的猜数游戏。与第一个程序一样，先选择 File（文件）▶ New File（新文件）在 IDLE 中新建一个文件。键入代码清单 1-2 中的代码，然后保存这个文件。这个文件的名字可以是你喜欢的任何名字，只要以 .py 结尾就可以。NumGuess.py 就是一个不错的名字。

这里的 Python 指令共有 18 行，另外还有一些空行，这样阅读起来就更方便了。键入这些代码不会花费太多时间。虽然我们还没有说明这段代码到底是什么意思，不过不用担心，很快就会讲到了。

代码清单 1-2　猜数游戏

```
import random
secret = random.randint(1, 100)        ◀———— 选一个神秘数字
guess = 0
tries = 0

print("AHOY! I'm the Dread Pirate Roberts, and I have a secret!")
print("It is a number from 1 to 100. I'll give you 6 tries.")

while guess != secret and tries < 6:
    guess = int(input("What's yer guess? "))
    if guess < secret:
        print("Too low, ye scurvy dog!")        ◀— 得到玩家       最多允许
    elif guess > secret:                            猜的数字       猜 6 次
        print("Too high, landlubber!")

    tries = tries + 1                           ◀———— 用掉一次机会
if guess == secret:
    print("Avast! Ye got it! Found my secret, ye did!")
else:                                                            当游戏结束
    print("No more guesses! Better luck next time, matey!")      时打印消息
    print("The secret number was", secret)
```

当键入代码时，注意 while 指令后面的代码行是缩进的，另外 if 和 elif 后面的代码行缩进得更多一些。还要注意，有些代码行末尾有冒号。如果在正确的位置键入冒号，编辑器会自动将下一行缩进。

保存代码后，就像运行第一个程序一样，选择 Run（运行）▶ Run Module（运行模块）来执行这个程序。尝试一下，看看会发生什么。下面是我执行这个程序的示例：

```
>>>
RESTART: C:/HelloWorld/examples/Listing_1-2.py
AHOY!  I'm the Dread Pirate Roberts, and I have a secret!
It is a number from 1 to 100. I'll give you 6 tries.
What's yer guess? 40
Too high, landlubber!
What's yer guess? 20
Too high, landlubber!
What's yer guess? 10
Too low, ye scurvy dog!
What's yer guess? 11
Too low, ye scurvy dog!
What's yer guess? 12
Avast! Ye got it! Found my secret, ye did!
>>>
```

我猜了 5 次才猜到这个神秘数字是 12。

在后面几章，我们会学习有关 while、if、else、elif、input 等指令的所有内容。不过估计你已经大致了解这个程序的基本原理了。

- □ 由程序随机选取神秘数字。
- □ 用户输入自己猜的数字。
- □ 程序根据神秘数字检查用户猜的结果，并判断是猜大了还是猜小了。
- □ 用户不断尝试，直到猜出这个数字，或者用完所有机会。

如果猜到的数字与神秘数字一致，则玩家获胜。

你学到了什么

哇！内容真不少。在本章中，你学到了以下内容。

- □ 安装 Python。
- □ 启动 IDLE。
- □ 交互模式。
- □ 在 Python 中键入一些指令并让其执行。
- □ 利用 Python 完成算术运算（包括非常大的数）。
- □ 启动 IDLE 并键入你的第一个程序。
- □ 运行你的第一个 Python 程序。

❑ 读懂错误消息。

❑ 运行你的第二个 Python 程序：猜数游戏。

扫码查看
习题答案

测试题

1. 如何启动 IDLE？

2. print 的作用是什么？

3. Python 用什么符号表示乘号？

4. 在开始运行程序时，IDLE 会显示什么？

5. 运行程序又叫作什么？

动手试一试

1. 在交互模式中，使用 Python 计算一周有多少分钟。

2. 编写一个简短的小程序，打印 3 行：你的姓名、出生日期，还有你最喜欢的颜色。
   打印结果应该类似这样：

```
My name is Warren Sande.
I was born January 1, 1970.
My favorite color is blue.
```

保存并运行这个程序。如果程序没有像你期望的那样运行，或者显示了错误消息，那么试着改正错误，让它能够正确运行。

第 2 章
记住内存和变量

什么是程序？嘿，第 1 章已经回答过这个问题了。程序就是下达给计算机的一系列指令。对，确实是这样。不过，大多数有用或有意思的程序还有下面这些特征。

- ❑ 都有**输入**（input）。
- ❑ 都会**处理**（process）输入。
- ❑ 都会产生**输出**（output）。

2.1 输入、处理、输出

你的第一个程序并没有任何输入或进行任何处理。正是因为这个原因，那个程序没有太大意思，它的输出就是在屏幕上打印的消息。你的第二个程序（猜数游戏，参见代码清单 1-2）则具备了以下 3 个基本要素。

- ❑ 输入：玩家键入的数字，也就是他猜的数字。
- ❑ 处理：程序检查玩家猜的数字，并统计玩家猜的次数。
- ❑ 输出：程序最后打印的消息。

下面再看一个例子，这个程序也具备这 3 个基本要素。在一个视频游戏中，输入是来自操纵杆或游戏控制器的信号；处理是程序判断玩家是否击中外星人、避开火球、顺利过关或者做其他动作；输出是屏幕上显示的图形和扬声器（或耳机）传出的声音。

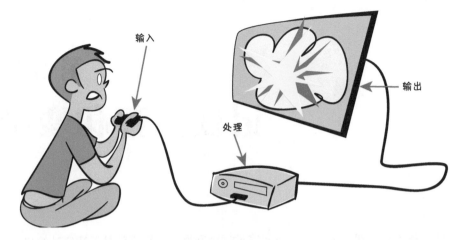

输入、处理、输出。一定要记住这些要素。

那好，这么说计算机需要输入。不过它会怎么处理这些输入呢？为了处理输入，计算机必须记住它们，或者把它们保存在某个地方。计算机会把这些内容，包括输入以及程序本身，都保存在它的内存中。

到底怎么回事？

你可能听说过计算机内存，不过这到底是什么意思呢？

计算机只是一大堆不断开合的开关，内存就像是放在同一个位置上的一组开关。一旦以某种方式设置了这些开关，它们就会一直保持那种状态，直到你改变了它们的设置。也就是说，它们会记住你原先的设置……

哇，这就是内存！

你可以向内存中写入内容（设置开关），也可以读取内存中的内容（查看开关的设置，但不做任何改变）。

如果要把一个东西放在内存中的某个位置，那么应该怎么把这个位置告诉 Python 呢？另外，放在那里之后，怎么能把它再找回来呢？

如果要让 Python 程序记住某个东西，确保以后还可以使用，只需给这个东西起一个名字。无论它是一个数字、一些文本、一张图片还是一首歌曲，Python 都会在计算机内存中为它留出位置。下次想引用这个东西时，只需使用同一个名字即可。

接下来，让我们继续在交互模式中使用 Python，然后探索更多关于名字的内容。

2.2 名字

回到 Python shell 窗口。（如果完成第 1 章中的例子后关闭了 IDLE，那么现在要重新打开它。）在提示符后面键入：

```
>>> Teacher = "Mr. Morton"
>>> print(Teacher)
```

记住，>>> 是 Python 显示的提示符。我们只需要键入它后面的内容，按回车键就可以了。然后，你会看到下面的结果：

```
Mr. Morton
>>>
```

你刚才创建了一个由字母 Mr. Morton 组成的东西，并且给它起了一个名字：Teacher。

这里的等号（=）告诉 Python 要赋值（assign），意思是"让……等于……"。这里把字母序列 Mr. Morton 赋值给名字 Teacher。名字就像是一个标签或者一张便利贴，你可以用它来标识一些东西。

在计算机内存中的某个位置，字母序列 Mr. Morton 已经存在。你不需要知道它们的具体位置，只需要告诉 Python 这个字母序列的名字是 Teacher，从现在开始就要通过这个名字来引用该字母序列了。

我键入的是
>>> print(Teacher)，
为什么没有打印出
Teacher？

打印出来的是
Mr. Morton。

在一个东西两边加上引号时，Python 就会按字面意思来处理。它会把引号里的内容原样打印出来。如果没有加引号，Python 就必须明确这个东西到底是什么。它可能是数字（比如 5）、表达式（比如 5 + 3）或者名字（比如 Teacher）。由于我们创建了名字 Teacher，因此 Python 会打印这个名字里的内容，也就是字母序列 Mr. Morton。

这就像有人在说："请写下你的地址。"你肯定不会直接写上"你的地址"。

（不过，也许卡特会这么干，因为他总是喜欢调皮捣蛋……）

你一般会写上关于地址的详细信息。

如果你写成了"你的地址"，那么你就是在按字面意思理解这句话。除非加上引号，否则 Python 不会按字面意思来处理。下面来看另一个例子：

```
>>> print("53 + 28")
53 + 28
>>> print(53 + 28)
81
```

当有引号时，Python 会直接按照你输入的内容来显示输出：53 + 28。当没有引号时，Python 就把 53 + 28 处理为一个算术表达式，因此它会计算这个表达式的结果。这里是两个数的加法运算，所以 Python 会给出它们的和，即 81。

术语箱

算术表达式（arithmetic expression）是数字和符号的组合，Python 可以计算出它的值。

计算（evaluate）表示"算出……的值"。

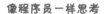

像程序员一样思考

把一个值赋给一个名字时（比如把 Mr. Morton 赋给 Teacher），这个名字就是**变量**（variable），它会存储在内存中。在大多数编程语言中，我们可以将这个过程表述为"把值存储在变量中"。

Python 与那些编程语言的做法稍有不同。它并不是把值存储在变量中，而更像是把名字放在值上。不过大多数时候这两种方式基本上是一样的，因此即使是 Python 程序员，也会说"把值存储在变量中"！

Python 要确定，需要多少内存以及使用哪一部分内存，来存储这些字符。要获取信息（找回信息），只需要再使用同样的名字。键入 print 函数并提供名字，就会在屏幕上显示具体的内容（如数字或文本）。

一种简洁的存储方法

在 Python 中使用名字就像是干洗店给衣服加标签。你的衣服挂在晾衣架上，上面附着写有你的名字的标签，这些衣服都挂在一个巨大的旋转吊架上。当取衣服时，你不需要知道它们存放在这个大型吊架的具体哪个位置。你只需要提供名字，干洗店的人就会把衣服交还给你。实际上，你的衣服可能并不在原先所放的位置。不过，干洗店的人会为你记录衣服的位置。所以，要取回你的衣服，只需提供你的名字即可。

变量也一样。你不需要准确地知道信息存储在内存中的哪个位置。只需要记住存储变量时所用的名字，再使用这个名字就可以了。

除了字母，还可以为其他内容创建变量。比如给数值指定名字，你应该还记得前面的例子：

```
>>> 5 + 3
8
```

下面用变量来实现这个例子：

```
>>> First = 5
>>> Second = 3
>>> print(First + Second)
8
```

这里创建了两个名字：First 和 Second。把数字 5 赋给 First，把数字 3 赋给 Second。然后用 print 函数把这两个数的和打印出来。下面是这个例子的另一种实现方法。你可以试试看：

```
>>> Third = First + Second
>>> Third
8
```

注意这里的做法。在交互模式中，只需键入变量名就可以显示这个变量的值，而不必使用 print 函数。（不过在程序中可不行。）

在这个例子中，我们并没有在 print 指令中求和，而是先取 First 的值和 Second 的值，然后将二者相加，创建一个新的值，名为 Third。Third 是 First 和 Second 的和。

同一个东西可以有多个名字。不妨在交互模式中试试以下代码：

```
>>> MyTeacher = "Mrs. Goodyear"
>>> YourTeacher = MyTeacher
>>> MyTeacher
"Mrs. Goodyear"
>>> YourTeacher
"Mrs. Goodyear"
```

这就像在同一个东西上贴两个标签。一个标签写着 MyTeacher，另一个标签写着 YourTeacher，不过它们都贴在 Mrs. Goodyear 上。

卡特，这个问题问得好。答案是不会。实际上，修改这个名字会创建一个新的值 Mrs. Tysick。标签 MyTeacher 会从 Mrs. Goodyear 上撕掉，贴到 Mrs. Tysick 上。你仍然有两个名字（两个标签），不过，现在它们分别贴在不同的东西上，而不再贴在同一个东西上。

2.3 名字里是什么

可以给变量起任意的名字，严格地说，应该是几乎任意的名字，只要你喜欢就可以。名字长短由你来定，里面可以有字母和数字，还可以有下划线（ _ ）。

不过，对于变量名还有几条规则。最重要的一点是它会区分大小写，即大写字母和小写字母是不同的。也就是说，teacher 和 TEACHER 是完全不同的名字，同样，first 和 First 也不相同。

另一条规则是，变量名必须以字母或下划线开头。绝对不能以数字开头，所以 4fun 不能作为变量名。

还有一条规则：变量名不能包含空格。

如果你想知道 Python 中有关变量名的所有规则，可以查看本书附录 A[①]。

---

① 请至图灵社区下载本书附录：http://www.ituring.cn/book/2834。——编者注

从前的美好时光

在一些较早的编程语言中，变量名只能是一个字母。有些计算机只有大写字母，这意味着变量名只有 26 种选择：A ~ Z！如果程序需要的变量超过 26 个，那就难办了！

2.4 数字和字符串

到目前为止，我们已经为字母（文本）和数字创建了变量。不过，在前面的加法例子中，Python 怎么知道我们指的是数字 5 和 3，而不是字符 "5" 和 "3" 呢？就像前面这句话一样，这种情况正是引号造成的。

字符和字符序列（字母、数字或标点符号）称为**字符串**（string）。要告诉 Python 你在创建字符串，就要在字符两边加上引号。至于使用单引号还是双引号，Python 并不太挑剔，二者都是可以的。

```
>>> teacher = "Mr. Morton"        ←——— 双引号

>>> teacher = 'Mr. Morton'        ←——— 单引号
```

不过，字符串的开头和结尾必须使用相同类型的引号（要么都是双引号，要么都是单引号）。

如果键入的数字没有加引号，Python 就会知道这表示数值，而不是字符。可以试试看二者的区别：

```
>>> first = 5
>>> second = 3
>>> first + second
8
>>> first = '5'
>>> second = '3'
>>> first + second
'53'
```

当没有引号时，5 和 3 都被处理为数字，所以我们会得到二者之和。当有引号时，'5' 和 '3' 都被处理为字符串，所以会得到两个字符"相加"的结果，也就是 '53'。还可以把由字母构成的字符串"加"在一起，我们在第 1 章中见过这样的例子：

```
>>> print("cat" + "dog")
catdog
```

注意，像这样将两个字符串"相加"时，它们之间没有空格。两个字符串会紧紧地拼接在一起。

注意！这个词有意思！

> **拼接**
>
> 在谈到字符串时，我们说把它们"相加"（刚才就这么说过），不过这并不完全正确。把字符或字符串放在一起构成更长的字符串时，有一个特殊的称呼。并不是"相加"，相加只适用于数字，而是称为拼接（concatenation）。
>
> 因此，我们应该说"拼接"两个字符串。

长字符串

如果希望得到一个跨多行的字符串，那么必须使用一种特殊的字符串，它叫作**三重引号字符串**（triple-quoted string），就像下面这样：

```
long_string = """Sing a song of sixpence, a pocket full of rye.
Four and twenty blackbirds baked in a pie.
When the pie was opened the birds began to sing.
Wasn't that a dainty dish to set before the king?"""
```

这种字符串分别以 3 个引号开头和结尾。既可以用双引号，也可以用单引号。因此，可以写成如下形式：

```
long_string = '''Sing a song of sixpence, a pocket full of rye.
Four and twenty blackbirds baked in a pie.
When the pie was opened the birds began to sing.
Wasn't that a dainty dish to set before the king?'''
```

如果希望多行文本显示在一起，同时又不希望每一行都使用一个单独的字符串，那么三重引号字符串就非常有用了。

2.5 它们有多"可变"

顾名思义，变量是可变的。这是指你可以改变赋给它们的值。在 Python 中，这就要创建一个与原先不同的新东西，并把旧标签（名字）贴到这个新东西上。在 2.2 节中，我们就采用这种方式改变了 MyTeacher：将标签 MyTeacher 从 Mrs. Goodyear 上取下来，把它贴到新的 Mrs. Tysick 上，这样就为 MyTeacher 赋了一个新值。

下面再来试一个例子。还记得之前创建的变量
Teacher 吗？嗯，如果你还没有关闭 IDLE，这个变
量就还在。可以检查看看：

```
>>> Teacher
'Mr. Morton'
```

没错，它确实还在。不过现在可以把它改成其他内容：

```
>>> Teacher = 'Mr. Smith'
>>> Teacher
'Mr. Smith'
```

我们新建了 Mr. Smith，并把它命名为 Teacher。标签从原来的值上取下来，
贴到了这个新东西上。原来的 Mr. Morton 怎么样了呢？

你应该还记得，一个东西可以有多个
名字（上面可以贴多个标签）。如果 Mr.
Morton 上还有另一个标签，那么它还在
计算机的内存里。不过，如果它上面没有
任何标签了，Python 就会认为不再有人需
要它了，这时会把它从内存中删除。

标签被移走

这样一来，内存中就不会塞满那些没
人用的东西。无须担心，Python 会自动完
成所有这些清理工作。

还有一点很重要：这里并没有真的把 Mr. Morton 改成 Mr. Smith。我们只是
把标签从一个东西移到了另一个东西上（重新指派名字）。

在 Python 中，有些东西是不能改变的，比如数字和字符串。你可以把它们的名
字重新指派到其他东西上（就像我们刚才所做的一样），但是并不能对原先的东西做
任何改变。

不过，有一些东西是可以改变的。第 12 章在介绍列表时，会更多地讨论这方面
的内容。

2.6 全新的我

还可以创建一个等于自己的变量：

```
>>> Score = 7
>>> Score = Score
```

我敢打赌，你肯定在想："什么嘛，这一点儿用都没有！"没错，这实际上就是在说"我是我"。不过，稍稍做点改变，你就能成为一个全新的你！试试看：

```
>>> Score = Score + 1
>>> print(Score)
8
```

把 **Score** 从 7 改为 8

这里发生了什么？在第一行中，Score 标签本来贴在 7 这个值上。我们创建了一个新东西：Score + 1，也就是 7 + 1。这个新东西是 8。然后把 Score 标签从原来的东西（7）上取下来，贴到 8 这个新东西上。所以，Score 从 7 重新指派到 8。

要让变量等于某个东西，这个变量总会出现在等号（=）左边。巧妙的是，变量也可以出现在等号右边。这一点很有用，可以在很多程序中看到。

最常见的用法是让变量**自增**（increment），也就是让它增加某个量（就像前面所做的那样）。相反，也可以让变量**自减**（decrement），让它减少某个量。

1. 一开始，Score = 7。

2. 让它增加 1（得到 8），创建一个新东西。

3. 把名字 Score 赋给这个新东西。

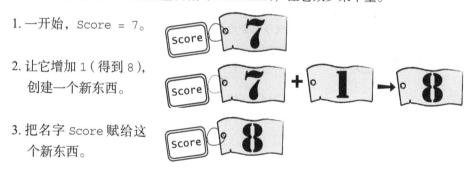

这样一来，Score 就从 7 变成了 8。

关于变量，请记住两个要点。

❑ 程序可以在任何时候对变量重新赋值（把标签贴在新东西上）。这一点很重要，必须记住，因为编程中最常见的 bug 就是改变了不该改变的变量，或者虽然改变了正确的变量，但是时机不合适。

避免这种情况的有效方法，就是使用容易记忆的变量名。下面这两个变量名并没有错，但很难记忆：

```
t = 'Mr. Morton'
x1796vc47blahblah = 'Mr. Morton'
```

如果使用这些变量名，出错的可能性就会更大。尽量使用能够说明变量用途的名字，可以表达要用它来做什么。

❑ 变量名区分大小写。这说明大写字母和小写字母是不同的。因此，teacher 和 Teacher 是完全不同的名字。

记住，如果想了解 Python 的所有变量命名规则，可以查看附录 A[①]。

像程序员一样思考

你可以为变量起任何名字（前提是遵守命名规则）。也就是说，可以把变量叫作 teacher 或者 Teacher，这两个名字都是可以的。

专业的 Python 程序员在命名变量时，大多数以小写字母开头。当然，其他计算机语言可能会采用不同风格。是否要遵循 Python 变量命名风格由你决定，鉴于本书使用的是 Python，剩余章节中的变量名会遵循这种风格。

你学到了什么

在本章中，你学到了以下内容。

❑ 使用变量在计算机内存中"记住"或保存信息。
❑ 变量也叫作"名字"或"变量名"。
❑ 变量可以是不同类型的东西，如数字和字符串。

测试题

扫码查看
习题答案

1. 如何告诉 Python 变量是字符串（字符）而不是数字？
2. 创建一个变量之后，能不能改变赋给这个变量的值？
3. 变量名 TEACHER 与 TEACHEr 相同吗？
4. 对 Python 来说，'Blah' 与 "Blah" 一样吗？

---

① 请至图灵社区下载本书附录：http://www.ituring.cn/book/2834。——编者注

5. 对 Python 来说，'4' 是不是等同于 4？

6. 下面哪个变量名不正确？为什么？

    (a) Teacher2

    (b) 2Teacher

    (c) teacher_25

    (d) TeaCher

7. "10" 是数字还是字符串？

动手试一试

1. 创建一个变量，并赋给它一个数值（任何数值都行）。然后使用 print 函数显示这个变量。

2. 改变这个变量，可以用一个新值替换原来的值，或者将原来的值增加某个量。然后使用 print 函数显示这个新值。

3. 创建另一个变量，并赋给它一个字符串（某个文本）。然后使用 print 函数显示这个变量。

4. 像在第 1 章中一样，在交互模式中，让 Python 计算一周有多少分钟。不过，这一次要使用变量。以 DaysPerWeek（每周的天数）、HoursPerDay（每天的小时数）和 MinutesPerHour（每小时的分钟数）为变量名，分别创建变量（也可以自己起变量名），然后将它们相乘。

5. 人们总是说没有足够的时间做到尽善尽美。如果一天有 26 小时，那么一周会有多少分钟呢？（提示：改变变量 HoursPerDay。）

第 3 章
基本数学运算

刚开始在交互模式中使用 Python 时，我们已经看到了它可以完成简单的算术运算。现在来看一下 Python 还能对数字做些什么处理，以及能够完成哪些数学运算。也许你还没有意识到，数学无处不在！特别是在编程中，我们一直都在使用数学。这并不是说你必须成为数学大师才能学习编程，不过有这种想法也不错。每个游戏中都有某种需要累计的得分；在屏幕上绘制图形时必须使用数字来确定图形的位置和颜色；移动的物体会有方向和速度……这些都要用数字来描述。大多数好玩的程序会以某种方式使用数字和数学。下面就来学习 Python 中的基本数学运算。

本章讲的很多知识同样适用于其他编程语言，也可以在电子表格之类的程序中使用。并不是只有 Python 采用这种方式进行数学运算。

3.1 四大基本运算

我们已经在第 1 章中看到，Python 可以做一些数学运算，比如使用加号（+）完成加法，以及使用星号（*）完成乘法。

如你所料，Python 使用连字号（−）来做减法，这个符号也称为减号：

```
>>> print(8 - 5)
3
```

由于计算机键盘上没有除号（÷），因此所有程序都使用正斜杠（/）表示除号。

```
>>> print(7 / 2)
3.5
```

3.2 运算符

+、−、*、/ 称为运算符。它们会针对符号两边的数字执行运算。等号（=）也是一种运算符，叫作赋值运算符（assignment operator），因为我们用它为变量赋值。

注意！这个词有意思！

运算符（operator）就是会对它两边的东西有影响或者执行"运算"的符号，这种影响可能是赋值、检查或者改变一个或多个这样的东西。

myNumber + yourNumber

操作数　　　运算符　　　操作数

完成算术运算的 +、−、*、/ 都是运算符。

参与运算的东西称为操作数（operand）。

我在学校里学过，加法里的操作数也叫作加数。

3.3　运算顺序

2 + 3 * 4 = 20 和 2 + 3 * 4 = 14，哪一个正确呢？这要看你采用什么顺序来计算。如果先做加法，会得到 2 + 3 = 5，然后得到 5 * 4 = 20。如果先做乘法，就会得到 3 * 4 = 12，然后得到 2 + 12 = 14。

第二个顺序是正确的，所以正确答案是 14。在数学中有一种**运算顺序**（order of operation），它指定先计算哪些运算符，后计算哪些运算符，而不管它们的书写顺序如何。

在这个例子中，尽管 + 在 * 前面，还是应当先算乘法。Python 会遵循正确的运算顺序，所以它会先做乘法，再做加法。可以在交互模式中试试，看看能不能得到这个结果：

```
>>> print(2 + 3 * 4)
14
```

Python 使用的运算顺序与你在数学课上学到的（或者将要学到的）运算顺序完全相同。指数运算最优先，然后是乘除运算，最后是加减运算。

但是如果我确实想先算 **2 + 3** 该怎么办呢？

如果希望改变默认的运算顺序，即先完成某个运算，只需在它的两边加上括号即可：

```
>>> print((2 + 3) * 4)
20
```

这一次，Python 会先算 2 + 3（因为有括号），得到 5，然后再算乘法 5 * 4，得到 20。

你有括号！到前面来，我先算你。

下一个是我！下一个是我！

再强调一次，这与
数学课上讲的是一样的。
Python 和其他所有编程
语言都会遵循正确的数
学规则和运算顺序。

我在数学课上还学到了 7 除以
2 得"3 余 1"，为什么 Python
说结果是"3.5"呢？

要理解这个结果，你得知道整数和小数。
如果你不知道这二者的区别，看看术语箱中的
简单解释。

> 术语箱

整数（integer）就是我们平常数数时所说的数，如 1、2、3，另外还
包括 0 和负整数，如 –1、–2、–3。

小数（decimal number）有小数点和小数位，如 1.25、0.3752、
–101.2。

在计算机编程中，小数也称为浮点数（floating-point number，简称
float）。这是因为小数点会"浮动"。0.00123456 和 12345.6 都是浮点数。

Python 使用运算符 / 实现浮点除法（小数除法）。卡特在数学课上学的是整数除
法，整数除法会得到**商**和**余数**，余数是被除数不能被整除时余下的部分。Python 也
有求余数的运算符！

3.4　整数除法：商和余数

如果想在 Python 中使用整数除法，可以用运算符 // 来得到商：

```
>>> print(7 // 2)
3
```

若想得到余数，该怎么做呢？ Python 用一个特殊的运算符来计算整数除法中
的余数，那就是**取模**运算符，符号是百分比符号（%）。你可以像下面这样进行取模
运算：

```
>>> print(7 % 2)
1
```

如果把 // 和 % 这两个运算符结合起来使用，就可以得到整数除法问题的完整
答案：

```
>>> print(7 // 2)
3
>>> print(7 % 2)
1
```

7 除以 2 的结果是 3 余 1。如果做浮点除法，得到的结果将是一个小数：

```
>>> print(7 / 2)
3.5
```

Python 3 与 Python 2

在 Python 2 中，运算符 / 的计算方法有点不一样。如果两个操作数都
是整数，它就会算出整数除法的商。

注意，本书中的所有程序都是为 Python 3 设计的，而非 Python 2。

学完四种基本的算术运算和整数除法后，你就掌握了编程所需的绝大部分算术
运算符。接下来，我想再给你介绍一个运算符。

3.5 幂运算

如果把 5 个 3 相乘，可以写成如下形式：

```
>>> print(3 * 3 * 3 * 3 * 3)
243
```

这就等同于 3^5，或者 "3 的指数为 5"，也就是 "3 的 5 次幂"。Python 用双星号（ ** ）
执行**幂运算**（exponentiation）。

```
>>> print(3 ** 5)
243
```

切记!

很多编程语言用其他符号来表示自乘为幂,一个常用的符号是 ^(例如 3^5)。如果在 Python 中使用这个符号,你不会收到错误消息,只不过答案不正确。这是因为,^在 Python 中另有含义——我们可不希望这样!这个问题可能很难调试。因此,一定要使用运算符 ** 表示自乘为幂。

之所以使用指数而不是直接做多次乘法,是因为这样做在键入时会更容易一些。不过更重要的原因是,利用 ** 还可以用非整数作为指数,如下所示:

```
>>> print(3 ** 5.5)
420.888346239
```

要想利用乘法来做到这一点可不容易。

既然你提到了这一点,应该说运算符和电话接线员确实很接近……就像老式电话接线员连接电话一样,算术运算符按同样的方式把数字连接在一起。

_____

① 在英语中,"运算符"和"接线员"都是 operator。——编者注

我想告诉你的是，还有另外两个运算符。我知道，我之前说过只多讲一个，不过别担心，这两个运算符非常简单！

3.6 自增和自减

还记得第 2 章中的例子 score = score + 1 吗？我们说过，这称为自增。与它相反的是 score = score - 1，这称为自减。这些运算在编程中很常见，因此有自己的运算符：+=（自增）和 -=（自减）。

可以像下面这样使用：

```
>>> number = 7
>>> number += 1          数值加 1
>>> print(number)
8
```

或者像下面这样：

```
>>> number = 7
>>> number -= 1          数值减 1
>>> print(number)
6
```

第一个例子将 number 加 1，让它从 7 变成 8。第二个例子将 number 减 1，让它从 7 变成 6。

3.7 非常大和非常小

还记得我们在第 1 章中将两个非常大的数相乘吗？我们得到的答案也是一个非常大的数。

有时，Python 会用一种稍微不同的方式显示非常大的数。可以在交互模式中试试这个例子：

```
>>> print(9938712345656.34 * 4823459023067.456)
4.793897174132799e+25
```

具体键入什么数并不重要，任何包含小数位的大数值都可以。

这是计算机在显示非常大或非常小的数时采用的一种方法，叫作 E 记法（E-notation）。在处理非常大或非常小的数时，要把所有数字以及小数位都显示出来可能很费劲。但是，这种数在数学和科学领域经常出现。如果一个天文程序要显示从地球到半人马座阿尔法星的距离（单位：米），可能会显示为 4100000000000000 或者 41 000 000 000 000 000（41 后面有 15 个 0）。不论哪种方式，数完所有这些 0 都会让你累得够呛。

可以使用**科学记数法**（scientific notation）来显示这些数，也就是用一个小数乘以一个 10 的幂。利用科学记数法，地球到半人马座阿尔法星的距离可以写作 4.1×10^{16}（看到这里的 16 了吗？它被抬高了，而且要小一点），读作“4.1 乘以 10 的 16 次幂”或者“4.1 乘以 10 的 16 次方”。它的意思就是，把 4.1 的小数点向右移 16 位，并在这个过程中根据需要补 0。

$$4.10000000000000000000000$$

小数点向右移 **16** 位

$$41000000000000000.0 = 4.1 \times 10^{16}$$

如果可以像这里一样，把 16 写作指数，稍稍抬高一点，再写得小一点，科学记数法就很适用。如果你用纸和笔，或者使用支持上标的程序，就可以用科学记数法。

术语箱

> 上标（superscript）是指一个字符或一组字符比其余文本高一些，例如 10^{13} 中的 13 就是上标。通常上标要比正文小一点。
>
> 下标（subscript）与上标类似，不过会比其余文本低，同样也会比正文小一点，比如 $\log_2$ 中的 2 就是下标。

不过，并不是哪里都能使用上标，所以还有另一种方法，就是 E 记法。E 记法只是科学记数法的另一种写法。

3.7.1　E 记法

在 E 记法中，41000000000000000 要写作 4.1E16 或者 4.1e16，读作 "4.1 指数 16" 或者 "4.1 e 16"。这里假设指数是 10 的幂，等同于写成 4.1×10^{16}。

在包括 Python 在内的大多数编程语言中，大写 E 和小写 e 都是允许的。

对于非常小的数，如 0.0000000000001752，可以使用一个负指数来表示。科学记数法会写作 1.752×10^{-13}，E 记法表示为 1.752e–13。负指数表示要把小数点向左移，而不是向右移。

小数点向左移 **13** 位

```
0.0000000000001752 = 1.752e-13
```

采用 E 记法，可以在 Python 中输入非常大和非常小的数字（或者可以说是任何数字）。后面我们还会学习如何让 Python 使用 E 记法来打印数字。

试试采用 E 记法输入一些数字：

```
>>> a = 2.5e6
>>> b = 1.2e7
>>> print(a + b)
14500000.0
```

尽管我们用 E 记法输入了数字，但是得出的结果是一个常规的小数。这是因为，除非你特别要求，或者数字确实非常大或非常小（有很多个 0 ），否则 Python 不会用 E 记法显示数字。

可以试试看：

```
>>> c = 2.6e75
>>> d = 1.2e74
>>> print(c + d)
2.72e+75
```

这一次，Python 自动用 E 记法显示了答案，因为显示一个有 73 个 0 的数字太不可思议了！

如果希望用 E 记法显示类似 14 500 000 的数字，需要给 Python 下达一些特殊的指令。我们将在第 21 章学习更多相关内容。

别担心，放松点！

如果你还不太理解 E 记法到底是怎么回事，不用担心。后文不会用到它。我只是想让你大致了解它的原理，没准以后你会用到。

如果使用 Python 来完成一些数学运算，得到的答案是一个类似 5.673745e16 的数字，至少现在你知道这是一个非常大的数字，而不是程序出错了。

3.7.2 幂运算与 E 记法

不要把幂运算和 E 记法弄混了。

- ❏ 3 ** 5 表示 3^5，即 "3 的 5 次幂"，也就是 3 * 3 * 3 * 3 * 3，等于 243。
- ❏ 3e5 表示 $3 × 10^5$，即 "3 乘以 10 的 5 次幂"，也就是 3 * 10 * 10 * 10 * 10 * 10，等于 300 000。
- ❏ 幂运算是指一个数自乘指数次得到幂，E 记法则表示乘以 10 的几次幂。

有些人可能会把 3e5 和 3 ** 5 都读作 "3 指数 5"，不过它们是完全不同的。怎么读并不重要，重要的是懂得它们分别代表什么含义。

你学到了什么

在本章中，你学到了以下内容。

❑ 用 Python 完成基本数学运算。
❑ 整数和浮点数（小数）。
❑ 幂运算。
❑ 计算余数。
❑ E 记法。

扫码查看
习题答案

测试题

1. Python 中的乘法使用哪个符号？
2. Python 计算 9/5 的结果是什么？
3. 怎么得到 9/5 的商？
4. 怎么得到 9/5 的余数？
5. 在 Python 中计算 6 * 6 * 6 * 6 的另一种做法是什么？
6. 如何用 E 记法表示 17 000 000？
7. 如果按常规的写法（不是 E 记法），4.56e–5 应该写成什么？

动手试一试

1. 使用交互模式或者编写一个小程序来解决下面的问题。

   (a) 3 个人在餐厅吃饭，想分摊饭费。总共花费了 35.27 元，他们还想留 15% 的小费。每个人应付多少钱？

   (b) 计算长为 16.7 米、宽为 12.5 米的矩形房间的面积和周长。

2. 编写一个程序，把温度从华氏度（F）转换为摄氏度（C）。换算公式是 C = 5 / 9 * (F – 32)。

3. 你知道怎么计算坐车去某个地方需要花多长时间吗？相应的公式可以表示成"旅行时间等于距离除以速度"。编写一个程序，计算以 80 千米 / 时的速度行驶 200 千米需要花多长时间，并显示答案。

第 4 章

数据类型

我们已经看到，要把一个变量保存在计算机内存中，至少可以为它赋 3 种类型的值：整数、浮点数、字符串。Python 还有一些其他数据类型，我们在后面会学到。对现在来说，这 3 种类型就足够了。在本章中，我们将学习如何判断一个值的类型，还会了解如何由一种类型转换为另一种类型。

4.1 类型转换

在很多情况下，我们需要将数据从一种类型转换为另一种类型，这个过程称为**类型转换**（type conversion）。例如，当想打印数字时，需要把数字转换为文本，让它能够在屏幕上出现，这可以通过 Python 的 print 指令来实现。不过，并不是所有的类型转换都能通过 print 指令来实现，比如有时只是想转换数字类型，并不需要把它打印出来，或者需要从字符串转换为数字。那么这时应该如何处理呢？

实际上，Python 并没有把一个东西从一种类型"转换"为另一种类型。它只是由原来的东西创建了一个新东西，而且这个新东西正是你想要的类型。下面是一些函数，它们可以把数据从一种类型转换为另一种类型。

- ❏ float()：由字符串或整数创建新的浮点数（小数）。
- ❏ int()：由字符串或浮点数创建新的整数。
- ❏ str()：由数值或其他任意类型创建新的字符串。

float()、int()、str() 带有小括号，这是因为它们不是 Python 关键字，而是 Python 的内置函数。其实，我们使用的 print() 就是内置函数！

我们之后还会学习更多有关函数的内容。现在只需要知道，可以把想转换的值放在函数后面的小括号里。要说明这一点，最好的办法就是举一些例子。在 IDLE 中，采用交互模式完成下面的例子。

4.1.1 将整数转换为浮点数

下面先从整数开始，由它创建一个新的浮点数（小数），这里要使用 float()：

```
>>> a = 24
>>> b = float(a)
>>> a
24
>>> b
24.0
```

注意，b 的末尾有小数点和一个 0，这说明它是浮点数，而不是整数。变量 a 保持不变，因为 float() 不会改变原来的值，它只会创建新值。

注意，在交互模式中，可以直接键入变量名，而无须使用 print()，Python 会显示这个变量的值（在第 2 章中已经见过）。不过，这只在交互模式中有效，在程序中是行不通的。

4.1.2 将浮点数转换为整数

下面反过来试试，用 int() 由浮点数创建整数：

```
>>> c = 38.0
>>> d = int(c)
>>> c
38.0
>>> d
38
```

我们创建了一个新的整数 d，这是 c 的整数部分。

> 我试过用 Python 来计算 0.1 和 0.2 的和，得到的结果居然是 0.30000000000000004！
>
> 到底怎么回事？

图 4-1 到底怎么回事？

是吗？怎么会发生图 4-1 中的这种情况？卡特，我想肯定是你的计算机发疯了！

当然我只是开玩笑。实际上，这个结果有一定的道理。

到底怎么回事?

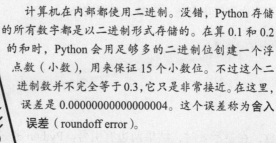

计算机在内部都使用二进制。没错，Python 存储的所有数字都是以二进制形式存储的。在算 0.1 和 0.2 的和时，Python 会用足够多的二进制位创建一个浮点数（小数），用来保证 15 个小数位。不过这个二进制数并不完全等于 0.3，它只是非常接近。在这里，误差是 0.00000000000000004。这个误差称为**舍入误差**（roundoff error）。

在所有计算机语言中，浮点数计算都存在舍入误差。对于不同的计算机或计算机语言，你得到的正确的位数可能有所不同，不过它们都会使用同样的基本方法来存储浮点数。

通常舍入误差很小，所以无须担心。

下面再试试另一个转换例子:

```
>>> e = 54.99
>>> f = int(e)
>>> e
54.99
>>> f
54
```

尽管 54.99 与 55 很接近，但是得到的整数仍然是 54。这是因为 int() 函数总是向下取整。它不会给你最接近的整数，而是会给出不超过原来数字的最大的整数。实际上，int() 函数所做的就是去掉小数部分。

如果想得到最接近的整数，也有一个办法，等到第 21 章再告诉你!

4.1.3 将字符串转换为浮点数

还可以由字符串创建一个数，就像这样：

```
>>> a = '76.3'
>>> b = float(a)
>>> a
'76.3'
>>> b
76.3
```

注意，在显示 a 时，结果两边有引号。Python 通过这种方式告诉我们，a 是一个字符串。在显示 b 时，会得到浮点数值，包括所有小数位。

4.2 得到更多信息：`type()`

前面说过，我们看有没有引号就可以判断一个值究竟是数字还是字符串，其实还有一种更直接的方法。

Python 提供了 `type()` 函数，它可以明确地告诉我们变量的类型。下面试试看：

```
>>> a = '44.2'
>>> b = 44.2
>>> type(a)
<class 'str'>
>>> type(b)
<class 'float'>
```

`type()` 函数指出 a 的类型是 `str`，这代表**字符串**（string），b 的类型是 `float`，不用猜也知道这代表**浮点数**！我们会在第 14 章中学习更多关于类的知识，其中会描述类型信息。

4.3 类型转换错误

当然，如果给 `int()` 或 `float()` 传入的不是一个数字，就会发生错误。下面来试试看：

```
>>> float('fred')
Traceback (most recent call last):
 File "<pyshell#1>", line 1, in <module>
   float('fred')
ValueError: could not convert string to float: 'fred'
```

我们看到了一条错误消息。它指出，Python 不知道如何将字符串 'fred' 转换成浮点数。如果是你，你知道吗？

你学到了什么

在本章中，你学到了以下内容。

☐ 完成类型转换。更准确地说，是由某种类型创建另外一种类型，其中用到了 3 个函数：float()、int()、str()。

☐ 直接显示值，而不使用 print()。

☐ 使用 type() 查看变量的类型。

☐ 舍入误差及其出现的原因。

扫码查看
习题答案

测试题

1. 当使用 int() 将小数转换为整数时，结果是向上取整还是向下取整？

2. 如果你在交互式 shell 中输入 thing1，然后它告诉你是 '4'，那么 type(thing1) 会是什么呢？

3. 挑战题：如何只用 int() 函数对一个数字四舍五入而不是向下取整？（例如，13.2 会向下取整为 13，但是 13.7 会向上取整为 14。）

动手试一试

1. 使用 float() 由一个字符串（如 '12.34'）创建一个数字。要保证结果确实是数字！

2. 试着使用 int() 由一个小数（如 56.78）创建一个整数。答案是向上取整还是向下取整？

3. 试着使用 int() 由一个字符串创建一个整数。要保证结果确实是一个整数！

第 5 章
输 入

现在我们知道，如果希望程序"处理一些数值"，就必须把这些数值直接放在代码中。例如，在编写第 3 章中的温度转换程序时，你可能会把要转换的温度值直接放在代码中。如果想转换不同的温度值，就必须修改代码。

如果希望用户在程序运行时输入自己想转换的温度值，那该怎么做呢？之前说过，程序有 3 个基本要素：输入、处理、输出。我们的第一个程序只有输出，温度转换程序有处理（转换温度）和输出，但是没有输入。现在该向程序增加输入了。

输入（input）就是指在程序运行时向其提供某种东西或某些信息。这样一来，我们就能写出与用户交互的程序，这就有趣多了。

Python 有一个内置函数，名为 input()，可以用这个函数从用户那里得到输入。在本章中，我们将学习如何在程序中使用 input() 函数。

5.1 `input()`

input() 函数从用户那里得到一个字符串。在正常情况下，它会从键盘得到这个输入，也就是用户在键盘上键入的内容。

input() 是 Python 的内置函数，就像第 4 章中的 print()、str()、int()、float() 和 type() 一样。我们在后面还会学习更多有关函数的内容，现在只需记住，使用 input() 时要加上小括号，也就是圆括号。

可以这样来使用：

```
someName = input()
```

这会让用户键入一个字符串，并把它赋给名字 someName。

现在把 input() 放到程序中。在 IDLE 中新建一个文件，键入代码清单 5-1 中的代码。

代码清单 5-1　用 input() 获取一个字符串

```
print("Enter your name: ")
somebody = input()
print("Hi", somebody, "how are you today?")
```

保存文件并在 IDLE 中运行这个程序，看看结果如何。应该可以看到类似下面的结果：

```
Enter your name:
Warren
Hi Warren how are you today?
```

我键入了自己的名字，程序把它赋给了 somebody。

5.2　把输入和提示语放在同一行

在通常情况下，我们必须告诉用户需要键入的信息，比如提供类似下面这样的一条消息：

```
print("Enter your name: ")
```

然后用 input() 函数得到用户的响应：

```
someName = input()
```

运行这些代码，并键入名字，就会得到：

```
Enter your name:
Warren
```

如果希望用户在提示语的同一行上输入内容，只需要在 print() 函数的末尾加上 , end='' ，就像这样：

```
print("Enter your name: ", end='')
someName = input()
```

运行代码，并键入名字，就会得到：

```
Enter your name: Warren
```

通常，print() 相当于是在所键入的字符串的末尾按下回车键。加上，end=''
的话，就等于告诉 print() 不需要在字符串末尾做任何处理。因此，下一个字符串
就会在同一行上显示了。

在 IDLE 窗口中键入并运行代码清单 5-2 中的代码。

代码清单 5-2 ，end='' 的作用

```
print("My ", end='')
print("name ", end='')
print("is ", end='')
print("Dave.", end='')
```

运行这个程序，应该会得到如
下结果：

```
My name is Dave.
```

很高兴你能提出这个问题！我
正要讲到这一点。

打印 input() 提示语的简便方法

打印提示消息还有一种简便方法。input() 可以直接打印消息，所以你根本不
必使用 print()：

```
someName = input("Enter your name: ")
```

这就像 input()
内置了 print() 一样。
从现在起，我们将一
直使用这个简便方法。

5.3　输入数字

我们已经见过如何使用 input() 来获取用户输入的字符串。但是，如果希望得到一个数字，该怎么做呢？毕竟，我们开始讨论输入就是为了让用户在温度转换程序中输入温度值。

如果你仔细读过第 4 章，那么应该已经知道答案了。我们可以借助 int() 函数或 float() 函数，由 input() 获得的字符串创建一个数字。可以像这样：

```
temp_string = input()
fahrenheit = float(temp_string)
```

先使用 input() 得到用户的输入（一个字符串），然后使用 float() 由这个字符串创建一个浮点数。将新创建的浮点数作为温度值，并为它指定名字 fahrenheit。

不过还有一种更简便的方法，只需一步就可以完成所有的工作，如下所示：

```
fahrenheit = float(input())
```

这种方法和前一种方法结果一样。它由用户输入得到字符串，然后根据这个字符串创建了浮点数。这里只是稍稍少了一点代码。

下面在温度转换程序中使用这种方法。试着运行代码清单 5-3 中的程序，看看会得到什么结果。

代码清单 5-3　使用 input() 转换温度

```
print("This program converts Fahrenheit to Celsius.")
fahrenheit = float(input("Type in a temperature in Fahrenheit: "))
celsius = (fahrenheit - 32) * 5.0 / 9
print("That is ", end='')
print(celsius, end='')
print(" degrees Celsius.")
```

使用 **float(input())** 从用户那里得到温度值（华氏度）

可以把代码清单 5-3 的最后 3 行合并为 1 行，像这样：

```
print("That is ", celsius, " degrees Celsius.")
```

实际上，这是前面那 3 条 print() 语句的简写形式。

结合 int() 使用 input()

如果希望用户输入的都是整数（而不是浮点数），可以用 int() 来转换，举例如下。

```
response = input("How many students are in your class: ")
numberOfStudents = int(response)
```

5.4 来自互联网的输入

程序的输入通常来自用户，不过还可以通过其他一些方法来获取，比如通过计算机硬盘上的文件（参见第 22 章），或者通过互联网。

如果你的计算机能够上网，可以试试代码清单 5-4 中的程序。它会从本书的网站打开一个文件，并显示这个文件中的内容。

代码清单 5-4　从互联网上的一个文件中获取输入

```python
import urllib.request
file = urllib.request.urlopen('http://helloworldbook3.com/data/message.txt')
message = file.read().decode('utf-8')
print(message)
```

就这么简单。只需区区 4 行代码，你的计算机就可以通过互联网获取本书网站上的一个文件，并将它的内容显示出来。运行这个程序（假设网络连接正常），你就会看到这个文件中的内容。

如果你在办公室或学校的计算机上运行这个程序，它很可能无法正常工作。这是因为，有些办公室和学校使用一种名叫代理的东西连接到互联网。**代理**就是另一台计算机，它相当于互联网与学校或办公室之间的桥梁或通路。这个程序可能不知道如何通过代理连接到互联网，这要看代理的设置方式。不过，如果在家里的计算机上（或者其他无须通过代理便可以直接连接互联网的地方）运行这个程序，它应该能正常工作。

像程序员一样思考

在运行代码清单 5-4 中的程序时，你可能会在每行末尾看到小方块或类似 \r 的字符，这是由操作系统（Windows、macOS 或 Linux）导致的。不同的操作系统采用不同的方法来表示文本行的结束。Windows 和之前的 MS-DOS 使用两个字符：CR（回车）和 LF（换行）。macOS 系统和 Linux 系统只使用 LF。

有些程序可以处理上述这些情况，不过有些程序（比如 IDLE）看到行结束符与它期望的不一致时，就会不知所措。当出现这种情况时，它们会在行末显示一个小方块，表示"我不理解这个字符"。你可能会看到这样的小方块，也可能看不到，具体取决于你使用的操作系统，以及运行程序的方式（是使用 IDLE 还是采用其他方法）。

你学到了什么

在本章中，你学到了以下内容。

- ❏ 用 input() 输入文本。
- ❏ 向 input() 增加一条提示消息。
- ❏ 结合 int() 和 float() 使用 input() 输入数字。
- ❏ 使用逗号将多行内容打印到一行上。

扫码查看
习题答案

测试题

1. 对于下面这行代码：

```
answer = input()
```

如果用户键入 12，answer 会是什么数据类型？是字符串还是数字？

2. 如何让 input() 打印一条提示消息?

3. 如何使用 input() 得到一个整数?

4. 如何使用 input() 得到一个浮点数(小数)?

动手试一试

1. 在交互模式中创建两个变量,分别表示你的姓氏和名字。然后使用一条 print() 语句,把它们打印在一起。

2. 编写一个程序,先问你的姓氏,再问你的名字,然后打印出一条消息,其中包含你的姓名。

3. 编写一个程序,询问一间矩形房间的尺寸(单位是米),然后计算并显示铺满整个房间总共需要多少地毯,单位是平方米。

4. 编写一个程序,完成第 3 题的要求,并且询问每平方尺地毯的价格。然后主程序显示下面 3 项内容。

   ❑ 总共需要多少地毯,单位是平方米。

   ❑ 总共需要多少地毯,单位是平方尺(1 平方米 = 9 平方尺)。

   ❑ 地毯的总价格。

5. 编写一个程序,帮助用户统计一些零钱。程序要问下面的问题。

   ❑ "有多少枚 1 分"

   ❑ "有多少枚 1 角? "

   ❑ "有多少枚 1 元? "

   让程序给出这些零钱的总值(单位是元)。

第 6 章
GUI

到目前为止，我们所有的输入和输出都只是 IDLE 中的简单文本。不过现代计算机和程序都会使用大量的图形，如果我们的程序中也有一些图形就太好了。在本章中，我们会开始创建一些简单的 GUI，也就是说，从本章开始，所有程序就和你平常熟悉的那些程序一样，会有窗口、按钮之类的图形。

6.1 什么是 GUI

GUI 是 graphical user interface 的缩写，也就是**图形用户界面**。在 GUI 中，除了可以键入文本和返回文本，用户还可以看到窗口、按钮、文本框等图形，可以用鼠标单击，也可以通过键盘键入。前几章创建的程序都是命令行程序或文本模式程序，本章介绍的 GUI 是与程序交互的另一种方式。带有 GUI 的程序仍然有 3 个基本要素：输入、处理、输出，但它们的输入和输出更丰富，也更有趣。

 GUI 的发音有点像形容"黏糊糊"的单词 gooey。计算机上有 GUI 当然不错，但是要避免计算机粘上黏糊糊的东西哦！否则，键盘将无法正常工作，键入文本也会很困难！

6.2 第一个 GUI

我们一直都在使用 GUI，实际上已经用过很多了。Web 浏览器是 GUI，IDLE 也是 GUI。现在我们就来创建个性化的 GUI，这需要借助 EasyGUI 来实现。

EasyGUI 是一个 Python 模块，利用这个模块可以很容易地创建一些简单的 GUI。第 15 章会专门介绍模块，在本章中你只要知道，模块是一种扩展方法，通过模块可以给 Python 程序增加非内置的功能。

如果你使用本书的安装程序安装了 Python，那么你已经安装了 EasyGUI。否则，可以通过搜索关键词 EasyGUI，然后在其官网上下载安装。

构建 GUI

启动 IDLE，在交互模式中键入以下命令：

```
>>> import easygui
```

这就告诉 Python，你要使用 EasyGUI 模块了。如果没有收到错误消息，就说明 Python 找到了 EasyGUI 模块。如果收到错误消息，或者 EasyGUI 看上去无法正常工作，可以访问本书网站，从中找到一些帮助信息。

现在来创建一个包含 OK 按钮的简单消息框，如图 6-1 所示。

```
>>> easygui.msgbox("Hello there!")
```

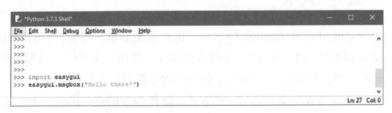

图 6-1　创建包含 OK 按钮的消息框

EasyGUI 的 msgbox() 函数用于创建消息框。在大多数情况下，EasyGUI 函数的名称就是相应英语单词的缩写。

当使用 msgbox() 时，会看到类似图 6-2 中的效果。

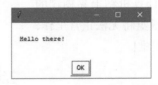

图 6-2　包含 OK 按钮的消息框

如果单击 OK 按钮，消息框就会关闭。

6.3 GUI 输入

我们刚看到了一种 GUI 输出，那就是消息框。不过输入呢？当然，还可以使用 EasyGUI 获得输入。

在交互模式中运行前面的例子时，你单击 OK 按钮了吗？如果单击了这个按钮，那么你应该已经在 shell、终端或命令窗口中见过这样的结果了：

```
>>> import easygui
>>> easygui.msgbox("Hello there!")
'OK'
```

'OK' 表示 Python 和 EasyGUI 在告诉你，用户单击了 OK 按钮。EasyGUI 会返回信息来告诉你用户在 GUI 中执行的操作，比如单击了什么按钮，键入了什么内容等。我们可以给这条响应消息指定一个名字（把它赋给一个变量），试试看：

```
>>> user_response = easygui.msgbox("Hello there!")
```

单击 OK 按钮关闭消息框，然后键入：

```
>>> print(user_response)
OK
```

现在用户的响应（OK）就有了变量名 user_response。下面再来看其他几种使用 EasyGUI 获得输入的方法。

我们刚才看到的消息框实际上是一种对话框。对话框中包含一些 GUI 元素，用来告诉用户某些信息，或者从用户那边获得一些输入。输入可以是单击按钮（如单击 OK 按钮），也可以是文件名或某个文本（字符串）。

msgbox 就是包含一条消息和一个 OK 按钮的对话框。不过，我们还可以创建包含更多按钮和其他内容的对话框。

6.4 选择你喜欢的口味

本节以选择冰激凌口味为例，介绍利用 EasyGUI 从用户获得输入（冰激凌口味）的不同方法。

6.4.1 带有多个按钮的对话框

我们要创建一个带有多个按钮的对话框（如消息框），其中需要用到一个按钮框（buttonbox）。下面来创建一个程序，而不是在交互模式中输入。

在 IDLE 中新建一个文件,并键入代码清单 6-1 中的程序。

代码清单 6-1　使用按钮获得输入

```
import easygui
flavor = easygui.buttonbox("What is your favorite ice cream flavor?",
                choices = ['Vanilla', 'Chocolate', 'Strawberry'] )
easygui.msgbox("You picked " + flavor)
```
◄── 选项
列表

中括号中的代码称为**列表**(list)。关于列表,第 12 章会展开介绍。现在只需键入这些代码,让这个 EasyGUI 程序能够工作。如果你确实很好奇,可以跳到第 12 章看个究竟……

保存文件(我的文件就命名为 ice_cream1.py),运行这个程序,就会看到如图 6-3 所示的选择界面。

然后,根据你选择的口味,就会看到类似图 6-4 中的结果了。

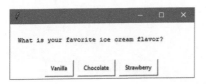

图 6-3　冰激凌口味选择界面(按钮框)

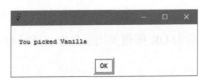

图 6-4　冰激凌口味选择结果

这是怎么做到的呢?其实用户单击的按钮上的标签就是输入。我们给这个输入指定了一个变量名,这里是 flavor。这就像使用 input(),只不过用户并不是从键盘上输入,而只是单击一个按钮。这正是 GUI 的关键所在。

6.4.2　选择框

下面来看用户选择口味的另一种方法。EasyGUI 提供了一种选择框(choicebox),它会显示一个选项列表。用户可以选择其中之一,然后单击 OK 按钮。

要尝试选择框,只需要对代码清单 6-1 中的程序做一个很小的修改:把 buttonbox 改为 choicebox。这个新版本的程序如代码清单 6-2 所示。

代码清单 6-2　使用选择框获得输入

```
import easygui
flavor = easygui.choicebox("What is your favorite ice cream flavor?",
                choices = ['Vanilla', 'Chocolate', 'Strawberry'] )
easygui.msgbox("You picked " + flavor)
```

保存并运行代码清单 6-2 中的程序。你会看到类似图 6-5 中的结果。

图 6-5　冰激凌口味选择界面（选择框）

选择一个口味，然后单击 OK 按钮，你会看到与图 6-4 类似的消息框。注意，除了用鼠标单击选项，还可以用键盘上的向上键或向下键选择一个口味。

如果单击 Cancel 按钮，程序就会结束，你还会看到一个错误。这是因为程序的最后一行代码需要获得某个文本，如 Vanilla（香草味），但倘若你单击 Cancel 按钮，程序就得不到任何输入了。

6.4.3　文本输入

本章中的例子允许用户从你（程序员）提供的一组选项中做出选择。但是如果你希望像 input() 一样让用户键入文本，也就是从键盘上输入任何自己喜欢的口味，该怎么做呢？EasyGUI 提供的输入框（enterbox）就能够做到这一点。可以试试代码清单 6-3 中的程序。

代码清单 6-3　使用输入框获得输入

```
import easygui
flavor = easygui.enterbox("What is your favorite ice cream flavor?")
easygui.msgbox("You entered " + flavor)
```

运行这个程序，你会看到图 6-6 中的界面。

图 6-6　冰激凌口味选择界面（输入框）

键入你最喜欢的口味，单击 OK 按钮。就像图 6-4 中的一样，你键入的内容会显示在消息框中。

输入框就类似于 input()，同样可以从用户那里获得文本（一个字符串）。

6.4.4 默认输入

当用户输入信息时，系统有时会显示一个预设的、常见的或出现频率最高的答案，这称为**默认值**（default）。默认值可以由程序自动输入，用户只需输入与默认值不同的内容，这样可以减少用户输入的时间。

要在输入框中放入默认值，可以按照代码清单 6-4 修改你的程序。

代码清单 6-4　创建默认选项

```
import easygui
flavor = easygui.enterbox("What is your favorite ice cream flavor?",
                          default = 'Vanilla')          ◀── 这是默认
easygui.msgbox("You entered " + flavor)                      选项
```

现在运行这个程序，你就会看到输入框中已经自动输入了 Vanilla。你可以删除它，再输入你喜欢的口味。不过，如果你最喜欢的口味确实是香草味，就不用再键入任何内容，只需单击 OK 按钮即可。

6.4.5 数字输入

如果想在 EasyGUI 中输入一个数字，完全可以先通过输入框获得一个字符串，然后再使用 int() 或者 float() 从这个字符串创建一个数字（就像第 4 章中的做法一样）。

EasyGUI 还提供了一种整数框（integerbox），可以用它来输入整数。你还可以给输入的数字设置上界和下界。

不过，整数框不允许输入浮点数（小数）。要输入浮点数，必须先通过输入框获得字符串，然后再使用 float() 把这个字符串转换成浮点数。

6.5　再看猜数游戏……

在第 1 章中，我们创建了一个简单的猜数程序。下面再来创建一个猜数程序，不过这一次要使用 EasyGUI 实现输入和输出，如代码清单 6-5 所示。

代码清单 6-5　使用 EasyGUI 的猜数程序

```
import random, easygui
secret = random.randint(1, 100)     ◀── 选一个神秘数字
guess = 0
tries = 0
easygui.msgbox("""AHOY! I'm the Dread Pirate Roberts, and I have a secret!
It is a number from 1 to 100. I'll give you 6 tries.""")
```

```
while guess != secret and tries < 6:                              得到玩家猜的数字
    guess = easygui.integerbox("What's yer guess, matey?", upperbound = 100)
    if not guess: break
    if guess < secret:
        easygui.msgbox(str(guess) + " is too low, ye scurvy dog!")      最多允许
    elif guess > secret:                                                猜 6 次
        easygui.msgbox(str(guess) + " is too high, landlubber!")
    tries = tries + 1              用掉一次机会
if guess == secret:
    easygui.msgbox("Avast! Ye got it! Found my secret, ye did!")   游戏结
else:                                                             束时打
    easygui.msgbox("No more guesses! The number was " + str(secret))  印消息
```

上面的代码中有一处不太好理解，就是 integerbox() 函数里面的 upperbound = 100。这是因为 EasyGUI 的 integerbox 会自动把输入的整数的上界设置为 99，但是你可以覆盖这个上界参数，所以本例可输入的整数上限就是 100。

我们还没有全面学习这个程序中各部分代码的工作原理，不过你可以先键入这个程序试试看。当运行程序时，会看到图 6-7 和图 6-8 中的界面。

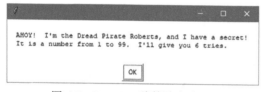

图 6-7　EasyGUI 猜数游戏（一）

图 6-8　EasyGUI 猜数游戏（二）

对于代码清单 6-5 中出现的关键字和模块，我们将在后面的章节中学习：第 7 章介绍 if、else、elif；第 8 章介绍 while；第 15 章介绍 random，另外第 23 章也会大量使用 random。

6.6　其他 GUI 组件

EasyGUI 还提供了另外一些 GUI 组件，包括允许多重选择的选择框，还有一些用来获得文件名的特殊对话框等。不过，对现在来说，前面介绍的那些 GUI 组件已经够用了。

EasyGUI 让生成简单的 GUI 变得非常容易，而且它隐藏了 GUI 内部的很多复杂操作，使我们可以放心地创建 GUI 程序。后面还会讨论构建 GUI 的另一种方法，它可以提供更大的灵活性和更多的控制选项。

如果你想更多地了解 EasyGUI，可以访问 EasyGUI 的官方网站。

像 Python 程序员一样思考

如果你想了解有关 Python 的更多内容，比如 EasyGUI（或其他方面），这里有个好消息：Python 提供了一个内置的帮助系统，也许你可以试一试。

在交互模式中，可以在交互提示符后面键入：

```
>>> help()
```

这样就会进入这个帮助系统。现在提示符会变成了这个样子：

```
help>
```

一旦进入了帮助系统，若想获得某一方面的帮助，只需键入相应的名字即可，如下所示：

```
help> time.sleep
```

或者这样：

```
help> easygui.msgbox
```

你就会获得一些相关信息。

要退出帮助系统，重新回到正常的交互提示符，只需键入 quit：

```
help> quit
>>>
```

其中有些帮助信息读起来很费劲，也很难理解，而且你往往找不到想找的内容。不过，如果你想了解关于 Python 的更多信息，这个帮助系统还是值得试一试的。

你学到了什么

在本章中，你学到了以下内容。

❏ 利用 EasyGUI 构建简单的 GUI。

❏ 使用消息框 msgbox 显示消息。

❏ 使用按钮框、选择框、文本框、整数框（buttonbox、choicebox、enterbox、integerbox）获得输入。

❏ 为文本框设置默认输入。

❏ 使用 Python 的内置帮助系统。

测试题

扫码查看
习题答案

1. 如何使用 EasyGUI 生成消息框？
2. 如何使用 EasyGUI 获得字符串输入（一些文本）？
3. 如何使用 EasyGUI 获得整数输入？
4. 如何使用 EasyGUI 获得浮点数（小数）输入？
5. 什么是默认值？给出一个可能会用到默认值的例子。

动手试一试

1. 试着修改第 5 章中的温度转换程序，这一次不能使用 input() 和 print()，
   而是用 GUI 来输入和输出。
2. 编写一个程序，询问用户的姓名，然后是街道（具体到门牌号）、城市，接下
   来是所属省份或所属州，最后是邮政编码，所有这些信息都要放在 EasyGUI
   对话框中。最后，这个程序要显示一个寄信格式的完整地址，如下所示。

```
John Snead
28 Main Street
Akron, Ohio
12345
```

第 7 章
决　　策

在前几章中，我们看到了程序的一些基本构成模块，现在可以用输入、处理和输出编写一个程序了。我们甚至还可以使用 GUI 让输入和输出变得更有趣一些，可以把输入的值赋给一个变量，这样就可以在后面用到这个值，并利用一些算术运算对输入的值进行处理。接下来看看可以通过哪些方法控制程序的操作流程。

如果程序每次都做同样的事情，就未免有些枯燥，而且用处也不大。程序应该能够决定接下来做什么，我们已经掌握了一些有关这方面的处理技术，下面再来补充一些不一样的决策方法。

7.1　判断

程序应该能够根据输入做不同的事情，下面给出几个例子。

❑ 如果 Tim 给出的答案是正确的，就为他加 1 分。

❑ 如果 Jane 击中了外星人，就发出爆炸声。

❑ 如果没有找到文件，就显示错误消息。

如果要做出决策，程序就得检查或判断**条件**（condition）是否为真。在以上第一个例子中，这个条件就是"答案正确"。

Python 完成判断的方法很有限，而且每一个判断只有两种结果：真（True）或者假（False）。

在判断某些条件时，Python 可能会问下面这些问题。

- ❑ 二者相等吗？
- ❑ 其中一个是不是小于另一个？
- ❑ 其中一个是不是大于另一个？

刚才说过，第一个例子中的判断条件是"答案正确"，但这不属于我们能做的判断，至少不能直接判断。也就是说，我们需要用 Python 能理解的方式来描述这个判断条件。

若想知道 Tim 的答案是否正确，我们需要知道正确的答案是什么，还要知道 Tim 给出的答案是什么。可以写成右边这种形式。

如果 Tim 的答案等于正确答案

如果 Tim 的答案是正确的，那么这两个变量就是相等的，因此条件就为真（True）。如果他的答案不正确，那么这两个变量就不相等，则条件为假（False）。

术语箱

> 完成判断并根据结果做出决策，这个过程称为分支（branch）。在这一过程中，程序根据判断的结果来决定走哪条路，或者沿哪个分支执行下去。

Python 使用关键字 if 来判断条件是否成立，如下所示：

```
if timsAnswer == correctAnswer:
    print("You got it right!")
    score = score + 1
print "Thanks for playing."
```

这些代码行构成了一个"代码块"，因为相对于上面和下面的代码行，它们向右缩进了

术语箱

> 代码块（block）是放在一起的一行或多行代码，它们都与程序的某个部分相关（比如 if 语句）。在 Python 中，通过将模块中的代码行缩进来构成代码块。

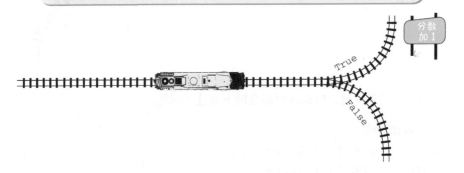

if 行末尾的冒号告诉 Python，下面将是一个代码块，也就是 if 行与下一个不缩进的代码行之间所有被缩进的代码行。

术语箱

> 缩进（indent）是指代码行稍稍靠右一点。代码行不从最左端开始，而是前面有一些空格，所以会从距左边界几个字符之处开始。

如果条件为真，程序就会执行 if 行之后的代码块中的所有指令。在本节的例子中，第 2 行和第 3 行构成了与第 1 行中的 if 相对应的代码块。

接下来讨论缩进和代码块。

7.2 缩进

在有些编程语言中，缩进只是一种风格，你可以用自己喜欢的方式缩进，或者根本不缩进。不过，在 Python 中，缩进是编写代码必不可少的一部分，它会告诉 Python 代码块从哪里开始，到哪里结束。

Python 中的一些语句（如 if 语句）需要一个代码块来告诉它们具体做什么。对于 if 语句，代码块会告诉 Python 在条件为真时做什么处理。

但是，代码块缩进多少字符并不重要，只要保证整个代码块缩进的程度一样就可以了。在 Python 中有这样一个惯例：**每次都将代码块缩进 4 个空格**。在你的程序中最好也遵循这种风格。

7.3 为什么有两个等号

if 语句真的需要两个等号吗（if timsAnswer == correctAnswer）？没错，确实如此，下面告诉你原因。

人们通常会这么说："5 加 4 等于 9。"他们还会问："5 加 4 等于 9 吗？"前一个是陈述句，后一个是疑问句。

在 Python 中，同样有陈述句和疑问句，我们分别将它们称为**语句**（statement）和**问题**（question）。语句将某个值赋给一个变量，问题则是查看一个变量是否等于某个值。前者是在做某种设置（赋值或设置为相等），后者是在做某种检查或判断（比如是否相等，对还是错），所以 Python 对它们使用了不同的符号。

我们已经看到，等号（=）用来设置变量或为其赋值。下面再给出几个例子。

```
correctAnswer = 5 + 3
temperature = 35
name = "Bill"
```

要判断两个值是否相等，Python 使用双等号（==），如下所示。

```
if myAnswer == correctAnswer:
if temperature == 40:
if name == "Fred":
```

切记！

混淆 = 和 == 是常见的编程错误。不只是 Python，很多编程语言使用了这两种符号，每天都有很多程序员用错。

当心！

判断或检查也称为**比较**（compare），双等号称为**比较运算符**（comparison operator）。你应该还记得，我们在第3章中讨论过运算符，即对其两边的值进行运算的一种特殊符号，这里的运算就是判断两个值是否相等。

7.4　其他类型的判断

幸运的是，其他比较运算符都很容易记住，例如小于（ < ）、大于（ > ）、不等于（ != ），还可以把它们结合起来表示，比如大于或等于（ >= ）、小于或等于（ <= ）。你可能已经在数学课上见过这样的符号了。

还可以把两个大于运算符或小于运算符"串"在一起完成一个范围判断，举例如下：

```
if 8 < age < 12:
```

这会检查变量 age 的值是否介于（但不包含）8和12之间。如果 age 的值为9、10、11（或者8.1、11.6等），那么结果就为 true。如果希望取值范围包含8和12，可以这样做。

```
if 8 <= age <= 12:
```

术语箱

> 比较运算符也称为关系运算符（relational operator），它们要判断两侧的值有何关系，例如相等还是不相等，大于还是小于。比较运算也称为条件判断（conditional test）或逻辑判断（logical test）。在编程中，逻辑判断就是指判断某个问题的答案是真还是假。

代码清单7-1是一个使用了比较运算符的示例程序。先在 IDLE 中创建一个新文件，键入这个程序后保存起来，并命名为 compare.py。然后，运行这个程序。试着多运行几次，每次都输入不同的数字。可以尝试几种不同的情况，比如第一个数较大、第一个数较小，或者两个数相等，看看会得到什么结果。

代码清单 7-1　使用比较运算符

```
num1 = float(input("Enter the first number: "))
num2 = float(input("Enter the second number: "))
if num1 < num2:
    print(num1, "is less than", num2)
if num1 > num2:
    print(num1, "is greater than", num2)
if num1 == num2:
```

记住，这是双等号

```
    print(num1, "is equal to", num2)
if num1 != num2:
    print(num1, "is not equal to", num2)
```

7.5 如果判断结果为假会怎么样

我们已经看到，如何在判断结果为真的情况下让 Python 执行某些处理。不过，如果判断结果为假，Python 又会怎么处理呢？在 Python 中，有以下 3 种可能。

❑ 执行另外一个条件判断。如果第一个判断结果为假，那么可以利用关键字 elif（else if 的简写）让 Python 执行下一个条件判断，如下所示：

```
if answer >= 10:
    print("You got at least 10!")
elif answer >= 5:
    print("You got at least 5!")
elif answer >= 3:
    print("You got at least 3!")
```

if 后面的 elif 语句的数目是没有限制的。

❑ 如果其他所有判断结果都为假，那么就做其他处理，这可以用 else 关键字实现。else 总是在 if 语句块的最后出现，也就是执行完 if 语句和所有 elif 语句之后，才会执行 else 语句。

```
if answer >= 10:
    print("You got at least 10!")
elif answer >= 5:
    print("You got at least 5!")
elif answer >= 3:
    print("You got at least 3!")
else:
    print("You got less than 3.")
```

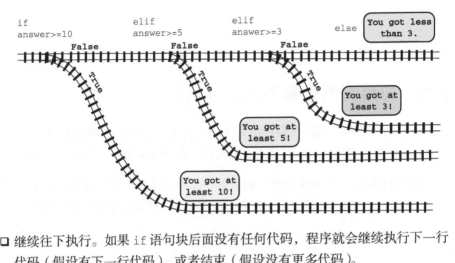

□ 继续往下执行。如果 if 语句块后面没有任何代码，程序就会继续执行下一行代码（假设有下一行代码），或者结束（假设没有更多代码）。

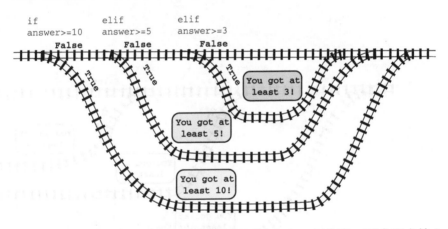

试着用上面的代码编写一个程序，在程序的开头加入一行代码，要求用户输入一个数字：

```
answer = float(input("Enter a number from 1 to 15: "))
```

保存这个文件（这一次由你来确定文件名），然后运行这个程序。你可以多运行几次，每次都输入不同的数字，看看会得到什么结果。

7.6　判断多个条件

如果想判断多个条件，该怎么办？假设现在要给 8 岁及 8 岁以上的人编写一个游戏，我们希望玩家至少在上三年级。这就要满足两个条件，下面是判断这两个条件的一种方法：

```
age = float(input("Enter your age: "))
grade = int(input("Enter your grade: "))
if age >= 8:
    if grade >= 3:
        print("You can play this game.")
    else:
        print("Sorry, you can't play the game.")
else:
    print("Sorry, you can't play the game.")
```

注意，前两个 print 行缩进了不止 4 个空格，而是 8 个空格。这是因为每条 if 语句都需要有自己的代码块，所以都要额外缩进 4 个空格。

7.7　使用 **and**

虽然上一节中的例子可以正常运行，但是还有一种更简便的方法，可以达到同样的效果。我们可以像下面这样把这两个条件结合起来：

```
age = float(input("Enter your age: "))
grade = int(input("Enter your grade: "))
if age >= 8 and grade >= 3:          ← 用 and 把条件结合起来
    print("You can play this game.")
else:
    print("Sorry, you can't play the game.")
```

使用 and 关键字，表示当两个条件同时为真时，才能执行下面的代码块。

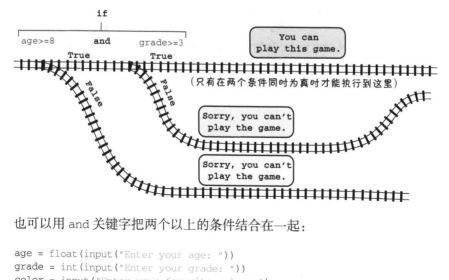

也可以用 and 关键字把两个以上的条件结合在一起：

```
age = float(input("Enter your age: "))
grade = int(input("Enter your grade: "))
color = input("Enter your favorite color: ")
if age >= 8 and grade >= 3 and color == "green":
    print("You are allowed to play this game.")
```

```
else:
    print("Sorry, you can't play the game.")
```

如果有两个以上的条件，那么当所有条件都同时为真时，if 语句的判断结果才能为真。

除此之外，还有其他方法可以将条件结合在一起。

7.8 使用 or

除了 and，关键字 or 也可以把几个条件结合起来。当使用 or 时，只要其中任意一个条件为真，就会执行相应的代码块。

```
color = input("Enter your favorite color: ")
if color == "red" or color == "blue" or color == "green":
    print("You are allowed to play this game.")
else:
    print("Sorry, you can't play the game.")
```

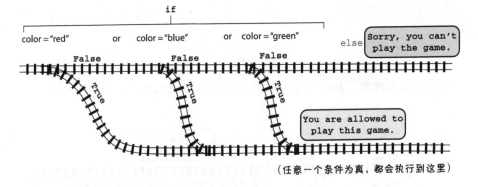

（任意一个条件为真，都会执行到这里）

7.9 使用 not

我们还可以借助 not，用不同的方式表达比较条件，即对比较条件**取反**。

```
age = float(input("Enter your age: "))
if not (age < 8):
    print("You are allowed to play this game.")
else:
    print("Sorry, you can't play the game.")
```

if not (age < 8): 与 if age >= 8: 的含义相同。在这两种情况下，如果年龄是 8 岁或者超过 8 岁就会执行代码块，如果年龄小于 8 岁就不会执行。

在第 3 章中，我们见过类似 +、-、*、/ 这样的算术运算符。在本章中，我们已经了解了比较运算符，如 <、>、== 等。另外，and、or、not 也是运算符，它们属于**逻辑运算符**（logical operator），用来修改比较条件。其中，and 和 or 可以把两个或多个比较条件结合在一起，not 可以对它们取反。表 7-1 列出了一些算术运算符和比较运算符。

表 7-1　算术运算符和比较运算符列表

运　算　符	名　　称	作　　用
算术运算符		
=	赋值	将一个值赋给一个变量
+	加	两个数相加，也可以用来连接字符串
−	减	两个数相减
+=	自增	将一个数加 1
−=	自减	将一个数减 1
*	乘	两个数相乘
/	除	两个数相除
//	取整	两个数相除，结果只是整数商而没有余数
%	取模	得到两个数整除的余数（模）
**	幂运算	将一个数自乘指数次，这个数以及指数可以是整数或浮点数
比较运算符		
==	相等	检查符号两边是否相等
<	小于	检查第一个数是否小于第二个数
>	大于	检查第一个数是否大于第二个数
<=	小于或等于	检查第一个数是否小于或等于第二个数
>=	大于或等于	检查第一个数是否大于或等于第二个数
!=	不等于	检查符号两边是否不相等

建议你在本页中加入书签，下次查这张表时就很容易了。

你学到了什么

在本章中，你学到了以下内容。

❑ 比较判断和比较运算符（关系运算符）。

❑ 缩进和代码块。

❑ 使用 and 和 or 结合比较条件。

❑ 使用 not 对比较条件取反。

扫码查看
习题答案

测试题

1. 运行以下程序，你会得到什么样的输出？

```
my_number = 7
if my_number < 20:
    print("Under 20")
else:
    print("20 or over")
```

2. 基于第一题中的程序，如果把 my_number 改为 25，输出会是什么呢？

3. 如果要检查一个数是否大于 30 且不超过 40，应该用哪一种 if 语句？

4. 如果要检查用户输入的字母是大写还是小写（比如是 Q 还是 q），应该使用哪一种 if 语句？

动手试一试

1. 一家商店在降价促销：购买金额小于或等于 10 元享 9 折优惠，购买金额大于 10 元享 8 折优惠。编写一个程序，询问购买金额，然后显示优惠方案（9 折或 8 折）和最终价格。

2. 一支少儿足球队在寻找年龄在 10 岁和 12 岁之间的女孩加入。编写一个程序，询问用户的年龄和性别（m 表示男性，f 表示女性），最后输出一条消息说明该用户是否可以加入球队。提示：要合理地编写程序，如果用户不是女孩，就不必再询问年龄。

3. 假设你正在开车长途旅行，这时刚到一个加油站，距离下一个加油站还有 200 千米。编写一个程序，判断是否应该在这里加油，换句话说，是否可以等到抵达下一个加油站再加油。

   这个程序应当询问下面几个问题。

   ❑ 油箱有多大（单位是升）？

   ❑ 现在油箱有多满（按百分比算，例如半满就是 50%）？

   ❑ 每升油可以走多少千米？

   输出应该像这样：

```
Size of tank: 60
percent full: 40
km per liter: 10
You can go another 240 km.
The next gas station is 200 km away.
You can wait for the next station.
```

或者像这样：

```
Size of tank: 60
percent full: 30
km per liter: 8
You can go another 144 km.
The next gas station is 200 km away.
Get gas now!
```

提示：在编写程序时要考虑留出 5 升的缓冲区，以防油表有误差。

4. 编写一个程序，用户必须输入正确的密码才能使用这个程序。你自己当然知道密码（你会将它写在代码中），不过，你的朋友要知道这个密码就必须向你求助或者直接猜密码，他也可以学习一定的 Python 知识，从而查看代码并找到密码。

程序本身没什么特别要求，既可以是你已经编写过的程序，也可以是新编写的非常简单的程序，它必须在用户输入正确的密码时显示一条 "You're in!" 之类的消息。

第 8 章
转 圈 圈

对大多数人来说，周而复始地做同样的事情是非常枯燥的。那为什么不让计算机来替我们做这样的事情呢？计算机永远都不会觉得枯燥，它们非常擅长执行重复的任务。在本章中，我们就来看看如何让计算机做重复的事情。

计算机程序通常会周而复始地重复着同样的操作步骤，这称为**循环**（loop），主要有以下两种类型。

- 重复一定次数的循环，这叫作**计数循环**（counting loop）。
- 重复直至某种情况发生时才结束的循环，这叫作**条件循环**（conditional loop）。只要条件为真，这种循环就会一直持续下去。

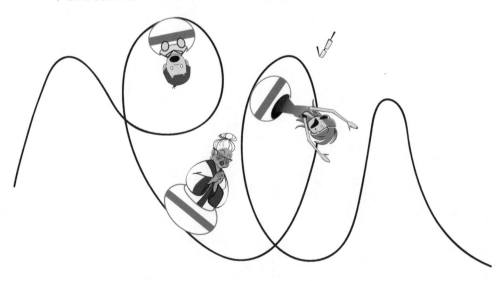

8.1　计数循环——**for** 循环

有人把计数循环叫作 for 循环，这是因为包括 Python 在内的很多编程语言会使用关键字 for 来创建这种循环。

下面来尝试编写一个使用计数循环的程序。在 IDLE 中选择 File（文件）▶ New（新建）打开一个新的窗口（就像在写第一个程序时那样），然后键入代码清单 8-1 中的程序。

代码清单 8-1　一个非常简单的 for 循环

```
for looper in [1, 2, 3, 4, 5]:
    print("hello")
```

把它保存为 Loop1.py，并运行这个程序。可以使用 Run（运行）▶ Run Module（运行模块），也可以用快捷键 F5。你会看到这样的结果：

```
>>>
RESTART: C:/Users/Carter/Programs/Loop1.py
hello
hello
hello
hello
hello
```

嘿，是不是有重复？虽然这里只有一条 print 语句，但程序显示了 5 次 hello。这是怎么回事呢？

第一行（for looper in [1, 2, 3, 4, 5]:）翻译过来有下面 3 种含义。

1. 变量 looper 的值从 1 开始（looper = 1）。
2. 循环会依次对应列表中的每一个值，把下一个指令块中的所有操作执行一次。（列表就是中括号中的那些数字。）
3. 在每次执行循环时，变量 looper 会被赋予列表中的下一个值。

第二行（print("hello")）就是 Python 每次循环时都要执行的代码块。for 循环需要一个代码块来告诉程序每次循环时具体做什么。这个代码块（代码中缩进的部分）称为**循环体**（body of the loop）。还记得吧？第 7 章讨论过代码缩进和代码块。

术语箱

> 每次执行循环称为一次迭代（iteration）。

下面来试试其他例子。当每次循环时，程序不再打印同一个单词，而是打印不同的内容，如代码清单 8-2 所示。

代码清单 8-2 每次执行 for 循环都做不同的事情

```
for looper in [1, 2, 3, 4, 5]:
    print(looper)
```

把这个程序保存为 Loop2.py 并运行。结果如下所示：

```
>>>
RESTART: C:/Users/Carter/Programs/Loop2.py
1
2
3
4
5
```

这一次不再打印 5 次 hello 了，而是打印出变量 looper 的值。每次执行循环后，looper 都会从列表中取出下一个值。

8.1.1 失控的循环

一旦我在程序中犯了一个错误，它就永远循环下去了！

怎么才能让失控的循环停下来呢？

卡特，我也遇到过同样的问题！每个程序员都遇到过失控的循环，这种循环也叫作**无限循环**或**死循环**。要想随时停止 Python 程序（甚至终止失控的循环），只需按下 CTRL+C，即在按下 CTRL 键的同时按下 C 键。以后你就会发现，这个组合键非常方便！游戏和图形程序通常都是在一个循环中运行的。这些程序要不断地从鼠标、键盘或游戏控制器中获得输入，然后对这个输入进行处理，并刷新屏幕。当我们开始编写这种程序时，会大量使用循环。你的某个程序很有可能会在某个时候卡

在循环里面，这时候你应该知道如何让
程序跳出循环！

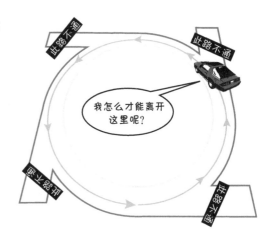

8.1.2 中括号的用途

你可能已经注意到，循环值的列表是包含在中括号里的。Python 利用中括号以及数字之间的逗号来创建列表，我们会在第 12 章学习关于列表的知识。目前只需要知道，列表是一种"容器"，用来将一些东西存放在一起。在本例中，这些东西就是数字，也就是每次循环迭代时循环变量 looper 所取的值。

8.2 使用 for 循环

现在就让我们用循环来做点有意义的事情吧，比如打印一张乘法表。这个程序只对前面的程序稍微做了修改，如代码清单 8-3 所示。

代码清单 8-3　打印 8 的乘法表

```
for looper in [1, 2, 3, 4, 5]:
    print(looper, "times 8 =", looper * 8)
```

把这个程序保存为 Loop3.py，然后运行程序。你会看到这样的结果：

```
>>>
RESTART: C:/Users/Carter/Programs/Loop3.py
1 times 8 = 8
2 times 8 = 16
3 times 8 = 24
4 times 8 = 32
5 times 8 = 40
```

现在我们终于见识到循环的威力啦！如果没有循环，那么要得到同样的结果，必须这样编写程序：

```
print("1 times 8 =", 1 * 8)
print("2 times 8 =", 2 * 8)
print("3 times 8 =", 3 * 8)
print("4 times 8 =", 4 * 8)
print("5 times 8 =", 5 * 8)
```

如果要打印一张更长的乘法表（比如说，从 1 到 10 或者从 1 到 20），这个程序就会更长。但是循环程序几乎不变，只是列表中有了更多的数字。循环让这个问题变得简单多了！

8.3 一条捷径——`range()`

上面的例子只循环了 5 次：

```
for looper in [1, 2, 3, 4, 5]:
```

如果想循环运行 100 次或者 1000 次，该怎么做呢？那就得键入很多很多的数字！

```
for looper in [1,2,3,4,5,6,7,8,9,10,11,12,13,14,15,16,17,18,...]
```

很幸运，这里有一条捷径，即 `range()` 函数。只需输入起始值和结束值，`range()` 函数就会帮你创建它们之间的所有值。代码清单 8-4 在乘法表的例子中使用了 `range()` 函数。

代码清单 8-4　使用 `range()` 函数的循环

```
for looper in range(1, 5):
    print(looper, "times 8 =", looper * 8)
```

把这个程序保存为 Loop4.py 并运行。可以使用 Run（运行）▶ Run Module（运行模块），或者按下快捷键 F5。你会看到这样的结果：

```
>>>
RESTART: C:/Users/Carter/Programs/Loop4.py
1 times 8 = 8
2 times 8 = 16
3 times 8 = 24
4 times 8 = 32
```

该结果基本上和 Loop3.py 的运行结果相同，只不过少了最后一次循环。这是为什么呢？

答案就在于，range(1, 5) 给出的列表是 [1, 2, 3, 4]。为什么没有 5 呢？这正是 range() 函数的运行机制。它会提供一个数字列表，该列表从起始值开始，到结束值的前一个数字为止（不包括结束值）。考虑到这一点，我们可以通过调整数值范围来得到想要的循环次数。

代码清单 8-5 给出了修改后的程序，它会打印出 8 的乘法表（从 1 到 10）。

代码清单 8-5　使用 range() 打印 8 的乘法表（从 1 到 10）

```
for looper in range(1, 11):
    print(looper, "times 8 =", looper * 8)
```

运行这个程序，结果如下所示：

```
>>>
RESTART: C:/Users/Carter/Programs/eight_times_table.py
1 times 8 = 8
2 times 8 = 16
3 times 8 = 24
4 times 8 = 32
5 times 8 = 40
6 times 8 = 48
7 times 8 = 56
8 times 8 = 64
9 times 8 = 72
10 times 8 = 80
```

在代码清单 8-5 的程序中，range(1, 11) 会给出一个从数字 1 到数字 10 的列表，循环会依次对应列表中的每个数字完成一次迭代。每次迭代结束后，循环变量 looper 都会取出列表中的下一个值。

这里把循环变量叫作 looper，不过你也可以根据自己的喜好来取其他的名字。

8.4　风格问题——循环变量名

其实循环变量和其他变量是一样的，没有任何特殊之处，只是名字不同而已，也可以把这个变量用作循环计数器。

之前我们说过，变量名要能够描述变量的用途。因此，上一节的例子选择用 looper 作为变量名。不过，也有例外，比如循环变量。有这样一个编程惯例（参见 7.2 节对惯例的定义）：使用字母 i、j、k 等作为循环变量名。

由于很多人使用 i、j、k 作为循环变量名，因此程序员对此已经习以为常了。当然，我们也可以用其他名字命名循环变量（就像在前面的例子中一样），但是，i、j、k 只可以用于命名循环变量。

从前的美好时光

为什么要在循环中用 i、j 和 k？

早先的程序员一直用程序来计算数学问题，而在数学中，a、b、c 和 x、y、z 已经用于定义其他概念了。另外，在当时流行的一种编程语言中，变量 i、j 和 k 通常都是整数，不能更改为其他类型。由于循环计数器总是整数，因此程序员通常会选择 i、j 和 k 作为循环计数器，后来这成为了一种通用的做法。

如果我们遵循这个惯例，那么 8 的乘法表程序就可以像下面这样编写：

```
for i in range(1, 11):
    print(i, "times 8 =", i * 8)
```

运行结果与之前完全相同，不妨试试看！

如何给循环变量命名是与程序风格相关的话题。**风格**（style）关系到程序的外观，与它能否正常工作无关。但是，如果你的编程风格与其他程序员的风格一致，那么你的程序就会更容易阅读和理解，也更容易调试。同时，你会更加习惯这种风格，还能够更轻松地读懂其他人编写的程序。

用 range() 简写

我们不一定非要给 range() 函数提供两个参数（像在代码清单 8-5 中那样），也可以只提供一个参数：

```
for i in range(5):
```

这跟下面的写法是完全相同的：

```
for i in range(0, 5):
```

这两种写法都会得到数字列表 [0, 1, 2, 3, 4]。

实际上，大多数程序员习惯从 0 而不是从 1 开始执行循环。如果使用 range(5)，就会得到这个循环的 5 次迭代，这样做很容易记住。但是要知道，在第一次迭代时，i 的值是 0 而不是 1；在最后一次迭代时，i 的值是 4 而不是 5。

从前的美好时光

为什么大多数程序员习惯从 0 而不是从 1 开始执行循环呢？

是这样的，很早以前，有些人支持从 1 开始执行循环，有些人则支持从 0 开始执行循环。针对哪一种做法更好，他们进行了激烈的争论。最终，支持从 0 开始执行循环的人胜出了。

所以就出现了现在的情况，如今大多数人会从 0 开始执行循环。不过，你仍然可以根据自己的喜好来选择任意一种做法。但是，记住根据循环变量的初始值相应地调整其上限，这样才能得到正确的迭代次数。

卡特，你已经发现字符串的一些规律了。字符串就像一个字符列表，我们已经学过，计数循环使用列表来进行迭代。这说明，我们也可以使用字符串来实现循环。字符串中的每个字符对应循环中的一次迭代。因此，如果把循环变量的值打印出来

（在上面这个例子中，卡特把循环变量命名为 letter），就会得到这个字符串中的每一个字母，而且每次只打印一个字母。又因为每条 print 语句都会换行，所以每个字母都会打印在单独的一行上。

你可以像卡特一样，多做一些尝试，这是一种很好的学习方法！

8.5 按步长计数

到目前为止，我们的计数循环在每次迭代时都会让循环变量加 1。如果想让循环按步长为 2 来计数，该怎么做呢？要让步长为 5 或 10，又该怎么做呢？还有，如何反向计数呢？

range() 函数可以接受一个额外的参数，利用这个参数就可以把步长从默认的 1 改为其他值。

术语箱

> 参数（argument）就是在调用像 range() 这样的函数时放在括号里的值。这时可以说，我们向函数传递了参数。有时也用形参（parameter）这个词，如传递形参。第 13 章会介绍更多关于函数、参数和形参的内容。

这次我们想在交互模式中尝试几个循环。在键入第一行代码时，由于末尾有冒号，因此 IDLE 会自动帮你缩进下一行——它知道 for 循环后面需要有一个代码块。键入这个代码块后，按两次回车键。试试看：

```
>>> for i in range(1, 10, 2):
        print(i)

1
3
5
7
9
```

这里向 range() 函数增加了第 3 个参数：2。现在循环就会按步长为 2 来计数。再来看一个例子：

```
>>> for i in range(5, 26, 5):
        print(i)

5
10
15
20
25
```

这是按步长为 5 来循环的。如果想反向计数，那么应该怎么做呢？

```
>>> for i in range(10, 1, -1):
        print(i)
10
9
8
7
6
5
4
3
2
```

当 range() 函数中的第 3 个参数是
负数时，循环就会向下计数，而不
是向上计数。你应该还记得，
循环会从起始值开始，向
上增加或向下减少，直至
达到（但不包括）结束值，
所以在上一个例子中，我
们只能向下计数到 2，而
不是 1。

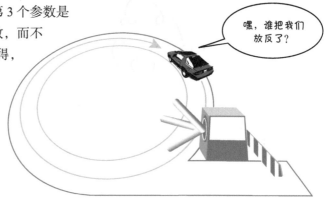

我们可以采用这种方式来编写一个倒计时的定时器程序，只需再增加几行代码
即可。在 IDLE 中打开一个新的窗口，键入代码清单 8-6 中的程序。试着运行这个
程序。

代码清单 8-6　准备好了吗？

```
import time
for i in range(10, 0, -1):    ← 反向计数
    print(i)
    time.sleep(1)             ← 等待 1 秒
print("BLAST OFF!")
```

先不用关心这个程序中我们还没有学到的内容，比如 import、time 和 sleep，
后文会讲到这些内容。现在只需试着运行代码清单 8-6 中的程序，并了解它的工作方
式。这里的关键是 range(10, 0, -1)，它会让循环从 10 反向计数到 1。

8.6　不需要数字的计数

在前面所有的例子中，循环变量都是一个数字。用编程术语来讲就是：循环在
一个数字列表上进行迭代。但是这个列表不一定必须是数字列表，从卡特的实验可

以看到，它也可以是字符列表（字符串），还可以是字符串列表，或者是其他列表。

要了解它的工作方式，最好是举个例子来说明。试着运行代码清单 8-7 中的程序，看看会发生什么。

代码清单 8-7　谁最酷?

```
for cool_guy in ["Spongebob", "Spiderman", "Justin Timberlake", "My Dad"]:
    print(cool_guy, "is the coolest guy ever!")
```

现在，我们不再迭代循环数字列表，而是迭代循环字符串列表，而且使用 cool_guy 而不是 i 作为循环变量。每次迭代后，循环变量 cool_guy 都会取出列表中的下一个值。这仍然是一种计数循环，尽管这个列表不是数字列表，但是 Python 仍要计算列表中共有多少项元素，从而确定循环次数。（这一次没有给出输出结果，你可以自己运行这个程序来看看结果。）

可是，如果无法提前知道需要迭代多少次，该怎么办呢？如果没有可用或合适的列表，又该怎么办呢？别着急，接下来就会讲到。

8.7　条件循环——while 循环

我们已经学习了第一种循环，也就是 for 循环（计数循环）。第二种循环称为 while 循环（条件循环）。

如果能提前知道循环需要运行多少次，那么用 for 循环就很合适。不过，有时候你可能想让循环一直运行下去，直到某种情况发生时才结束，但你并不知道在这种情况发生之前会有多少次迭代，这时就可以使用 while 循环来实现。

在第 7 章中，我们了解了条件和判断的概念，还学习了 if 语句。while 循环不会计算需要执行多少次循环，而会通过判断来确定什么时候停止循环。因此，while 循环也称为**条件循环**（conditional loop）。在某个条件满足时，while 循环会一直执行下去。

简单地说，while 循环会一直询问"完成了吗……完成了吗……完成了吗……"，直到所给条件不再为真时，循环结束。

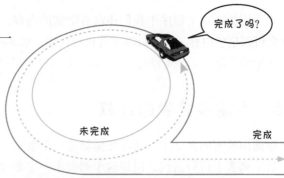

在 Python 中，while 循环使用关键字 while。代码清单 8-8 给出了一个例子，你可以键入并运行这个程序，看看结果如何。记住，一定要先保存再运行。

代码清单 8-8 while 循环

```
print("Type 3 to continue, anything else to quit.")
someInput = input()
while someInput == '3':
    print("Thank you for the 3. Very kind of you.")
    print("Type 3 to continue, anything else to quit.")
    someInput = input()
print("That's not 3, so I'm quitting now.")
```

只要 someInput 的值为 3，就一直执行循环

循环体

这个程序会不停地要求用户输入。当输入等于 3 时，条件为 True,循环继续执行。因此，这种条件循环也称为 while 循环，它使用了 Python 的关键字 while。当输入不等于 3 时，条件为 False，循环就会停止。

8.8 跳出循环——continue 语句和 break 语句

有时候，你可能想提前结束循环，比如使 for 循环中断计数，或者使 while 循环停止判断条件。要提前结束循环，可以采用两种方法：用 continue 语句直接跳到循环的下一次迭代，或者用 break 语句彻底终止循环。下面来详细说明。

就是现在！该跳出循环了！

8.8.1 提前跳转——continue 语句

如果想停止当前的迭代循环，提前跳到下一次迭代循环，那么可以使用 continue 语句。为了说明这一点，下面来看一个例子，如代码清单 8-9 所示。

代码清单 8-9 在循环中使用 continue 语句

```
for i in range(1, 6):
    print()
    print('i =', i, ' ', end='')
    print('Hello, how ', end='')
    if i == 3:
        continue
    print('are you today?', end='')
print()
```

这个程序的运行结果如下所示：

```
>>>
RESTART: C:/Users/Carter/Programs/hello_how_continue.py
i = 1 Hello how are you today?
i = 2 Hello how are you today?
i = 3 Hello how
i = 4 Hello how are you today?
i = 5 Hello how are you today?
```

注意，当第 3 次循环时（i == 3），循环体并没有结束，而是提前跳到了下一次迭代（i == 4），这就是 continue 语句的作用。在 while 循环中，continue 语句的作用也是一样的。

8.8.2 跳出循环——**break** 语句

如果想彻底跳出循环，不再完成循环计数，或者不再判断循环条件，应该怎么做呢？此时可以使用 break 语句。

把代码清单 8-9 中第 6 行的 continue 语句换成 break 语句。运行修改后的程序，看看会发生什么。

```
>>>
RESTART: C:/Users/Carter/Programs/hello_how_break.py
i = 1 Hello how are you today?
i = 2 Hello how are you today?
i = 3 Hello how
```

这一次不是跳过了第 3 次循环中的后续语句，而是彻底终止了。这正是 break 语句的作用。在 while 循环中，break 语句的作用也是一样的。

需要指出的是，有些人认为使用 continue 语句和 break 语句并不好。我个人不认同这种观点，不过我确实很少用到这两条语句。不管怎样，现在你已经知道了 continue 语句和 break 语句的用法，没准以后会用得到。

你学到了什么

在本章中，你学到了以下内容。

❑ for 循环（计数循环）。
❑ range() 函数——计数循环中的捷径。
❑ range() 函数中不同步长的用法。

❑ while 循环（条件循环）。
❑ 用 continue 语句提前跳到下一次迭代。
❑ 用 break 语句跳出整个循环。

扫码查看
习题答案

测试题

1. 下面的循环会运行多少次？

```
for i in range(1, 6):
    print('Hi, Warren')
```

2. 下面的循环会运行多少次？在每次循环时，i 的值是什么？

```
for i in range(1, 6, 2):
    print('Hi, Warren')
```

3. range(1, 8) 会列出哪些数字？

4. range(8) 会列出哪些数字？

5. range(2, 9, 2) 会列出哪些数字？

6. range(10, 0, -2) 会列出哪些数字？

7. 使用哪个关键字可以停止当前的迭代循环，提前跳到下一次循环？

8. while 循环什么时候结束？

动手试一试

1. 编写一个程序，显示一张乘法表。在开始时要询问用户想显示哪个数字的乘法表，输出结果应该如下所示。

```
Which multiplication table would you like?
5
Here is your table:
5 × 1 = 5
5 × 2 = 10
5 × 3 = 15
5 × 4 = 20
5 × 5 = 25
5 × 6 = 30
5 × 7 = 35
5 × 8 = 40
5 × 9 = 45
5 × 10 = 50
```

2. 在编写第 1 题中的程序时，你可能使用了 for 循环（大多数人会这么做），现在再用 while 循环来编写这个程序。（如果已经使用了 while 循环，可以试着用 for 循环来编写。）

3. 向上面的乘法表程序中再加些代码，在询问用户想显示哪个数字的乘法表之后，再问问用户希望最大乘到哪个数字。输出结果应该如下所示：

```
Which multiplication table would you like?
7
How high do you want to go?
12
Here is your table:
7 × 1 = 7
7 × 2 = 14
7 × 3 = 21
7 × 4 = 28
7 × 5 = 35
7 × 6 = 42
7 × 7 = 49
7 × 8 = 56
7 × 9 = 63
7 × 10 = 70
7 × 11 = 77
7 × 12 = 84
```

任选 for 循环或者 while 循环来完成，或者两种做法都试试看。

## 第 9 章

全都为了你——注释

到现在为止，我们在程序以及交互模式中键入的代码都是交给计算机执行的指令。不过，我们也可以在程序中加入一些自己的说明，描述这个程序的功能和运行方式。这样做可以帮助自己或其他人以后阅读这段程序，明白代码的用途。在计算机程序中，这些说明就称为**注释**（comment）。

9.1 加入注释

加入注释的目的是让自己或其他人阅读，而不是让计算机来执行。注释是程序文档的一部分，计算机在运行程序时会忽略这些注释。

在 Python 中，可以通过两种方法向程序加入注释。

啦啦啦，
我听不见！
啦啦啦……

术语箱

文档（documentation）就是关于一个程序的信息，描述程序本身并说明程序的运行方式，注释就是程序文档的一部分。除了对代码进行描述，文档还有其他部分，包括但不限于以下内容。

- ❑ 为什么编写这个程序（它的用途）？
- ❑ 由谁编写这个程序？
- ❑ 为谁编写这个程序（它的用户）？
- ❑ 如何组织这个程序？

更大、更复杂的程序往往有更多文档。

第 6 章在"像 Python 程序员一样思考"（参见 6.6 节）中提到的 Python 帮助系统就是一种文档，该系统旨在帮助用户了解 Python 的运行方式。

9.2　单行注释

在任意代码行之前加上井字号 #，就可以把该行变成注释行。

```
# 这是 Python 程序中的注释
print('This is not a comment')
```

运行这两行代码，会得到下面的输出结果：

```
This is not a comment
```

程序在运行时忽略了第一行。注释（以 # 字符开头的代码行）只是为了帮助自己和其他人阅读代码。

9.3　行末注释

我们还可以在代码行的末尾加上注释，像下面这样：

```
area = length * width # 计算矩形的面积
```

从 # 字符开始属于注释部分。# 之前的所有内容都是正常的代码行，# 字符之后的所有内容就是注释。

9.4　多行注释

有时候可能需要用多行文本进行注释。要使用多行注释，就要在每个代码行之前都加上 # 字符，像下面这样：

```
# ****************
# 这是一个用来说明 Python 如何使用注释的程序
# 带星号的行可以直观地将注释与其他代码行分隔
# ****************
```

多行注释可以很好地"突出"不同的代码段，方便后期阅读。可以用多行注释来描述某部分代码的运行情况。位于程序起始处的多行注释，可以列出作者姓名、程序名、编写程序或更新程序的日期，以及其他可能有用的信息。

9.5　三重引号字符串

Python 中还有一种做法相当于创建多行注释，即创建一个未命名的三重引号字符串。第 2 章曾提到（参见 2.4 节），三重引号字符串可以跨越多行，因此可以这样编写：

```
""" 这是一个跨多行的注释，
它使用了三重引号字符串。
不过，它并不是真正意义上的注释，
只是起到了注释的作用。
"""
```

由于这个字符串未命名，程序也没有对此执行任何处理，因此该字符串相当于一个注释，不会对程序的运行造成任何影响。但从严格意义上讲，它并不是真正的注释。

像 Python 程序员一样思考

有些 Python 程序员认为不应该使用三重引号字符串（多行字符串）作为注释。但是，我个人没有发现这样做有何不妥。注释的目的就是让代码更容易阅读、更方便理解。如果你觉得三重引号字符串用起来很方便，可能就更愿意在代码中加入注释了，这也未尝不可。

如果在 IDLE 中键入一些注释，就可以看到它们以不同的颜色显示出来，从而帮助你更轻松地阅读代码。

大多数文本编辑器可以更改注释的颜色（代码中其他部分的颜色也可以更改）。在 IDLE 中，注释的默认颜色是红色。由于三重引号字符串不是真正意义上的 Python 注释，因此这种字符串的颜色会有所不同。IDLE 中的三重引号字符串是绿色，这是 IDLE 中字符串的默认颜色。

9.6　注释风格

现在你已经知道了如何在程序中加入注释。但是应该在注释里添加什么内容呢？注释并不会影响程序的运行方式，换句话说，它只涉及"风格"问题。这说明可以

在注释中添加任何内容，当然，也可
以根本不加注释。但是，这并不表示
注释不重要，大多数程序员需要费一
番周折才能最终领悟到这一点。当重
新看那些在几年前、几个月前或者几
周前，甚至昨天刚编写的程序时，他
们可能会毫无头绪。这往往是因为
没有加入一定的注释，正是这些注释
可以帮助理解程序的运行方式。这个
时候就会深深地体会到注释的重要性

了！尽管在编写程序时思路特别清晰，但是等以后再重新看这段程序时，就很可能
会一头雾水。

虽然针对在注释中应该添加的内容并没有严格的规定，但是建议你尽可能地多
加注释。现在看来，注释越多越好。相比注释过少导致的后果，注释过多也就无可
厚非了。当你积累了更多的编程经验后，就会慢慢地了解加入多少注释以及添加哪
些内容最恰当。

9.7　本书中的注释

本书使用**注解**（annotation），也就是代码旁的说明，因此书中的代码清单并没有
多少注释。但是如果你去查看 examples 文件夹中或者网站上的代码清单，就会看到
在所有代码清单中都有注释。

9.8　将代码放入注释中

我们还可以用注释临时跳过程序中的部分代码。记住，注释中的所有内容都会
被程序忽略。

```
# print("Hello")
print("World")
>>>
RESTART: C:/Users/Carter/Programs/commenting_out.py
World
```

由于 print("Hello") 被改为了注释，因此这一行不会被执行，也就不会打印
Hello 了。

注释可以根据需要调整程序中将被执行的部分，以及需要忽略（跳过）的部分，这在调试程序时很有帮助。如果想让计算机忽略某些代码行，只需在那些代码行的前面加上 # 字符，或者在这些代码行的前后都加上三重引号。

包括 IDLE 在内的大多数文本编辑器有这样一个功能：快速注释掉（或取消注释）整个代码块。看看 IDLE 中的 Format 菜单吧。

你学到了什么

在本章中，你学到了以下内容。

- ❑ 注释只是为了方便你自己和其他人阅读代码，而不是让计算机来执行。
- ❑ 注释还可以用来隔离部分代码，不让它们运行。
- ❑ 可以使用三重引号字符串作为一种跨多行的注释。

测试题

本章的内容非常简单，没有测试题，可以休息一下了。

扫码查看
习题答案

动手试一试

重新看看第 3 章"动手试一试"中的温度转换程序，加入一些注释，然后运行这个程序，看看运行结果是不是和原来的结果一样。

第 10 章
游戏时间到了

在学习编程时有一种很常见的做法，那就是不管是否理解代码，先键入再说。千真万确！即使你不能完全理解每一行代码或每一个关键字，但有时哪怕只是键入一些代码，你也能对程序的运行方式找到一点"感觉"，比如在学习第 1 章时编写的猜数游戏程序。现在我们还是用这个老办法来编写程序，不过新程序会更长一些，也更有意思。

Skier

Skier（滑雪者）是一款非常简单的滑雪游戏，它的灵感来自一款名为 SkiFree 的游戏。在这款游戏中，你要滑下山坡，但是要尽量避开树木，并且尽可能多地捡起地上的小旗。每捡起一面小旗得 10 分，每碰一次树减 100 分。

运行这个程序就会看到如图 10-1 所示的场景。

图 10-1　Skier 游戏

Skier 游戏使用了一个叫作 Pygame 的 Python 模块来帮助实现图形效果，第 15 章会详细介绍模块。如果你运行了本书附带的安装程序，那么说明 Pygame 模块已经安装好了。如果还没有安装，可以搜索关键字 Pygame，在其官网上下载并安装该模块。我们会在第 16 章中学习有关 Pygame 模块的内容。

Skier 程序需要下面列出的这些图形文件。

- ❏ skier_down.png　skier_right1.png
- ❏ skier_crash.png　skier_right2.png
- ❏ skier_tree.png　　skier_left1.png
- ❏ skier_flag.png　　skier_left2.png

你可以在 examples 文件夹中找到这些图形文件（前提是运行了本书附带的安装程序），也可以在本书网站上找到这些图形文件[①]。一定要把这些图形文件保存到程序所在的文件夹或目录中，这一点非常重要。如果这些图形文件与程序不在同一个目录下，Python 就无法找到它们，这个程序也就无法正常运行。

代码清单 10-1 展示了 Skier 游戏的代码。这个程序有点长，大约有 100 行（为了便于阅读，中间还加入了一些空行），不过还是建议你花点时间自己键入这些代码。代码清单中有一些说明，解释了该部分代码的编写意图。注意，当代码中出现 __init__ 时，init 的左右两边各有两条下划线。也就是说，init 之前和之后都有两条下划线，而不是一边一条下划线。

代码清单 10-1　Skier 程序

```
import pygame, sys, random
skier_images = ["skier_down.png", "skier_right1.png",
                "skier_right2.png", "skier_left2.png",
                "skier_left1.png"]

class SkierClass(pygame.sprite.Sprite):
    def __init__(self):
        pygame.sprite.Sprite.__init__(self)
        self.image = pygame.image.load("skier_down.png")    创建滑雪者
        self.rect = self.image.get_rect()
        self.rect.center = [320, 100]
        self.angle = 0

    def turn(self, direction):
        self.angle = self.angle + direction
        if self.angle < -2: self.angle = -2              滑雪者转向
        if self.angle > 2: self.angle = 2
        center = self.rect.center
```

```
        self.image = pygame.image.load(skier_images[self.angle])
        self.rect = self.image.get_rect()
        self.rect.center = center
        speed = [self.angle, 6 - abs(self.angle) * 2]
        return speed

    def move(self, speed):
        self.rect.centerx = self.rect.centerx + speed[0]
        if self.rect.centerx < 20: self.rect.centerx = 20
        if self.rect.centerx > 620: self.rect.centerx = 620

class ObstacleClass(pygame.sprite.Sprite):
    def __init__(self, image_file, location, obs_type):
        pygame.sprite.Sprite.__init__(self)
        self.image_file = image_file
        self.image = pygame.image.load(image_file)
        self.rect = self.image.get_rect()
        self.rect.center = location
        self.obs_type = obs_type
        self.passed = False

    def update(self):
        global speed
        self.rect.centery -= speed[1]
        if self.rect.centery < -32:
            self.kill()

def create_map():
    global obstacles
    locations = []
    for i in range(10):
        row = random.randint(0, 9)
        col = random.randint(0, 9)
        location = [col * 64 + 20, row * 64 + 20 + 640]
        if not (location in locations):
            locations.append(location)
            obs_type = random.choice(["tree", "flag"])
            if obs_type == "tree": img = "skier_tree.png"
            elif obs_type == "flag": img = "skier_flag.png"
            obstacle = ObstacleClass(img, location, obs_type)
            obstacles.add(obstacle)

def animate():
    screen.fill([255, 255, 255])
    obstacles.draw(screen)
    screen.blit(skier.image, skier.rect)
    screen.blit(score_text, [10, 10])
    pygame.display.flip()

pygame.init()
screen = pygame.display.set_mode([640,640])
clock = pygame.time.Clock()
skier = SkierClass()
speed = [0, 6]
```

滑雪者转向

滑雪者左右
移动

创建树和小旗

让场景向上滚

删除从屏幕上方滚下的障碍物

创建一个窗口，
包含随机的树和
小旗

重绘屏幕

做好准备

```
obstacles = pygame.sprite.Group()
map_position = 0
points = 0
create_map()
font = pygame.font.Font(None, 50)

running = True
while running:
    clock.tick(30)
    for event in pygame.event.get():
        if event.type == pygame.QUIT:
            running = False
        if event.type == pygame.KEYDOWN:
            if event.key == pygame.K_LEFT:
                speed = skier.turn(-1)
            elif event.key == pygame.K_RIGHT:
                speed = skier.turn(1)
    skier.move(speed)

    map_position += speed[1]

    if map_position >= 640:
        create_map()
        map_position = 0

    hit = pygame.sprite.spritecollide(skier, obstacles, False)
    if hit:
        if hit[0].obs_type == "tree" and not hit[0].passed:
            points = points - 100
            skier.image = pygame.image.load("skier_crash.png")
            animate()
            pygame.time.delay(1000)
            skier.image = pygame.image.load("skier_down.png")
            skier.angle = 0
            speed = [0, 6]
            hit[0].passed = True
        elif hit[0].obs_type == "flag" and not hit[0].passed:
            points += 10
            hit[0].kill()

    obstacles.update()
    score_text = font.render("Score: " + str(points), 1, (0, 0, 0))
    animate()
pygame.quit()
```

做好准备

开始主循环

图形每秒更新 30 次

检查是否按键或
窗口是否关闭

移动滑雪者

滚动场景

创建包含场景的
新窗口

检查是否碰到
树或得到小旗

显示
得分

代码清单 10-1 中的代码保存在 examples 文件夹中，如果你在键入程序时遇到困难，或者根本不想自己从头到尾键入所有代码，也可以使用那个代码文件。但是不管你信不信，相比仅仅浏览代码，亲手键入这个程序会让你有更多收获。

在后续的章节中，我们会学习 Skier 游戏中用到的所有关键字和相关技术，第 25 章会详细解释 Skier 程序的工作原理。但是现在，你只需键入这个程序，并尝试运行它。

动手试一试

在本章中，你要做的就是键入并尝试运行 Skier 程序（代码清单 10-1）。如果在运行程序时遇到错误，那么可以看看错误消息，并试着找出究竟哪里错了。

祝你好运！

第 11 章
嵌套循环与可变循环

我们已经看到，在循环体（代码块）中可以放入其他代码，这些代码本身有自己的代码块。如果仔细浏览第 1 章中的猜数程序，就可以看到以下代码：

```
while guess != secret and tries < 6:
    guess = int(input("What's yer guess? "))       ——— while 循环块
    if guess < secret:
        print("Too low, ye scurvy dog!")            ——— if 块
    elif guess > secret:
        print("Too high, landlubber!")              ——— elif 块
    tries = tries + 1
```

外层浅灰色的代码块是一个 while 循环块，深灰色的代码块是这个 while 循环块内的 if 块和 elif 块。

我们还可以把一个循环放在另一个循环内，这样的循环叫作**嵌套循环**（nested loop）。

11.1　嵌套循环

还记得在第 8 章"动手试一试"中编写的乘法表程序吗？如果不考虑用户输入部分，那么这个程序看起来就像下面这样：

```
multiplier = 5
for i in range (1, 11):
    print(i, "×", multiplier, "=", i * multiplier)
```

如果想一次打印 3 张乘法表，该如何做呢？这时就要用嵌套循环来实现了。**嵌套循环**就是一个循环内包含另一个循环，对于外循环的每一次迭代，内循环都要完成它的所有迭代。

要打印 3 张乘法表，只需要把原来的循环（打印 1 张乘法表）放在一个外循环中，将外循环运行 3 次。这样一来，程序就会打印 3 张乘法表。代码清单 11-1 显示了相应的代码。

代码清单 11-1　一次打印 3 张乘法表

```
for multiplier in range(5, 8):                                    外循环分别
    for i in range(1, 11):                          内循环将打印   用值5、6、
        print(i, "×", multiplier, "=", i * multiplier)  1 张乘法表   7 进行 3 次
    print()                                                        迭代
```

注意，必须将内循环缩进，同时 print 语句相对于外部的 for 循环也要缩进（4 个空格）。这个程序会分别打印出 5、6 和 7 的乘法表，每张乘法表都会从 1 乘到 10：

```
>>>
RESTART: C:/HelloWorld/examples/Listing_11-1.py
1 × 5 = 5
2 × 5 = 10
3 × 5 = 15
4 × 5 = 20
5 × 5 = 25
6 × 5 = 30
7 × 5 = 35
8 × 5 = 40
9 × 5 = 45
10 × 5 = 50

1 × 6 = 6
2 × 6 = 12
3 × 6 = 18
4 × 6 = 24
5 × 6 = 30
6 × 6 = 36
7 × 6 = 42
8 × 6 = 48
9 × 6 = 54
10 × 6 = 60

1 × 7 = 7
2 × 7 = 14
3 × 7 = 21
4 × 7 = 28
5 × 7 = 35
6 × 7 = 42
7 × 7 = 49
8 × 7 = 56
9 × 7 = 63
10 × 7 = 70
```

为了彻底理解嵌套循环，可以在屏幕上打印一些星号，并统计它们的个数。你可能觉得这样做很无聊，但这确实是一个理解嵌套循环的好方法，我们会在下一节中完成这项工作。

11.2 可变循环

固定不变的数字叫作**常量**或**常数**，比如 range() 函数中使用的数字。如果在一个 for 循环的 range() 函数中使用常量，那么无论什么时候运行程序，该循环运行的次数都是固定不变的。也就是说，代码中永久定义了循环的次数，在这种情况下，我们称对循环次数进行了**硬编码**（hard-coded）。但有时候我们并不想硬编码。

有时候，我们希望循环次数由用户或者程序的另一部分来决定，这时就需要一个变量。

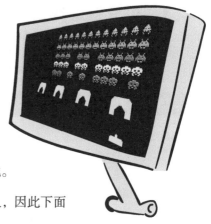

假设你要编写一个太空神枪手游戏。在游戏中，只要有外星人被消灭，就要重绘屏幕。另外，需要使用某种计数器记录剩下的外星人的数量，每次刷新屏幕，都要循环这个操作，并在屏幕上画出当前外星人的图像。每当玩家消灭一个外星人时，外星人的数量就会发生变化。

由于我们还没有学习如何在屏幕上画外星人，因此下面先给出一个使用可变循环的简单示例程序：

```
numStars = int(input("How many stars do you want? "))
for i in range(1, numStars):
    print('* ', end='')

>>>
RESTART: C:/Users/Carter/Programs/stars1.py
How many stars do you want? 5
* * * *
```

这个程序会询问用户想要多少个星号，然后使用一个可变循环准确地打印出这些星号。好吧，只能算基本准确吧！我们想打印 5 个星号，但结果只有 4 个星号！原来我们忘了一点：对于 for 循环，在达到 range() 函数中结束值的前一个数字时，循环就停止了。因此，我们要在用户输入数值的基础上加 1。

```
numStars = int(input("How many stars do you want? "))
for i in range(1, numStars + 1):       ◄── 让 numStars 加 1，这样运行程序，
    print('* ', end='')                     就会得到预期数量的星号
```

还有一种做法也可以达到同样的效果，即从 0 而不是从 1 开始循环计数（第 8 章提到过这一点）。这在编程中很常见，第 12 章会说明采取这种做法的原因。先来看看这个循环是什么样子的。

```
numStars = int(input("How many stars do you want? "))
for i in range(0, numStars):
    print('* ', end='')
```

```
>>>
RESTART: C:/Users/Carter/Programs/stars2.py
How many stars do you want? 5
* * * * *
```

11.3 可变嵌套循环

现在来尝试使用可变嵌套循环。这是一个嵌套循环，其中的一个或几个循环在 range() 函数中使用了变量。代码清单 11-2 给出了一个例子。

代码清单 11-2　一个可变嵌套循环

```
numLines = int(input('How many lines of stars do you want? '))
numStars = int(input('How many stars per line? '))
for line in range(0, numLines):
    for star in range(0, numStars):
        print('* ', end='')
    print()
```

运行这个程序，看看是否正常工作。你会看到如下结果：

```
>>>
RESTART: C:/HelloWorld/examples/Listing_11-2.py
How many lines of stars do you want? 3
How many stars per line? 5
*****
*****
*****
```

前两行询问用户想打印多少行，以及每行打印多少个星号。这里使用了 numLines 和 numStars 这两个变量来记住用户的输入，接下来就是下面这两个循环。

❑ 内循环（for star in range(0, numStars):）打印出每个星号，针对每行中的每个星号都分别运行一次。

❑ 外循环（for line in range(0, numLines):）对每一行星号都分别运行一次。

程序中的第 2 个 print 指令用来打印下一行星号。如果没有这个指令，那么由于第一条 print 语句的末尾有，end=''，因此所有星号都会打印到同一行上。

我们甚至还可以编写"嵌套嵌套循环"，即**双重嵌套循环**，如代码清单 11-3 所示。

代码清单 11-3　利用双重嵌套循环打印星号块

```
numBlocks = int(input('How many blocks of stars do you want? '))
numLines = int(input('How many lines in each block? '))
numStars = int(input('How many stars per line? '))
for block in range(0, numBlocks):
    for line in range(0, numLines):
        for star in range(0, numStars):
            print('* ', end='')
        print()
    print()
```

运行程序，输出结果如下：

```
>>>
RESTART: C:/HelloWorld/examples/Listing_11-3.py
How many blocks of stars do you want? 3
How many lines of stars in each block? 4
How many stars per line? 8
* * * * * * *
* * * * * * *
* * * * * * *
* * * * * * *

* * * * * * *
* * * * * * *
* * * * * * *
* * * * * * *

* * * * * * *
* * * * * * *
* * * * * * *
* * * * * * *
```

我们称这个循环的"嵌套深度"为 3 层。

11.4　更多可变嵌套循环

代码清单 11-4 是代码清单 11-3 的复杂版本。

代码清单 11-4　更为复杂的星号块打印程序

```
numBlocks = int(input('How many blocks of stars do you want? '))
for block in range(1, numBlocks + 1):
    for line in range(1, block * 2):
        for star in range(1, (block + line) * 2):
            print('* ', end='')
        print()
    print()
```

关于行数和星号数的公式

输出结果如下：

```
>>>
RESTART: C:/HelloWorld/examples/Listing_11-4.py
How many blocks of stars do you want? 3
* * *

* * * * *
* * * * * * *
* * * * * * * * *

* * * * * *
* * * * * * * *
* * * * * * * * * *
* * * * * * * * * * * *
* * * * * * * * * * * * * *
```

在代码清单 11-4 中，外循环的循环变量用来为内循环设置循环的范围。因此，每个星号块就不再有相同的行数了，而且每一行的星号数也不再相同了，也就是说，每次循环时的行数和星号数都不一样了。

一个嵌套循环可以有任意的嵌套深度，这让嵌套循环理解起来很令人头疼。因此，有时候打印出循环变量的值对理解程序很有帮助，如代码清单 11-5 所示。

代码清单 11-5   打印嵌套循环中的循环变量

```
numBlocks = int(input('How many blocks of stars do you want? '))
for block in range(1, numBlocks + 1):
    print('block =', block)
    for line in range(1, block * 2 ):
        for star in range(1, (block + line) * 2):          ← 显示变量
            print('* ', end='')
        print(' line =', line, 'star =', star)
    print()
```

以下是这个程序的输出结果：

```
>>>
RESTART: C:/HelloWorld/examples/Listing_11-5.py
How many blocks of stars do you want? 3
block = 1
* * *    line = 1 star = 3

block = 2
* * * * *    line = 1 star = 5
* * * * * * *    line = 2 star = 7
* * * * * * * * *    line = 3 star = 9

block = 3
* * * * * * *    line = 1 star = 7
* * * * * * * * *    line = 2 star = 9
* * * * * * * * * * *    line = 3 star = 11
* * * * * * * * * * * * *    line = 4 star = 13
* * * * * * * * * * * * * * *    line = 5 star = 15
```

在很多时候，打印出变量的值不仅有助于
理解循环部分，而且对理解程序也有
很大的帮助，这是一种常用的程
序调试方法。

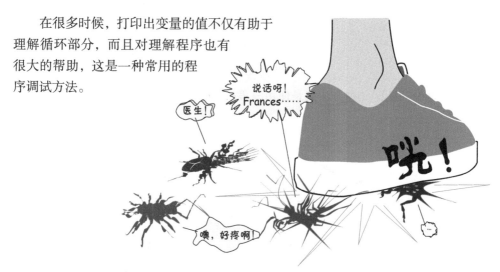

11.5 使用嵌套循环

用嵌套循环到底能做什么呢？嵌套循环最擅长的就是在一系列判断中找出所有
可能的**排列**和**组合**。

术语箱

排列（permutation）是一个数学概念，表示将一堆事物结合在一
起的唯一方式。组合（combination）与它很类似。它们的区别在于如
何对待内部顺序。

如果要求在 1 和 20 之间选择 3 个数字，那么可以像下面这样选择：

- 5、8、14
- 2、12、20

当然也可以选择其他数字。如果想创建一个列表，列出 1 到 20 中
任意 3 个数字的所有可能的排列情况，那么下面这两种情况是不一样的：

- 5、8、14
- 8、5、14

这是因为对排列而言，先后顺序非常重要。但如果创建一个包含所
有组合的列表，那么下面这 3 种情况其实是一种组合方法：

- 5、8、14
- 8、5、14
- 8、14、5

也就是说，对组合而言，顺序并不重要。

要解释这个问题，最好的办法就是举一个例子。下面假设你要在学校春季交易会上开热狗店，你计划做海报，用数字的方式显示出订购热狗、小面包、番茄酱、芥末酱和洋葱的所有可能的组合。因此，现在需要找出所有可能的组合方法。

思考这个问题的一种方法就是使用**决策树**（decision tree）。图 11-1 展示了热狗店问题的决策树。

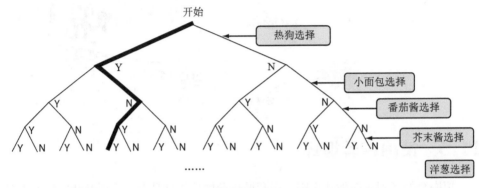

图 11-1 热狗店问题的决策树

每个决策点都有两种选择：Y（是）和 N（否）。这棵树中的每一条路径都表示热狗各成分的一种组合。图中加粗显示的路径表示这样一种选择：热狗选择 Y，小面包选择 N，芥末酱选择 Y，番茄酱选择 Y。

现在使用嵌套循环列出所有可能的组合，也就是这棵决策树中的所有路径。由于这里有 5 个决策点，因此决策树有 5 层，相应地，在程序中就会有 5 个嵌套循环。（图 11-1 只显示了决策树的前 4 层。）

在 IDLE 中键入代码清单 11-6 中的代码，并将其命名为 hotdog1.py，然后保存。

代码清单 11-6 热狗组合

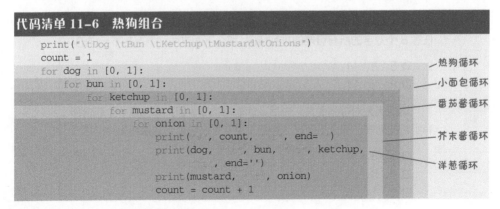

```
print("\tDog \tBun \tKetchup\tMustard\tOnions")
count = 1
for dog in [0, 1]:
    for bun in [0, 1]:
        for ketchup in [0, 1]:
            for mustard in [0, 1]:
                for onion in [0, 1]:
                    print(   , count,    , end=  )
                    print(dog,    , bun,    , ketchup,
                        , end='')
                    print(mustard,    , onion)
                    count = count + 1
```

热狗循环
小面包循环
番茄酱循环
芥末酱循环
洋葱循环

　　看到上面这些循环是如何放在另一个循环中的了吗？这正是嵌套循环，也就是循环内部包含其他循环。

- ❏ 外循环（热狗循环）运行 2 次。
- ❏ 每次热狗循环迭代时，小面包循环都运行 2 次，所以它会运行 4 次（2 × 2）。
- ❏ 每次小面包循环迭代时，番茄酱循环都运行 2 次，所以它会运行 8 次（2 × 2 × 2）。

　　以此类推，最内层循环（嵌套最深的循环，也就是洋葱循环）会运行 32 次（2 × 2 × 2 × 2 × 2）。这就涵盖了所有可能的组合，因此共有 32 种组合。

　　运行代码清单 11-6 中的程序，会得到下面的结果：

```
>>>
RESTART: C:/HelloWorld/examples/Listing_11-6.py
        Dog     Bun     Ketchup Mustard Onions
#   1   0       0       0       0       0
#   2   0       0       0       0       1
#   3   0       0       0       1       0
#   4   0       0       0       1       1
#   5   0       0       1       0       0
#   6   0       0       1       0       1
#   7   0       0       1       1       0
#   8   0       0       1       1       1
#   9   0       1       0       0       0
#  10   0       1       0       0       1
#  11   0       1       0       1       0
#  12   0       1       0       1       1
#  13   0       1       1       0       0
#  14   0       1       1       0       1
#  15   0       1       1       1       0
#  16   0       1       1       1       1
#  17   1       0       0       0       0
#  18   1       0       0       0       1
#  19   1       0       0       1       0
#  20   1       0       0       1       1
#  21   1       0       1       0       0
#  22   1       0       1       0       1
#  23   1       0       1       1       0
#  24   1       0       1       1       1
#  25   1       1       0       0       0
#  26   1       1       0       0       1
#  27   1       1       0       1       0
#  28   1       1       0       1       1
#  29   1       1       1       0       0
#  30   1       1       1       0       1
#  31   1       1       1       1       0
#  32   1       1       1       1       1
```

这 5 个嵌套循环可以得出热狗、小面包、番茄酱、芥末酱和洋葱中所有可能的组合。

代码清单 11-6 使用了制表符来实现对齐输出，也就是 \t 部分。到目前为止，我们还没有讨论过打印格式，如果你想了解更多这方面的知识，可以先看看第 21 章。

嗯，好吃……
这个热狗不错!

本例使用了一个名为 count 的变量对各种组合进行编号。比如，一个带小面包和芥末酱的热狗就是第 27 号。当然，在这 32 个组合中，有些组合其实并没有实际意义。（如果没有小面包，只有番茄酱和芥末酱，那么这样的热狗肯定很糟糕。）但是，正所谓"顾客就是上帝"，我们必须考虑到所有可能。

11.6 计算热量

大家现在都很关心营养问题，下面我们给菜单上的每种组合增加热量计算项。（可能你不太关心热量，但是你的爸爸妈妈一定会很关心！）我们可以利用这个机会，使用在第 3 章中学到的一些 Python 数学功能。

我们已经知道了每个组合中都有哪些选项，现在需要的就是设置每一个选项的热量，然后可以在最内层的循环中把各个选项的热量加起来。

以下代码设置了每一个选项的热量：

```
dog_cal = 140
bun_cal = 120
mus_cal = 20
ket_cal = 80
onion_cal = 40
```

现在只需把它们加起来即可。由于我们知道每个菜单组合中的各项要么是 0，要么是 1，因此可以直接将每个选项的数量乘以相应的热量，像下面这样。

```
tot_cal = (dog * dog_cal) + (bun * bun_cal) + \
          (mustard * mus_cal) + (ketchup * ket_cal) + \
          (onion * onion_cal)
```

由于运算顺序是先算乘法再算加法，因此并不需要加括号，这里加上括号只是让运算顺序理解起来更为容易。

长代码行

你注意到上面代码中行末的反斜线(\)了吗？如果一条语句特别长，不能写在一行中，就可以使用反斜线字符告诉 Python："这一行还没有结束，下一行的内容也是这一行的一部分。"

这里使用了两个反斜线，把一个长代码行分成了 3 个短代码行。这个反斜线叫作**行连接符**（line continuation character），它在编程语言中很常见。

我们还可以在整个表达式的前后额外加一对小括号，这样无须使用反斜线也可以把这条语句分为多行，就像下面这样。

```
tot_cal = ((dog * dog_cal) + (bun * bun_cal) +
           (mustard * mus_cal) + (ketchup * ket_cal) +
           (onion * onion_cal))
```

综合以上内容，增加了热量计算功能的热狗程序如代码清单 11-7 所示。

代码清单 11-7　包含热量计算功能的热狗程序

```
dog_cal = 140
bun_cal = 120                          列出热狗各成分的热量
ket_cal = 80
mus_cal = 20
onion_cal = 40

print("\tDog \tBun \tKetchup\tMustard\tOnions\tCalories")      ◄── 打印表头
count = 1
for dog in [0, 1]:                  ◄── 热狗循环是
    for bun in [0, 1]:                   外循环
        for ketchup in [0, 1]:
            for mustard in [0, 1]:
                for onion in [0, 1]:
                    total_cal = (bun * bun_cal)+(dog * dog_cal) + \
          在内循环中      (ketchup * ket_cal)+(mustard * mus_cal) + \       嵌套
          计算热量            (onion * onion_cal)                           循环
                    print("#", count, "\t", end='')
                    print(dog, "\t", bun, "\t", ketchup, "\t", end='')
                    print(mustard, "\t", onion, end='')
                    print("\t", total_cal)
                    count = count + 1
```

在 IDLE 中运行代码清单 11-7 中的程序，应该能得到如下结果：

```
>>>
RESTART: C:/HelloWorld/examples/Listing_11-7.py
          Dog      Bun      Ketchup  Mustard  Onions   Calories[1]
# 1       0        0        0        0        0        0
# 2       0        0        0        0        1        40
```

---

① 一种热量单位，中文为"卡路里"。中文常见的热量单位为"千焦"。——编者注

```
# 3      0       0       0       1       0       20
# 4      0       0       0       1       1       60
# 5      0       0       1       0       0       80
# 6      0       0       1       0       1       120
# 7      0       0       1       1       0       100
# 8      0       0       1       1       1       140
# 9      0       1       0       0       0       120
# 10     0       1       0       0       1       160
# 11     0       1       0       1       0       140
# 12     0       1       0       1       1       180
# 13     0       1       1       0       0       200
# 14     0       1       1       0       1       240
# 15     0       1       1       1       0       220
# 16     0       1       1       1       1       260
# 17     1       0       0       0       0       140
# 18     1       0       0       0       1       180
# 19     1       0       0       1       0       160
# 20     1       0       0       1       1       200
# 21     1       0       1       0       0       220
# 22     1       0       1       0       1       260
# 23     1       0       1       1       0       240
# 24     1       0       1       1       1       280
# 25     1       1       0       0       0       260
# 26     1       1       0       0       1       300
# 27     1       1       0       1       0       280
# 28     1       1       0       1       1       320
# 29     1       1       1       0       0       340
# 30     1       1       1       0       1       380
# 31     1       1       1       1       0       360
# 32     1       1       1       1       1       400
```

　　试想一下，手动计算所有这些组合的热量该是多么枯燥啊！即使用计算器来完成这样的数学运算也会很乏味。编写一个程序，让它帮你把这些都算出来，这就有意思多了。这样的任务用循环和 Python 中的一些数学运算来实现简直是小菜一碟。

你学到了什么

　　在本章中，你学到了以下内容。

□ 嵌套循环。

□ 可变循环。

□ 排列和组合。

□ 决策树。

扫码查看
习题答案

测试题

1. 如何在 Python 中创建可变循环？

2. 如何在 Python 中创建嵌套循环？

3. 键入并运行下面的代码，总共会打印出多少个星号？

```
for i in range(5):
    for j in range(3):
        print('* ', end='')
    print()
```

4. 运行第 3 题中的代码，会得到什么样的输出结果？

5. 如果一棵决策树有 4 层，每层有两个选择，那么一共有多少种选择（决策树有多少条路径）？

动手试一试

1. 还记得在第 8 章中编写的倒计时定时器程序吗？下面的代码可以帮助你回想起来：

```
import time
for i in range(10, 0, -1):
    print(i)
    time.sleep(1)
print("BLAST OFF!")
```

请用一个可变循环来修改这个程序，询问用户从哪个数开始倒计时，举例如下。

```
Countdown timer: How many seconds? 4
4
3
2
1
BLAST OFF!
```

2. 修改第 1 题中的程序，除了打印每个数字，还要打印出一行星号，如下所示。

```
Countdown timer: How many seconds? 4
4 * * * *
3 * * *
2 * *
1 *
BLAST OFF!
```

（提示：可以用嵌套循环来实现，也可以尝试其他方式。）

第 12 章
收集起来——列表与字典

我们已经看到 Python 可以在内存中存储一些信息，这些信息可以用相应的名字来获取。我们已经在 Python 中存储了字符串和数字（包括整数和浮点数），但 Python 有时候也可以帮助我们把一堆东西存储在一起，放在某个"组"或者"集合"中，这样一来，我们就可以一次性对整个集合做某些处理，也能更容易地记录一组东西。

列表（list）和**字典**（dictionary）是不同类型的集合，本章将介绍列表和字典的相关知识，包括它们的定义以及如何创建、修改和使用它们。

列表非常有用，许多程序应用了列表。比如在游戏中，很多图形对象通常会存储在列表中。因此，在后面几章开始讨论图形和游戏编程时，我们会在例子中大量使用列表。

12.1 什么是列表

如果我让你做一份家庭成员列表，你可能会像右图这样写。

在 Python 中，就要写成如下形式：

```
family = ['Mom', 'Dad', 'Junior', 'Baby']
```

如果我让你写下你的幸运数字，你可能会这样写：

2, 7, 14, 26, 30

在 Python 中，就要写成如下形式：

```
luckyNumbers = [2, 7, 14, 26, 30]
```

这里的 family 和 luckyNumbers 都是 Python 的列表，其中的各个组成部分叫作**元素**或**项目**。可以看到，Python 中的列表跟普通的列表并没有太大区别。列表使用中括号来表示从哪里开始，到哪里结束，另外用逗号分隔每个元素。

12.2　创建列表

12.1 节中的 family 和 luckyNumbers 都是变量。前面说过，我们可以赋予变量不同类型的值，既可以是数字，也可以是字符串，除此之外，还可以用列表赋值变量。

与创建其他类型的变量一样，可以通过赋值来创建列表，就像对 luckyNumbers 变量的赋值操作一样。我们也可以创建一个空的列表，如下所示：

```
newList = []
```

因为中括号里面没有任何元素，所以这个列表是空的。但是空列表会有什么用呢？为什么要创建空列表呢？

我们通常无法提前知道列表由哪些部分组成，不知道列表中会有几个元素，也不知道这些元素会是什么，仅知道需要用列表来保存这些元素。有了空列表后，程序就可以在这个列表中添加元素。那要怎么实现呢？

12.3　在空列表中添加元素

要在列表中添加元素，就要使用 append() 方法。在交互模式中尝试运行下面的代码：

```
>>> friends = []              ◀———— 新建一个空列表
>>> friends.append('David')
>>> print(friends)            ◀———— 在列表中添加一项 David
```

你会得到这样的结果：

```
['David']
```

再来添加一个元素：

```
>>> friends.append('Mary')
>>> print(friends)
['David', 'Mary']
```

记住，在列表中添加元素之前，必须先创建列表，这既可以是空列表，也可以是非空列表。就像做蛋糕一样，我们不能直接把各种配料倒在一起，而是要先将配料倒入碗中，否则肯定会弄得到处都是！

12.3.1 这个点号是什么

为什么要在 friends 和 append() 之间加一个点号 . 呢？现在我们要谈到一个重要的话题了，那就是对象。第 14 章会介绍更多关于对象的内容，不过现在可以先简单了解一下。

> **术语箱**
>
> 追加（append）是指在事物的末尾添加某个东西。
>
> 当把某个东西追加到一个列表中时，它会被添加到这个列表的末尾。

Python 中有很多对象（object）。当用某个对象执行一些操作时，需要列明这个对象的名字（变量名），然后是一个点号，接着就是要对这个对象执行的操作。因此，要向 friends 列表中追加一个元素，就要写成如下形式。

```
friends.append(something)
```

12.3.2 列表可以包含任何内容

列表可以包含 Python 能存储的任何类型的数据，包括数字、字符串、对象，甚至是其他列表。列表中元素的类型无须完全相同，也就是说，列表可以同时包含不同类型的数据，例如数字和字符串，如下所示：

```
my_list = [5, 10, 23.76, 'Hello', myTeacher, 7, another_list]
```

现在用一些简单的内容来新建一个列表，比如一些字母，这样做会使列表更易于学习和理解。在交互模式中键入下面的代码。

```
>>> letters = ['a', 'b', 'c', 'd', 'e']
```

12.4 获取列表中的元素

我们可以按元素的索引值从列表中获取单个元素。因为列表的索引从 0 开始，所以这个列表中的第一个元素就是 letters[0]。

```
>>> print(letters[0])
a
```

再来获取一个元素。

```
>>> print(letters[3])
d
```

为什么索引从 0 开始

从计算机诞生到现在，很多程序员、工程师还有计算机科学家一直在争论这个问题。我不想在这里引起争论，所以就直接告诉你答案吧："因为事实就是这样。"下面我们继续……

好吧，我们来讨论一下为什么索引从 0 而不是从 1 开始。

到底怎么回事?

嘿，你不能这么简单地糊弄过去！

嘿，你这个家伙，来看看这个！

你应该还记得，计算机用二进制数字来存储所有信息，这些二进制数字也叫作"位"。很久以前，二进制数字非常昂贵，所有二进制数字都必须精挑细选，然后由毛驴把它们从二进制数字农场搬运过来……开个玩笑而已。不过这些二进制数字确实很昂贵。

由于二进制计数是从 0 开始的，因此为了最高效地利用二进制数字而不造成浪费，内存位置和列表索引都从 0 开始。

你很快就会习惯从 0 开始索引了，这在编程中特别常见。

注意！这个词有意思！

> 索引（index）表示某个东西的位置。如果你在队伍中排第 4 位，那么你在这个队伍中的索引就是 4。但是，如果在一个 Python 列表中，你排在第 4 位，那么你的索引就是 3，这是因为 Python 的列表索引是从 0 开始的！

12.5 列表分片

可以利用索引从列表中一次性获取多个元素，这叫作**列表分片**（slice）。

```
>>> print(letters[1:4])
['b', 'c', 'd']
```

与 for 循环中的 range() 函数类似，在列表分片获取元素时，它也会从第 1 个索引开始，但是会在到达第 2 个索引之前停止。因此，在这个例子中，我们只获取了 3 项，而不是 4 项。可以通过一种方法记住这一点，那就是从列表中获取的元素的个数总是两个索引数字之差。在本例中，因为 4 – 1 = 3，所以获取了 3 项。

关于列表分片，还有一个重点需要记住：在执行列表分片时，所获取的其实是另一个列表，这个新列表的元素通常相对更少。这个新列表叫作原列表的一个分片，而原列表并没有改变，因此这个分片就是原列表的局部副本。

为了真正理解其中的差异，现在试着运行下面的代码：

```
>>> print(type(letters[1]))
<class 'str'>
>>> print(type(letters[1:2]))
<class 'list'>
```

这里分别打印出了两种结果的数据**类型**（type），从中可以清楚地看出，第一种情况获取了一个元素，这里是一个字符串，而第二种情况获取了一个列表。

在执行列表分片时会获取一个较小的列表，这是原列表中元素的副本。这意味着针对这个分片的修改操作，不会对原列表产生任何影响。

分片简写

可以采用一些简写形式来使用分片。但即便如此，也不会减少太多的键入工作。不过程序员通常会大量使用简写形式，所以你应该对其有所了解。这样一来，在其他地方的代码中看到这样的简写时，你能够认出它们，从而理解代码。这一点很重要，因为在学习新的编程语言时，也可以说在学习编程时，阅读并理解别人的代码是一种很好的学习方法。

如果你想要的分片包括列表的第一个元素，那么简写方式就是使用冒号，然后是想要分出来的元素个数，如下所示：

```
>>> print(letters[:2])
['a', 'b']
```

注意，冒号前面没有数字。这样就会获取原列表第一个元素与指定索引之间（不包括指定索引）的所有元素。

如果分片包括列表的最后一个元素，那么可以用类似的写法，如下所示：

```
>>> print(letters[2:])
['c', 'd', 'e']
```

在冒号前面添加数字，就可以获取从指定索引到列表末尾的所有元素。

如果中括号里面只有冒号而没有任何数字，那么可以获取整个列表：

```
>>> print(letters[:])
['a', 'b', 'c', 'd', 'e']
```

本节提到过，分片就是原列表的副本，因此 letters[:] 会创建整个列表的副本。假如你想修改列表，但同时想保持原来的列表不变，那么使用这种分片的方法就很方便。

12.6 修改元素

可以使用索引来修改列表中的某个元素：

```
>>> print(letters)
['a', 'b', 'c', 'd', 'e']
>>> letters[2] = 'z'
>>> print(letters)
['a', 'b', 'z', 'd', 'e']
```

但是我们无法使用索引在列表中添加新的元素。现在这个列表中有 5 个元素，索引分别是从 0 到 4。因此不能像这样写：

```
letters[5] = 'f'
```

这样的代码无效，当然，如果你愿意也可以试试看。这就像是修改一个还不存在的元素一样。要在列表中添加新的元素，必须使用其他办法，这就是下面我们要学习的内容。在此之前，我们需要把列表改回到原来的样子。

```
>>> letters[2] = 'c'
>>> print(letters)
['a', 'b', 'c', 'd', 'e']
```

12.7 向列表中添加元素的其他方法

我们已经看到了如何使用 append() 在列表中添加元素，除此之外，还有其他一些方法。事实上，在列表中添加元素有 3 种方法：append()、extend()、insert()。

- ❑ append() 在列表末尾添加元素。
- ❑ extend() 在列表末尾添加多个元素。
- ❑ insert() 在列表的某个位置插入元素，不一定是在列表的末尾。可以指定 insert() 添加元素的位置。

12.7.1 在列表末尾添加元素：**append()**

前面已经介绍过 append() 了，它会在列表的末尾添加元素：

```
>>> letters.append('n')
>>> print(letters)
['a', 'b', 'c', 'd', 'e', 'n']
```

再来添加一个元素：

```
>>> letters.append('g')
>>> print(letters)
['a', 'b', 'c', 'd', 'e', 'n', 'g']
```

注意，这些字母并没有按顺序排列，这是因为 append() 只是在列表的末尾添加元素。如果你想按顺序排列这些元素，就必须对它们进行排序。

12.7.2　对列表进行扩展：`extend()`

extend() 会在列表的末尾添加多个元素：

```
>>> letters.extend(['p', 'q', 'r'])
>>> print(letters)
['a', 'b', 'c', 'd', 'e', 'n', 'g', 'p', 'q', 'r']
```

注意，extend() 的小括号中是一个列表。由于列表有一个中括号，因此 extend() 可以同时有小括号和中括号。

传递到 extend() 的列表中的所有元素都会添加到原列表的末尾。

12.7.3　插入元素：`insert()`

insert() 会在列表的某个位置插入元素，可以在列表中指定这个元素将要插入的位置，如下所示：

```
>>> letters.insert(2, 'z')
>>> print(letters)
['a', 'b', 'z', 'c', 'd', 'e', 'n', 'g', 'p', 'q', 'r']
```

在上面的代码中，我们将字母 z 插入到索引为 2 的位置。因为索引是从 0 开始的，所以索引 2 代表列表中的第 3 个位置。此时，原先位于第 3 个位置的字母 c 会向后挪一个位置，也就是挪到第 4 个位置。以此类推，字母 c 后面的每一个元素也都要向后挪一个位置。

12.7.4　`append()` 和 `extend()` 的区别

有时，append() 和 extend() 看起来很像，不过它们确实有一些区别。下面再看一下原来的列表，首先，用 extend() 在列表中添加 3 个元素：

```
>>> letters = ['a','b','c','d','e']
>>> letters.extend(['f', 'g', 'h'])
>>> print(letters)
['a', 'b', 'c', 'd', 'e', 'f', 'g', 'h']
```

然后，再用 append() 执行同样的操作：

```
>>> letters = ['a', 'b', 'c', 'd', 'e']
>>> letters.append(['f', 'g', 'h'])
>>> print(letters)
['a', 'b', 'c', 'd', 'e', ['f', 'g', 'h']]
```

怎么回事呢？如前所述，append() 会在列表中添加一个元素。那这里怎么增加了 3 个元素呢？实际上，它并不是添加了 3 个元素，而是添加了一个元素，只不过这个元素刚好是一个列表，其中包含 3 个元素。因此，在这个列表中多出了一对中括号。记住，列表中可以包含任何内容，当然也可以包含其他列表。上面这个例子就属于这种情况。

insert() 与 append() 相同，但是在 insert() 中可以指定新元素的插入位置，而 append() 总是在列表的末尾添加元素。

12.8　从列表中删除元素

如何在列表中删除元素呢？可以通过 3 种方法：remove()、del、pop()。

12.8.1　用 remove() 删除元素

remove() 会从列表中删除选中的元素，然后把它丢掉：

```
>>> letters = ['a', 'b', 'c', 'd', 'e']
>>> letters.remove('c')
>>> print(letters)
['a', 'b', 'd', 'e']
```

你不需要知道这个元素在列表中的具体位置，只需确定列表中存在该元素即可。如果列表中没有这个元素，就会得到一条错误消息：

```
>>> letters.remove('f')
Traceback (most recent call last):
    File "<pyshell#32>", line 1, in <module>
        letters.remove('f')
ValueError: list.remove(x): x not in list
```

至于如何判断列表中是否包含某个元素，后文会介绍。现在看一下另外两种从列表中删除元素的方法。

12.8.2　用 del 删除元素

del 可以利用索引从列表中删除元素，如下所示：

```
>>> letters = ['a', 'b', 'c', 'd', 'e']
>>> del letters[3]
>>> print(letters)
['a', 'b', 'c', 'e']
```

这里删除了第 4 个元素（索引为 3），也就是字母 d。

12.8.3　用 pop() 删除元素

pop() 可以删除列表中的最后一个元素，也可以获取这个元素。这意味着你可以为该元素赋予名字，如下所示：

```
>>> letters = ['a', 'b', 'c', 'd', 'e']
>>> lastLetter = letters.pop()
>>> print(letters)
['a', 'b', 'c', 'd']
>>> print(lastLetter)
e
```

在使用 pop() 时，还可以传入一个索引：

```
>>> letters = ['a', 'b', 'c', 'd', 'e']
>>> second = letters.pop(1)
>>> print(second)
b
>>> print(letters)
['a', 'c', 'd', 'e']
```

这里弹出了第 2 个字母（索引为 1），也就是字母 b。被弹出的元素赋给了 second 变量，并且会从 letters 列表中删除。

当 pop() 的括号中没有传入任何参数时，它就会返回最后一个元素，同时从列表中删除这个元素。如果 pop() 的括号中传入一个数字，pop(n) 就会返回这个索引位置上的元素，同时从列表中删除该元素。

12.9　搜索列表

当列表中有多个元素时，怎么才能找到这些元素呢？通常需要对列表执行两种操作。

❑ 在列表中查找是否存在某个元素。
❑ 在列表中查找某个元素的位置（元素的索引）。

12.9.1 in 关键字

要在列表中查找是否存在某个元素，可以使用 in 关键字，如下所示：

```
if 'a' in letters:
    print("found 'a' in letters")
else:
    print("didn't find 'a' in letters")
```

'a' in letters 部分是一个布尔表达式，也叫作逻辑表达式。如果这个列表中有字母 a，它就会返回 True，否则返回 False。

术语箱

> 布尔运算（boolean operation）是一种算术运算，它只使用两个值：True 和 False[①]。这是由数学家乔治·布尔发明的运算方法，第 7 章在用 and、or 和 not 来组合真假条件时，就用到了布尔运算。

可以在交互模式中尝试执行下面的命令：

```
>>> 'a' in letters
True
>>> 's' in letters
False
```

由此可知，letters 列表中确实包含元素 a，但不包含元素 s。现在可以结合 in 关键字和 remove() 来编写一段代码，在下面的代码中，即使要删除的元素不在列表中，系统也不会报错：

```
if 'a' in letters:
    letters.remove('a')
```

这段代码只会删除列表中已经存在的元素。

12.9.2 查找索引

要找出某个元素在列表中的具体位置，可以使用 index()，如下所示：

```
>>> letters = ['a', 'b', 'c', 'd', 'e']
>>> print(letters.index('d'))
3
```

可以看出，d 的索引是 3，这说明它是列表中的第 4 个元素。

就像 remove() 一样，如果列表中没有这个元素，index() 也会报错，所以最好

---

① 或者说"1 和 0"，True 和 False 分别由 1 和 0 表示。——编者注

结合 in 一起使用, 如下所示。

```
if 'd' in letters:
    print(letters.index('d'))
```

12.10 循环处理列表

在开始讨论循环时, 我们看到循环可以完成对列表中元素的迭代处理。我们还了解了 range() 函数, 并在循环中用它简单快捷地生成了一些数字列表 (参见 8.3 节)。

循环可以迭代处理任何列表, 不只局限于数字列表。假设要打印一个字母列表, 并且一行显示一个字母, 可以这样做:

```
>>> letters = ['a', 'b', 'c', 'd', 'e']
>>> for letter in letters:
        print(letter)
a
b
c
d
e
```

之前我们使用 looper、i、j 和 k 等作为循环变量, 这里使用 letter 作为循环变量。这个循环会迭代处理列表中的所有元素, 在每次迭代时, 当前元素会存储在循环变量 letter 中, 然后打印出来。

12.11 列表排序

列表是一种有序集合, 也就是说, 列表中的元素按某种顺序排列, 每个元素都有明确的位置, 即它的索引。一旦以某种顺序将元素放到列表中, 它们就会保持这种顺序, 除非用 insert()、append()、remove() 或 pop() 来改变这个列表。不过这个顺序可能并不是你真正想要的顺序, 因此在使用列表前需要先对它进行排序。

可以使用 sort() 对列表进行排序:

```
>>> letters = ['d', 'a', 'e', 'c', 'b']
>>> print(letters)
['d', 'a', 'e', 'c', 'b']
>>> letters.sort()
>>> print(letters)
['a', 'b', 'c', 'd', 'e']
```

如果列表中的元素是字符串, 那么 sort() 会自动按照字母表中的顺序排列它们;

如果元素是数字，sort() 就会按照从小到大的顺序排列它们。

有一点很重要，那就是 sort() 会在原处修改列表。也就是说，它会修改原来的列表，而不是新建一个有序的列表。因此，下面这种写法是不对的：

```
>>> print(letters.sort())
```

如果这样写，运行结果会得到 None（无法找到）。我们必须分两步来实现，如下所示。

```
>>> letters.sort()
>>> print(letters)
```

12.11.1 按逆序排列

让列表按逆序排列有两种方法。第一种方法是首先按照常规方法对列表进行排序，然后对这个有序列表执行逆置操作，即 reverse()，如下所示：

```
>>> letters = ['d', 'a', 'e', 'c', 'b']
>>> letters.sort()
>>> print(letters)
['a', 'b', 'c', 'd', 'e']
>>> letters.reverse()
>>> print(letters)
['e', 'd', 'c', 'b', 'a']
```

reverse() 会把列表中元素的顺序倒转过来。

第二种方法是在 sort() 中传入一个参数，直接让它降序排列（从大到小）列表中的元素：

```
>>> letters = ['d', 'a', 'e', 'c', 'b']
>>> letters.sort(reverse = True)
>>> print(letters)
['e', 'd', 'c', 'b', 'a']
```

这个参数叫作 reverse，它会按照你的要求，逆序排列列表中的元素。

要记住，所有的排序操作和逆序操作都会修改初始列表。也就是说，原来的列表已经不存在了。如果要保留列表原来的顺序，只对列表的副本进行排序，可以执行列表分片，创建该列表的副本，这个副本与原列表完全相同（参见 12.5 节）：

```
>>> original_list = ['Tom', 'James', 'Sarah', 'Fred']
>>> new_list = original_list[:]
>>> new_list.sort()
>>> print(original_list)
['Tom', 'James', 'Sarah', 'Fred']
```

```
>>> print(new_list)
['Fred', 'James', 'Sarah', 'Tom']
```

卡特，很高兴你能提出这个问题。你应该还记得，我们在刚开始谈到名字和变量时说过，执行 name1 = name2 之类的操作其实就是给同一个东西起一个新的名字（参见 2.2 节）。你应该还记得右边这张图。

当给某个东西起另外一个名字时，其实只是给这个东西添加了一个新的标签而已。在这个例子中，new_list 和 original_list 表示的都是同一个列表。我们可以用任意一个名字来修改这个列表，比如对它进行排序。只不过程序中仍然只有一个列表，如下所示：

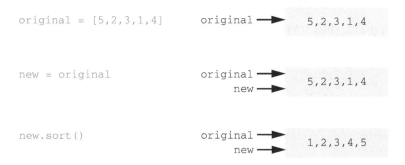

在对列表 new 进行排序时，列表 original 也进行了同样的排序，这是因为 new

和 original 是同一个列表，只是名字不同而已。

当然，也可以把 new 标签转移到一个全新的列表上，就像这样：

第 2 章就是这样处理字符串和数字的。

这意味着，如果你确实想创建一个列表的副本，就得另想办法，而不能仅仅用 new = original。要达到这个目的，最简单的做法是使用分片，就像前面所做的那样：new = original[:]。这种写法表示"复制列表中的所有元素，即从第一个元素到最后一个元素"，如下所示：

这样就有两个列表了。我们创建了原列表的副本，将其命名为 new。现在如果对其中一个列表进行排序，另一个列表不会发生改变。

12.11.2 另一种排序方法：`sorted()`

还有一种方法可以让副本的元素按顺序排列，同时不影响原列表中元素的顺序。为此，Python 提供了 sorted() 函数来实现这个功能。该函数的运行方式如下：

```
>>> original = [5, 2, 3, 1, 4]
>>> newer = sorted(original)
>>> print(original)
[5, 2, 3, 1, 4]
>>> print(newer)
[1, 2, 3, 4, 5]
```

sorted() 函数会返回原列表的一个有序副本。

12.12 可变量和不可变量

第 2 章提到，不能从真正意义上改变数字和字符串，只能改变赋予这个数字或字符串的名字（只能移动标签）。但是在 Python 中，一些数据类型是可以改变的，比如列表。现在，我们既可以在列表中添加或删除元素，也可以对列表中的元素重新排序。

这两种变量分别称为可变量和不可变量。顾名思义，**可变量**（mutable）是指能够改变的变量，**不可变量**（immutable）是指不能改变的变量。在 Python 中，数字和字符串是不可变量，而列表是可变量。

元组——不可变的列表

有时，你可能想让列表不可变。那么在 Python 中有没有不可变的列表呢？答案是肯定的。在 Python 中，有一种数据类型叫作**元组**（tuple），它就是不可变的列表。可以通过如下方式来创建元组：

```
my_tuple = ("red", "green", "blue")
```

注意这里用了小括号，而不是在列表中使用的中括号。

由于元组是不可变的，因此不能对元组进行排序，也不能在其中添加元素或者删除元素。一旦用一堆元素创建了一个元组，它就会一直保持不变。

12.13 双重列表

要理解数据在程序中的存储方式，可以把它直观地表示出来，这样做有助于理解。

每个变量都只有一个值。

列表就像是把一行值串在一起：

有时还需要一个包含行和列的表格：

classMarks ➡	Math	Science	Reading	Spelling
Joe	55	63	77	81
Tom	65	61	67	72
Beth	97	95	92	88

可是如何存储数据表呢？我们已经知道，列表包含多个元素，可以把每位学生的成绩放在一个列表中，像这样：

```
>>> joeMarks = [55, 63, 77, 81]
>>> tomMarks = [65, 61, 67, 72]
>>> bethMarks = [97, 95, 92, 88]
```

或者针对每门课程使用一个列表，如下所示：

```
>>> mathMarks = [55, 65, 97]
>>> scienceMarks = [63, 61, 95]
>>> readingMarks = [77, 67, 92]
>>> spellingMarks = [81, 72, 88]
```

不过我们可能想把所有数据都收集到同一个数据结构中。

术语箱

> 数据结构（data structure）是一种在程序中收集、存储或表示数据的方法。数据结构包括变量、列表和我们尚未学习的其他一些内容。实际上，数据结构表示数据在程序中的组织方式。

如果要创建一种数据结构来呈现各科的成绩，可以这样做：

```
>>> classMarks = [joeMarks, tomMarks, bethMarks]
>>> print(classMarks)
[[55, 63, 77, 81], [65, 61, 67, 72], [97, 95, 92, 88]]
```

这种结构会生成一个元素列表，其中每个元素本身也是一个列表。也就是说，我们创建了一个"列表的列表"，即双重列表。classMarks 列表中的每个元素本身都是一个列表。

还可以跳过 joeMarks、tomMarks、bethMarks，直接创建 classMarks 列表，如下所示：

```
>>> classMarks = [ [55,63,77,81], [65,61,67,72], [97,95,92,88] ]
>>> print(classMarks)
[[55, 63, 77, 81], [65, 61, 67, 72], [97, 95, 92, 88]]
```

现在打印这个数据结构。classMarks 列表有 3 个元素，每个元素对应某位学生各科的成绩。可以使用 in 关键字来循环处理：

```
>>> for studentMarks in classMarks:
        print(studentMarks)

[55, 63, 77, 81]
[65, 61, 67, 72]
[97, 95, 92, 88]
```

这里对 classMarks 列表进行了循环处理，循环变量是 studentMarks。每次循环时都会打印出列表中的一个元素，该元素显示了某位学生各科的成绩，它本身也是一个列表。（前面已经创建了这些学生的成绩列表。）

注意，这种结构看上去与本节开始提到的包含行和列的表格很相似，所以这里提出的这种数据结构可以把所有数据都保存在一个地方。

从表格中获取一个值

双重列表也叫作表格。如何才能读取表格中的值呢？我们已经知道，第一位学生的各科成绩（joeMarks）都在一个列表中，同时这个列表也是 classMarks 表格中的第 1 个元素。现在来验证一下：

```
>>> print(classMarks[0])
[55, 63, 77, 81]
```

classMarks[0] 是 Joe 的各科成绩列表。如果想从 classMarks[0] 中获取一个值，该如何实现呢？这时可以使用第 2 个索引。

如果想得到 Joe 的第 3 门课程的成绩（阅读课成绩），也就是索引 2，可以这样做：

```
>>> print(classMarks[0][2])
77
```

以上代码返回了 classMarks 表格中的第 1 个元素（索引 0），也就是 Joe 的成绩列表，同时返回了这个成绩列表中的第 3 个元素（索引 2），也就是阅读课成绩。当你看到一个变量名后面出现两组中括号时，就应该知道，这往往表示一个表格中的值，比如 classMarks[0][2]。

classMarks ➡	Math	Science	Reading	Spelling
Joe	55	63	77	81
Tom	65	61	67	72
Beth	97	95	92	88

　　实际上，classMarks 并不知道 Joe、Tom 和 Beth 这些学生的名字，也不知道数学（Math）、科学（Science）、阅读（Reading）和拼写（Spelling）这些课程。这里之所以这样标记，是因为我们知道这个列表中存储了哪些信息。不过对 Python 来说，它们只是列表中编了号的位置而已。这就像邮局里编了号的邮箱一样，邮箱上并没有名字，只有编号，邮递员负责将信件放入相应编号的邮箱，而你知道哪个邮箱是自己的。

还有一种更准确的方法，可以对 classMarks 表格进行标记：

classMarks ➡	[0]	[1]	[2]	[3]
classMarks[0]	55	63	77	81
classMarks[1]	65	61	67	72
classMarks[2]	97	95	92	88

现在可以更清楚地看到，成绩 77 存储在 classMarks[0][2] 中。

如果要编写一个程序，使用 classMarks 来存储数据，必须清楚地知道所有数据对应的行和列。就像邮递员一样，我们要了解每个位置所存储的数据。

12.14 字典

可以看到，列表能够将元素组织在一起。在编程时，我们经常会用另一种方式来组织元素，那就是将某个值和另一个值关联起来。这种组织方式就像电话簿将姓名和电话号码关联起来一样，或者说像字典将单词和相应的含义关联起来一样。

在 Python 中，可以通过**字典**（dictionary）将两个对象关联在一起。被关联的两个对象分别称为**键**（key）和**值**（value）。字典中的每个元素都有相应的键和值，它们合称为**键–值对**（key-value pair）。字典就是一些键–值对的集合。

电话簿就是一个简单的例子。假设你想保存朋友的电话号码，那么你以后会用他们的姓名来查找电话号码（希望没有重名的情况）。姓名就是"键"，电话号码则是"值"，也就是用"键"来查找"值"。

下面是在 Python 中创建字典的方法，我们用它来保存姓名和电话号码。首先，创建一个空的字典：

```
>>> phoneNumbers = {}
```

这行代码看起来与创建列表的代码非常像，只不过这里使用的是大括号，而不是中括号。

然后，添加一个元素：

```
>>> phoneNumbers["John"] = "555-1234"
```

可以把字典打印出来，就像下面这样：

```
>>> print(phoneNumbers)
{'John': '555-1234'}
```

首先打印出来的是键，然后是一个冒号，最后是值。引号并不是必需的，这里使用引号是因为这个例子中的键和值刚好都是字符串。

也可以用另一种方式来实现：

```
>>> phoneNumbers = {"John": "555-1234"}
```

接下来在字典中添加更多的元素。在列表中可以使用 append() 来添加元素，但是，在字典中并没有这样的方法可以用于添加新元素。我们只需要指定新的键和值就可以了：

```
>>> phoneNumbers["Mary"] = "555-6789"
>>> phoneNumbers["Bob"] = "444-4321"
>>> phoneNumbers["Jenny"] = "867-5309"
```

来看一下整个字典：

```
>>> print(phoneNumbers)
{'John': '555-1234', 'Mary': '555-6789', 'Bob': '444-4321', 'Jenny': '867-5309'}
```

之所以要创建字典，是因为我们可以在字典中查找东西。在这个例子中，我们想按姓名来查找电话号码。可以这样做：

```
>>> print(phoneNumbers["Mary"])
555-6789
```

注意，这里使用中括号来指定要查找的元素对应的键，整个字典还是包含在大括号中。

字典和列表有些类似，但也有一些重要的区别。这两种数据类型都称为**集合**，也就是说，它们都可以将其他类型的元素组织在一起。

下面是列表和字典的相同点，主要有 3 个方面。

- 列表和字典都可以包含任意类型的元素，这些元素甚至可以是列表和字典。也就是说，可以创建一个包含数字、字符串、对象，甚至其他集合的集合。
- 列表和字典都提供了在集合中查找元素的方法。
- 列表和字典都是有序的。如果按照某种顺序在列表或字典中添加元素，那么当打印这些元素时，它们的显示顺序是固定不变的。

它们主要有一个区别：列表中的元素用索引来访问，而字典中的元素用键来访问，如下所示：

```
>>> print(myList[3])
eggs
```

```
>>> print(myDictionary["John"])
555-1234
```

前面提到过，Python 中的很多东西可以称为对象，列表和字典也是对象。因此，列表和字典中的方法也都是用点号来使用的。

keys() 会列出字典中所有元素的键：

```
>>> phoneNumbers.keys()
dict_keys(['John', 'Mary', 'Bob', 'Jenny'])
```

values() 则会列出字典中所有元素的值：

```
>>> phoneNumbers.values()
dict_values(['555-1234', '555-6789', '444-4321', '867-5309'])
```

等等，那些看起来不像是列表啊！ **dict_keys** 和 **dict_values** 是什么意思呢？

卡特，这是个好问题！ keys() 和 values() 返回的并不是真正的列表，而是看起来很像列表的特殊对象。如果你需要的是一个真正的列表，那么可以用 list() 函数来创建：

```
>>> list(phoneNumbers.keys())
['John', 'Mary', 'Bob', 'Jenny']
```

list() 函数也可以用于其他类型的值，如字符串和范围等。

```
>>> list("Hello!")
['H', 'e', 'l', 'l', 'o', '!']
>>> list(range(2,5))
[2, 3, 4]
```

更多关于字典的知识

在其他编程语言中也有与 Python 字典类似的东西，因为它们可以将键和值关联在一起，所以通常称为**关联数组**、**映射**或**散列表**。

和列表一样，字典中的元素也可以是任意类型，包括简单类型（整数、浮点数、字符串）、集合类型（列表、字典）或其他对象类型。这意味着可以在字典中包含其他字典，就像在列表中可以包含其他列表一样。

但事实上，上述内容并不完全正确。可以用任意类型的数据作为字典中的值，但是键的要求会更严格。12.12 节提到过可变量与不可变量，字典中的键只能是不可变量（布尔型、整数、浮点数、字符串和元组），而不能是可变量（列表和字典）。

与列表类似，字典中的元素是按插入顺序来存放的。但有的时候你可能想用不同的顺序来显示字典中的内容，比如按字母表中的顺序。这实现起来有点棘手，因为与列表不同，字典没有类似 sort() 的排序方法。但是要记住，字典中的键的运行方式与列表一样，可以对所有的键进行排序，然后用排序后的键对字典进行迭代，就像下面这样：

```
>>> for key in sorted(phoneNumbers.keys()):
        print(key, phoneNumbers[key])

Bob 444-4321
Jenny 867-5309
John 555-1234
Mary 555-6789
```

这里的 sorted() 和列表中的 sorted() 是一样的。细想一下，你会发现这样做确实有道理，因为字典中所有键的集合是一个列表。

可是，如果要将字典的值（而不是键）按某种顺序输出，该怎么实现呢？以电话簿为例，就是把电话号码按照从小到大的顺序输出。由于字典的查找过程其实是单向的，这意味着只能用键来查找对应的值，而不能反过来用值去查找对应的键，因此要对字典中的值进行排序会有些困难。但这仍然是可以实现的，只不过需要做更多的工作：

```
>>> for value in sorted(phoneNumbers.values()):
        for key in phoneNumbers.keys():
            if phoneNumbers[key] == value:
                print(key, phoneNumbers[key])

Bob 444-4321
John 555-1234
Mary 555-6789
Jenny 867-5309
```

这里首先取得了排序之后的值的列表，然后针对该列表中的每个值，循环遍历字典中所有的键，直到找到与该值相关联的键。

下面是可以用字典实现的一些操作。

❑ 使用 del 删除某个元素。

```
>>> del phoneNumbers["John"]
>>> print(phoneNumbers)
{'Mary': '555-6789', 'Bob': '444-4321', 'Jenny': '867-5309'}
```

❑ 使用 clear() 删除所有元素（清空字典）。

```
>>> phoneNumbers.clear()
>>> print(phoneNumbers)
{}
```

❑ 使用 in 关键字判断字典中是否存在某个键。

```
>>> phoneNumbers = {'Bob': '444-4321', 'Mary': '555-6789', 'Jenny': '867-5309'}
>>> "Bob" in phoneNumbers
True
>>> "Barb" in phoneNumbers
False
```

字典在 Python 代码中很常见。以上这些当然不是关于 Python 字典的全部内容，但通过这些内容，你可以对字典有大致的了解，从而知道如何在代码中使用字典，也可以辨认出在其他代码中出现的字典。

你学到了什么

在本章中，你学到了以下内容。

❑ 列表。
❑ 在列表中添加元素。
❑ 从列表中删除元素。
❑ 判断列表中是否包含某个值。
❑ 对列表中的元素进行排序。
❑ 创建列表的副本。
❑ 元组。
❑ 表格（双重列表）。
❑ Python 字典。

测试题

1. 用哪些方法可以在列表中添加元素？

扫码查看
习题答案

2. 用哪些方法可以从列表中删除元素？

3. 用哪两种方法既可以得到列表的有序副本，又不改变原来的列表？

4. 如何判断列表中是否存在某个值？

5. 如何确定某个值在列表中的位置？

6. 什么是元组？

7. 如何创建表格？

8. 如何从表格中读取某个值？

9. Python 中的字典是什么？

10. 如何在字典中添加某个元素？

11. 如何用键查找字典中的某个元素？

动手试一试

1. 编写一个程序，让用户输入 5 个名字。该程序要把这 5 个名字保存在一个列表中，然后打印出来，如下所示。

```
Enter 5 names:
Tony
Paul
Nick
Michel
Kevin
The names are ['Tony', 'Paul', 'Nick', 'Michel', 'Kevin']
```

2. 修改第 1 题中的程序，不仅要打印出原来的名字列表，还要打印出排序后的列表。

3. 修改第 1 题中的程序，要求只打印出用户输入的第 3 个名字，如下所示。

```
The third name you entered is: Nick
```

4. 修改第 1 题中的程序，让用户替换其中的一个名字。保证用户能够随机选择要替换的名字，然后输入新的名字。最后打印出新列表，如下所示。

```
Enter 5 names:
Tony
Paul
Nick
Michel
Kevin
The names are ['Tony', 'Paul', 'Nick', 'Michel', 'Kevin']
Replace one name. Which one? (1-5): 4
New name: Peter
The names are ['Tony', 'Paul', 'Nick', 'Peter', 'Kevin']
```

5. 编写一个字典程序，让用户可以在字典中添加单词和含义，还能够在其中进行查找。当字典中不存在要查找的单词时，程序要向用户提示相应的信息。当运行时，程序应该像下面这样。

```
Add or look up a word (a/l)? a
Type the word: computer
Type the definition: A machine that does very fast math.
Word added!
Add or look up a word (a/l)? l
Type the word: computer
A machine that does very fast math.
Add or look up a word (a/l)? l
Type the word: qwerty
That word isn't in the dictionary yet.
```

第 13 章
函　　数

随着学习的深入，我们接触的程序会很快变得越来越大，越来越复杂。这时，就需要用一些方法把它们拆分成若干较小的部分，这样一来，程序会更易于编写，也更容易理解。

我们可以基于 3 个维度来拆分程序：函数、对象、模块。**函数**（function）就像是代码的积木，可以重复使用。**对象**（object）可以把程序中的各部分编写为自包含的单元。**模块**（module）就是包含程序各个部分的独立文件。本章将介绍函数，后面两章分别讨论对象和模块。学习完这些知识之后，我们就掌握了所有后续编程所需要的基本工具，从而可以使用图形和声音开始编写游戏了。

13.1　函数——积木

简单地讲，函数就是可以实现某种操作的代码块，可以用它们构建更大的程序。我们可以把一个代码块与其他代码块组合使用，就像用积木搭房子一样。

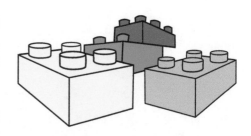

在 Python 中，可以通过 def 关键字来定义（创建）函数，然后利用函数名来调用该函数。下面先来看一个简单的例子。

13.1.1　定义函数

代码清单 13-1 首先定义了一个函数，然后调用这个函数。该函数会在屏幕上打印一个收信地址。

代码清单 13-1　定义并调用函数

```
def printMyAddress():
    print("Warren Sande")
    print("123 Main Street")                  定义函数
    print("Ottawa, Ontario, Canada")
    print("K2M 2E9")
    print()
printMyAddress()        ←——  调用函数
```

在程序的第 1 行中，我们使用 def 关键字定义了一个函数。在函数名后面有一对括号，然后是一个冒号：

```
def printMyAddress():
```

这里的冒号告诉 Python，接下来是一个代码块，就像 for 循环、while 循环和 if 语句中一样。至于括号的作用，可以在 13.2 节中进行了解。

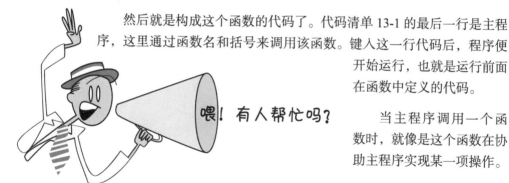

然后就是构成这个函数的代码了。代码清单 13-1 的最后一行是主程序，这里通过函数名和括号来调用该函数。键入这一行代码后，程序便开始运行，也就是运行前面在函数中定义的代码。

当主程序调用一个函数时，就像是这个函数在协助主程序实现某一项操作。

喂！有人帮忙吗？

def 块中的代码并不是主程序的一部分，所以在运行时，程序会跳过这一部分代码块，从 def 块后面的第一行代码开始执行。这里用图描绘了函数调用的工作原理，程序在最后额外增加了一行代码，在函数运行完毕后，它会打印一条消息，如图 13-1 所示。

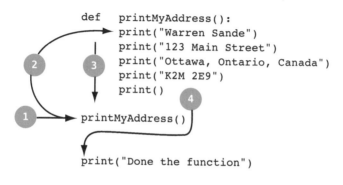

图 13-1　函数调用的工作原理

这个示意图包含以下步骤。

1. 程序从这里开始执行，即主程序开始执行的位置。
2. 在调用函数时，程序将跳转到函数定义中的第一行代码。
3. 运行函数定义中的每一行代码。
4. 函数运行完毕后，从跳离主程序的位置向下继续运行。

13.1.2　调用函数

调用函数是指运行函数定义中的代码。如果我们定义了一个函数，却从来不调用它，那么这段代码就永远不会运行。

在调用函数时要使用函数名和一对括号，括号里有时会有内容，有时则什么也没有。

试着运行代码清单 13-1 中的程序，看看结果如何。你会看到下面这样的结果：

```
>>>
RESTART: C:/HelloWorld/examples/Listing_13-1.py
Warren Sande
123 Main Street
Ottawa, Ontario, Canada
K2M 2E9
>>>
```

运行下面这个简化的程序也可以得到同样的结果：

```
print("Warren Sande")
print("123 Main Street")
print("Ottawa, Ontario, Canada")
print("K2M 2E9")
print()
```

既然以上两个程序的运行结果是一样的，那为什么还要使用代码清单 13-1 中的函数，让问题复杂化呢？

使用函数的主要原因是，一旦定义了函数，就可以通过调用该函数来重复执行那段代码。如果想打印 5 次收信地址，就可以键入下面的命令：

```
printMyAddress()
printMyAddress()
printMyAddress()
printMyAddress()
printMyAddress()
```

输出结果如下所示：

```
Warren Sande
123 Main Street
Ottawa, Ontario, Canada
K2M 2E9

Warren Sande
123 Main Street
Ottawa, Ontario, Canada
K2M 2E9

Warren Sande
123 Main Street
Ottawa, Ontario, Canada
K2M 2E9

Warren Sande
123 Main Street
Ottawa, Ontario, Canada
K2M 2E9

Warren Sande
123 Main Street
Ottawa, Ontario, Canada
K2M 2E9
```

> 嗯，我可以不用函数，而用循环来做同样的事情！

你可能会说："不用函数也可以啊，用循环也能做到同样的事情。"

我就知道你会这么讲……就这个例子而言，确实也可以用循环来实现。但是，如果我们想在程序中的不同位置打印收信地址，而不是一次全部打印出来，那么用循环就无法实现了。

使用函数还有另外一个原因，那就是可以在每次调用函数时得到不同的输出结果，下一节会详细解释。

13.2　向函数传递参数

现在来看看括号的作用。括号可以用来向函数传递**参数**（argument）。

不是这样的，卡特。计算机非常听话，它永远不会跟我们争论[1]。程序中的参数是指在函数中键入的一条信息，我们把这个过程称为"向函数传递参数"。

假设你想用函数打印出每一位家庭成员的收信地址。虽然大家的收信地址都是一样的，但是每一次调用函数时的人名会有所不同。这时，不能在函数定义中把人名硬编码为 Warren Sande，而应创建一个变量来代表这个人名，然后在调用函数时将这个变量传递给函数就可以了。

要理解参数的原理，最简单的办法就是举例子。在代码清单 13-2 中，我修改了地址打印函数的代码，加入了一个对应人名的参数。就像其他变量一样，参数也有名字，我将它命名为 myName。

当调用函数时，可以把参数的值放在括号里，然后将它传递给函数。在运行这个函数时，所传递的值会赋给参数 myName。

因此，在代码清单 13-2 中，参数 myName 会被赋值为 Carter Sande。

---

[1] 除了"参数"，argument 也有"争论"的意思，卡特显然是把这里的 argument 理解为"争论"了。

——编者注

代码清单 13-2　向函数传递参数

```
def printMyAddress(myName):                    将参数 myName
    print(myName)          打印人名             传入函数
    print("123 Main Street")
    print("Ottawa, Ontario, Canada")
    print("K2M 2E9")
    print()
                                               将 Carter Sande 作为
printMyAddress("Carter Sande")                  参数的值传入函数，赋给
                                               其中的参数 myName
```

运行代码清单 13-2，会得到下面的结果：

```
>>>
RESTART: C:/HelloWorld/examples/Listing_13-2.py
Carter Sande
123 Main Street
Ottawa, Ontario, Canada
K2M 2E9
```

这个结果看上去与第一个程序（没有使用参数）的输出结果完全相同。不过，我们可以每次都用不同的方式打印出收信地址，如下所示：

```
printMyAddress("Carter Sande")
printMyAddress("Warren Sande")
printMyAddress("Kyra Sande")
printMyAddress("Patricia Sande")
```

现在每次调用函数时，输出结果都不一样了。每次输出的人名都会有变化，这是因为我们每次都给函数传入了不同的人名。

```
>>>
RESTART: C:/Users/Carter/Programs/many_addresses.py
Carter Sande
123 Main Street
Ottawa, Ontario, Canada
K2M 2E9

Warren Sande
123 Main Street
Ottawa, Ontario, Canada
K2M 2E9

Kyra Sande
123 Main Street
Ottawa, Ontario, Canada
K2M 2E9

Patricia Sande
123 Main Street
Ottawa, Ontario, Canada
K2M 2E9
```

注意，我们向函数传递什么值，函数便赋给参数什么值，然后在收信地址的人名部分中就会打印出来。

如果每次调用函数时都有多处变化，就要使用多个参数。

13.2.1 包含多个参数的函数

在代码清单 13-2 中，函数只有一个参数。不过函数也可以使用多个参数，具体个数可以根据需要灵活调整。本节以包含两个参数的函数为例进行介绍，通过示例，你能够大概了解包含多个参数的函数。在这个基础上，你可以根据具体需要为程序中的函数添加新的参数。

术语箱

　　在向函数传递信息时，还会听到这样一个词：形参（parameter）。有些人说参数和形参是可以互换的，所以你也可以说，"我向这个函数传递了两个形参"，或者"我向这个函数传递了两个参数"。

　　不过也有些人认为，在传递部分中的参数，也就是当调用函数时传递的参数，应当称作实参（argument），而在接收部分中的参数，也就是执行函数的参数，应该称作形参。

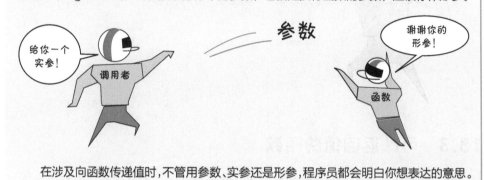

　　在涉及向函数传递值时，不管用参数、实参还是形参，程序员都会明白你想表达的意思。

　　如果要把卡特的信寄给整条街上的每一个人，地址打印函数就需要两个参数：一个对应人名，另一个对应门牌号，如代码清单 13-3 所示。

代码清单 13-3　包含两个参数的函数

```
def printMyAddress(someName, houseNum):
    print(someName)
    print(houseNum, "Main Street")          使用两个变量，分别      两个变量都
    print("Ottawa, Ontario, Canada")        对应两个参数            要打印
    print("K2M 2E9")
    print()

printMyAddress("Carter Sande", "45")
printMyAddress("Jack Black", "64")
printMyAddress("Tom Green", "22")           调用函数并传入
printMyAddress("Todd White", "36")          两个参数
```

　　当函数包含多个参数时，要用逗号来分隔这些参数，就像列表中的元素一样。这就引出了下一个话题……

13.2.2　关于参数个数的上限

　　如前所述，参数的具体个数可以根据需要灵活调整。虽然这一点没错，但是如果函数中的参数个数超过 5 个，可能就得考虑采用别的方法了。比如说，把所有参数收集到一个列表中，然后把这个列表传递给函数。这样一来，就只要传递一个变量（列表变量），只不过这个变量包含了一组变量值，这样代码读起来会更容易。

13.3 可以返回值的函数

到目前为止，函数只是在帮我们完成一些处理任务。但是函数还有另一个重要的作用，那就是可以在程序中返回一些内容。

我们已经知道，函数可以接收信息（参数），不过函数还可以向调用者返回信息。从函数返回的值称为**结果**（result）或**返回值**（return value）。

 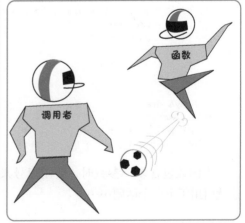

返回一个值

在 Python 中，要让函数返回一个值，需要在函数中使用关键字 return。下面看一个例子：

```
def calculateTax(price, tax_rate):
    taxTotal = price + (price * tax_rate)
    return taxTotal
```

以上代码会把 taxTotal 的值返回给调用该函数的那部分程序。不过当函数返回这个值时，它会返回到哪里去呢？这个值会返回给调用该函数的代码。看下面的例子：

```
totalPrice = calculateTax(7.99, 0.06)
```

calculateTax 函数会返回 8.4694，这个值将赋给变量 totalPrice。

任何可以使用表达式的地方都可以使用函数来返回一些值。我们可以像前面那样把返回值赋给一个变量，也可以在另一个表达式中使用返回值，或者把返回值打印出来，如下所示：

```
>>> print(calculateTax(7.99, 0.06))
8.4694
>>> total = calculateTax(7.99, 0.06) + calculateTax(6.59, 0.08)
```

也可以不对返回值做任何处理，就像这样：

```
>>> calculateTax(7.49, 0.07)
```

在上面这个例子中，函数运行并计算出了税后总价格，但是我们并没有使用这个结果。

接下来用一个带有返回值的函数编写程序。在代码清单 13-4 中，calculateTax() 函数返回了一个值。只要向这个函数传递税前价格和税率，它就会返回税后价格。因为这里把该函数的返回值赋给一个变量，所以除了使用函数名，还需要一个变量和一个等号（=），然后才是函数名。calculateTax() 函数返回的结果会赋给这个变量。

代码清单 13-4　定义和调用带有返回值的函数

```
def calculateTax(price, tax_rate):
    total = price + (price * tax_rate)
    return total                          ◄────── 将计算结果返回       函数计算税额，
                                                  到主程序            并返回总价格

my_price = float(input("Enter a price: "))              调用函数并把结果保存在
totalPrice = calculateTax(my_price, 0.06)  ◄────       变量 totalPrice 中
print("price = ", my_price, " Total price = ", totalPrice)
```

试着键入代码清单 13-4 中的程序，保存并运行。注意这段代码中的税率是固定的，即为 0.06（6 个百分点）。如果程序要处理不同的税率，可以让用户同时输入价格和税率。

13.4 变量作用域

你可能已经注意到了，有些变量在函数外部，如 `totalPrice`，还有一些变量在函数内部，如 `total`。这些变量都是同一个东西的不同名字，这就像第 2 章所说的 `YourTeacher = MyTeacher`。

在 `calculateTax()` 函数中，`totalPrice` 和 `total` 是贴在同一个东西上的两个标签。对函数而言，只有在函数运行时，才会创建其内部变量，这些内部变量在函数运行前或者运行结束后就不存在了。Python 提供了**内存管理**（memory management），可以自动完成变量的分配工作和销毁工作。在函数运行时，Python 会在函数内部创建并使用新的变量名。在函数运行结束后，Python 就会把这些变量名删除。最后这部分很重要，那就是当函数运行结束时，在函数中定义的所有变量就都不存在了。

当一个函数在运行时，只能使用在该函数内部定义的变量，不能使用外部变量。程序中使用（或者可以使用）这个变量的部分称为这个变量的**作用域**（scope）。

13.4.1 局部变量

在代码清单 13-4 中，变量 `price` 和 `total` 只在函数内部使用，所以 `price`、`total` 和 `tax_rate` 的作用域就是 `calculateTax()` 函数内部。也就是说，这些变量是局部的，`price`、`total` 和 `tax_rate` 都是 `calculateTax()` 函数中的局部变量。

为了理解局部变量，可以在代码清单 13-4 中增加一行代码，尝试在函数外部某个位置打印 `price` 变量的值，如代码清单 13-5 所示。

代码清单 13-5　在函数外部尝试打印局部变量的值

```
def calculateTax(price, tax_rate):      定义一个函数，让其计算
    total = price + (price * tax_rate)   税额并返回总价格
    return total

my_price = float(input("Enter a price: "))
                                        调用函数，保存并
totalPrice = calculateTax(my_price, 0.06)   打印结果
print("price = ", my_price, " Total price = ", totalPrice)
print(price)                            尝试打印 price 变量的值
```

运行这个程序，就会得到一条错误消息：

```
Traceback (most recent call last):
  File "C:/HelloWorld/examples/Listing_13-5.py", line 9, in <module>
```

```
    print (price)
NameError: name 'price' is not defined
```
→ 这一行解释了错误的原因

　　错误消息的最后一行解释了出现问题的原因：calculateTax() 函数的外部没有定义 price 变量。只有当函数运行时，price 变量才存在。尝试在这个函数外部，也就是当该函数不再运行时，打印 price 变量的值，就会得到错误消息。

13.4.2　全局变量

　　与局部变量 price 不同，代码清单 13-5 中的变量 my_price 和 totalPrice 是在函数外部定义的，也就是在程序主体部分定义的。如果变量具有更大的作用域，则称这个变量是全局的。更大的作用域是指程序主体部分，而不是函数内部。如果扩展代码清单 13-5 中的程序，就可以在另外一部分代码中使用变量 my_price 和 totalPrice，它们的值不会发生变化，这是因为它们仍然在合法的作用域内。由于这些变量可以在程序中的任何地方使用，因此称作**全局变量**（global variable）。

　　在代码清单 13-5 中，当我们试图在函数外部打印一个函数的局部变量时，得到了一条错误消息，这表明该变量不存在，也就是变量在作用域之外。如果反过来，在函数内部打印一个全局变量，你认为会发生什么？

　　代码清单 13-6 尝试在 calculateTax() 函数中打印 my_price 变量的值，试试看会发生什么。

代码清单 13-6　在函数内部打印全局变量的值

```
def calculateTax(price, tax_rate):
    total = price + (price * tax_rate)
    print(my_price)
    return total

my_price = float(input("Enter a price: "))

totalPrice = calculateTax(my_price, 0.06)
print("price = ", my_price, " Total price = ", totalPrice)
```
← 尝试打印 **my_price** 变量的值

　　可以吗？真的可以！为什么可以呢？

　　在开始讨论变量作用域时，我就说过，Python 利用内存管理机制在函数运行时自动创建局部变量。除此之外，内存管理还有其他作用。如果在函数内部使用主程序中定义的变量名，Python 就会允许你使用这个全局变量，但不能试图去修改这个变量的值。也就是说，你可以这样做：

```
print(my_price)
```

或者这样做：

```
your_price = my_price
```

以上操作都不会修改 my_price 变量的值。

如果函数中的任意部分试图修改这个变量的值，Python 就会创建新的局部变量。假设你想这样做：

```
my_price = my_price + 10
```

my_price 变量就会变成 Python 在函数运行时创建的新的局部变量。

在代码清单 13-6 的例子中，打印出的值仍是全局变量 my_price 的值，这是因为函数内部并没有修改这个变量的值。代码清单 13-7 中的程序说明，如果试图在函数内部改变全局变量的值，那么会得到新的局部变量。试着运行这个程序，看看会有什么结果。

代码清单 13-7　在函数内部尝试修改全局变量的值

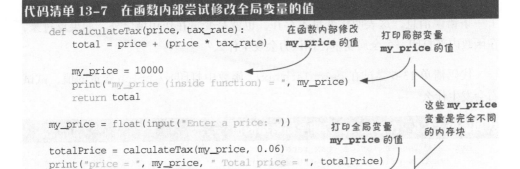

运行代码清单 13-7，输出结果如下：

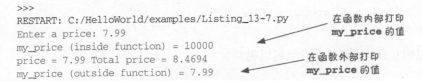

在上面的程序中可以看到，现在有两个名为 my_price 的变量，它们的值是不同的。一个是 calculateTax() 函数中的局部变量，我们将它设置为 10000。另一个是主程序中定义的全局变量，用来获取用户的输入，它的值是 7.99。

13.4.3　强制为全局变量

我们在 13.4.2 节中看到，如果试图在函数内部修改全局变量的值，Python 就会创建新的局部变量，这是为了防止函数意外地改变全局变量的值。

不过，有时候确实需要在函数中改变全局变量的值。该如何实现呢？

这时候可以用 Python 中的关键字 global 来实现。可以这样使用 global：

```
def calculateTax(price, tax_rate):
    global my_price
```
← ─── 告诉 Python 要使用全局变量 **my_price**

如果使用了 global 关键字，Python 就不会创建局部变量 my_price，而会使用全局变量 my_price。另外，如果此时程序中还没有名为 my_price 的全局变量，那么 Python 就会自动创建全局变量 my_price。

13.5　关于给变量命名的一些建议

我们在前面的几节中已经看到，可以给全局变量和局部变量使用相同的变量名。Python 会在必要时自动创建新的局部变量，我们也可以用 global 关键字来防止创建新的局部变量。不过，我还是强烈建议你不要使用同名的变量。

可能你已经从上面的一些例子中注意到了，在程序中重复使用变量名，往往导致很难分辨全局变量和局部变量，另外，同名变量还会让代码变得更加混乱。只要代码一混乱，bug 就会乘虚而入。

因此，我建议你给局部变量和全局变量使用不同的名字，这样代码就不会混乱，也就可以把 bug 拒之门外了。

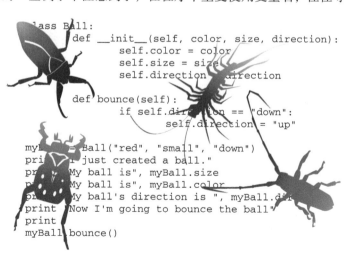

```
class Ball:
    def __init__(self, color, size, direction):
        self.color = color
        self.size = size
        self.direction = direction

    def bounce(self):
        if self.direction == "down":
            self.direction = "up"

myBall = Ball("red", "small", "down")
print "I just created a ball."
print "My ball is", myBall.size
print "My ball is", myBall.color
print "My ball's direction is ", myBall.direction
print "Now I'm going to bounce the ball"
print
myBall.bounce()
```

你学到了什么

在本章中，你学到了以下内容。

- ❑ 函数。
- ❑ 参数。
- ❑ 向函数传递一个参数。
- ❑ 向函数传递多个参数。
- ❑ 让函数向调用者返回一个值。
- ❑ 变量作用域、局部变量和全局变量。
- ❑ 在函数中使用全局变量。

扫码查看
习题答案

测试题

1. 可以使用哪个关键字定义函数？
2. 如何调用函数？
3. 如何向函数传递信息（参数）？
4. 函数最多可以有多少个参数？
5. 如何从函数中返回信息？
6. 在函数运行结束后，其中的局部变量会发生什么变化？

动手试一试

1. 编写一个函数，用大写字母打印出你的英文名字，就像这样：

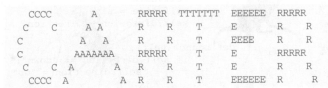

```
  CCCC      A     RRRRR  TTTTTTT EEEEEE RRRRR
 C    C    A A    R    R    T     E      R    R
 C        A   A   R    R    T     EEEE   R    R
 C       AAAAAAA  RRRRR     T     E      RRRRR
  C    C A     A  R    R    T     E      R   R
  CCCC A       A  R    R    T     EEEEEE R    R
```

编写一个程序来多次调用这个函数。

2. 定义一个函数，可以打印出全世界任何人名、住址、街道、城市、省份（州）、邮政编码和国家。（提示：这里需要 7 个参数。你可以把它们作为单独的参数依次传递，也可以作为一个列表整体传递。）
3. 尝试用代码清单 13-7 中的例子，不过要让 my_price 变为全局变量，看看输出结果有什么不同。

4. 编写一个函数，统计一堆零钱的总值，这些零钱中包括 1 分、1 角和 1 元，
   类似于第 5 章"动手试一试"中的最后一个问题。这个函数应该返回这些硬
   币的总值，然后再编写一个程序来调用这个函数。当运行程序时，可以看到
   类似下面的输出结果。

```
1 fen: 3
1 jiao: 6
1 yuan: 7
total is ¥7.63
```

第 14 章
对　　象

在前几章中，我们学习了如何使用不同的方式来组织数据和程序代码，以及如何把数据收集在一起。我们看到了可以用列表来收集变量或其他数据，可以用函数把一些代码组织起来，从而实现循环操作。

对象（object）进一步发展了这种收集思想，它可以把函数和数据收集在一起。这种思想在编程中非常有用，许多程序已经应用了。事实上，如果你仔细分析 Python，就会发现其中大多数是对象。用编程术语来讲，Python 就是面向对象的语言。也就是说，在 Python 中可以使用对象，而且方法很简单，我们不一定要自己创建对象。不过，创建对象确实可以简化很多事情。

本章将介绍什么是对象，以及如何创建并使用对象。在后面几章开始处理图形时，我们将大量使用对象。

14.1　现实世界中的对象

什么是对象？如果我们不是在讨论编程，当我问到这个问题时，我们可能会产生下面的对话。

　　我们就从定义什么是 Python 对象开始讨论吧。假设我们有一个球，可以对这个球执行一系列操作，比如捡球、抛球、踢球、充气等（当然，有些球不需要充气），这些操作就称为**动作**（action）。我们还可以用颜色、大小和重量来描述一个球，这些特征就是球的**属性**（attribute）。

> **术语箱**
>
> 可以通过特征或属性来描述对象。比如，形状是球的一个属性。当然，还有一些其他对属性的描述，比如颜色、大小、重量和价格。属性也称作**特性**（property）。

现实世界中的对象包括两个方面。

❑ 针对该对象的动作。
❑ 该对象的属性。

程序世界中的对象也是如此。

14.2　Python 中的对象

　　在 Python 中，对象的特征也称为**属性**，也就是已知的关于对象某些方面的描述，这应该很容易记住。另外，对象的动作称为**方法**（method），也就是对象能够实现的操作。

　　如果要创建球的 Python 版本或者**模型**（model），那么球就是一个对象，它会有属性和方法[①]。以下是球的属性示例，这些都是关于球的描述：

```
ball.color
ball.size
ball.weight
```

---

　　①"球"对应的英文单词为 ball，代码中前缀为 ball 的部分都是对"球"的描述。——编者注

以下是球的方法示例，这些都是可以对球执行的操作。

```
ball.kick()
ball.throw()
ball.inflate()
```

14.2.1 属性

球的属性就是你所知道的或者可以得出的所有关于球的信息，这些信息可以是数字、字符串或其他类型的数据。听起来很熟悉吧？没错，属性就是变量，只不过它是包含在对象中的变量。

可以把属性打印出来：

```
print(ball.size)
```

也可以为属性赋值：

```
ball.color = 'green'
```

可以把属性赋给不是对象的常规变量：

```
myColor = ball.color
```

也可以把属性赋给其他对象的属性。

```
myBall.color = yourBall.color
```

14.2.2 方法

方法就是对象可以实现的操作，其实就是一些代码块，我们可以调用这些代码块来完成某种处理任务。听起来很熟悉吧？没错，方法就是包含在对象中的函数。

函数能实现的，方法也可以实现，包括传递参数和返回值。

14.3 对象 = 属性 + 方法

我们可以利用对象，把某个事物的属性和方法合在一起，也就是将其已知的信息和可以实现的操作组合起来。属性就是信息，方法就是动作。

在关于球的例子中，你可能已经注意到对象名与属性名（或方法名）之间的点号了。这是 Python 中使用对象的属性和方法的一种记法，也就是 object.attribute 和 object.method()。是不是很简单？这称为**点号记法**，很多编程语言使用了这种记法。

关于对象，我们已经有了整体的认识，下面就来创建一些对象！

14.4 创建对象

嗯……我怎么描述这个房子呢？高档、中档还是低档？

在 Python 中，创建对象有两个步骤。

第一步是定义对象的外观以及动作，也就是它的属性和方法。但是，这一步并不会真正创建出一个对象。这有点像绘制房子的蓝图，它可以告诉你房子的样子，但其本身并不是房子，你不可能住在蓝图里，而只能用蓝图来建造真正的房子。事实上，我们可以用蓝图盖很多房子。

在 Python 中，关于对象的描述（蓝图）称为**类**（class）。

第二步是用类来创建一个真正的对象，这个对象称为该类的**实例**（instance）。

下面来看一个创建类和实例的例子。这里创建了一个简单的 Ball 类，如代码清单 14-1 所示。

代码清单 14-1　创建简单的 Ball 类

```
class Ball:              ◀──── 这里告诉 Python，
                               我们在创建一个类
    def bounce(self):
        if self.direction == "down":        这是一个方法
            self.direction = "up"
```

代码清单 14-1 是 Ball 类的定义，其中包含 bounce() 方法。可是属性呢？好吧，属性值并不属于类，而是属于类的各个实例，这是因为每个实例都可以有不同的属性值。设置实例的属性有两种方法，后文会依次介绍。

14.4.1　创建对象实例

前面提到过，类的定义并不是真正的对象，而只是蓝图。现在我们来建造真正的房子，也就是创建对象。

如果想创建 Ball 类的实例,可以这样做:

```
myBall = Ball()
```

Ball 类还没有任何属性,下面来设置:

```
myBall.direction = "down"
myBall.color = "green"
myBall.size = "small"
```

这是一种定义对象属性的方法,下一节会介绍另一种方法。

现在来试试对象的方法,我们可以这样使用 bounce() 方法:

```
myBall.bounce()
```

接下来把这些属性和方法都写在一个程序里,并加入一些 print 语句来看看输出结果,如代码清单 14-2 所示。

代码清单 14-2 使用 Ball 类

```
class Ball:

    def bounce(self):                      这里是Ball类,
        if self.direction == "down":       与前面相同
            self.direction = "up"

myBall = Ball()            ◀—— 创建 Ball 类的实例
myBall.direction = "down"
myBall.color = "red"                       设置一些属性
myBall.size = "small"


print("I just created a ball.")
print("My ball is", myBall.size)
print("My ball is", myBall.color)          打印对象的属性
print("My ball's direction is", myBall.direction)
print("Now I'm going to bounce the ball")
print()
myBall.bounce()                        ◀—— 使用方法
print("Now the ball's direction is", myBall.direction)
```

运行这个程序,输出结果如下所示:

```
>>>
RESTART: C:/HelloWorld/examples/Listing_14-2.py
I just created a ball.
My ball is small
My ball is red                     我们设置的属性         现在调用 bounce()
My ball's direction is down                             方法让球反弹
Now I'm going to bounce the ball

Now the ball's direction is up  ◀—— 球会改变运动方向,
                                     由向下改为向上
```

注意，在调用 bounce() 方法后，球的运动方向（direction）会从向下（down）改为向上（up），这正是 bounce() 方法中的代码所要实现的。

14.4.2 初始化对象

在 14.4.1 节中创建对象时，我们并没有在 size 属性、color 属性以及 direction 属性中键入任何内容，这是因为必须首先创建出对象，然后才能填充这些内容。不过有一种方法可以在创建对象时就设置好属性，这称为**进行对象初始化**。

> **术语箱**
>
> 初始化（initializing）表示"一开始时就做好准备"。在软件中对某个事物进行初始化，就是把它设置成一种预期的状态，便于之后使用。

当创建类的定义时，可以定义一种特殊的方法，叫作 __init__() 方法。只要创建类的实例，Python 就会执行该方法。可以向 __init__() 方法传递参数，这样一来，在创建实例时，就可以把属性设置为你想要的值，如代码清单 14-3 所示。

代码清单 14-3　添加 __init__() 方法

```
class Ball:
    def __init__(self, color, size, direction):      这里是 __init__()
        self.color = color                           方法的定义。init 前
        self.size = size                             后各有 2 条下划线，共
        self.direction = direction                   有 4 条下划线

    def bounce(self):
        if self.direction == "down":
            self.direction = "up"

myBall = Ball("red", "small", "down")    ←—— 属性作为 __init__()
print("I just created a ball.")              方法的参数传入
print("My ball is", myBall.size)
print("My ball is", myBall.color)
print("My ball's direction is ", myBall.direction)
print("Now I'm going to bounce the ball")
print()
myBall.bounce()
print("Now the ball's direction is", myBall.direction)
```

这个程序的输出结果应该与代码清单 14-2 的相同。两个程序的区别在于，这里的程序使用了 __init__() 方法来设置属性。

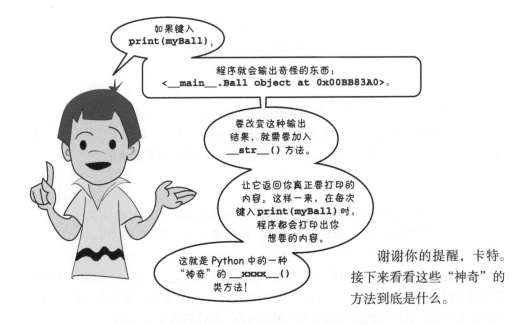

谢谢你的提醒，卡特。
接下来看看这些"神奇"的
方法到底是什么。

14.4.3 "神奇"的方法：__str__()

就像卡特说的，Python 中的对象有一些"神奇"的方法。当然，它们并不是真的有魔法，而只是 Python 在创建类定义时自动包含的一些方法，Python 程序员通常把它们叫作**特殊方法**（special method）。

我们已经知道，__init__() 方法会在程序创建对象的同时进行对象初始化。每个对象都内置了 __init__() 方法，如果没有在类的定义中加入自己的 __init__() 方法，那么就会由默认的内置方法进行对象初始化，从而创建对象。

另一个特殊方法是 __str__() 方法，它会告诉 Python 在打印对象时具体要打印哪些内容。Python 会默认打印出以下内容。

❏ 实例是在哪里定义的，比如在卡特的例子中，实例是在 __main__ 方法中定义的，这是程序的主体部分。
❏ 类名（Ball）。
❏ 实例在内存中的存储位置（0x00BB83A0）。

不过，如果你想让 print 打印出关于对象的其他信息，可以定义自己的 __str__() 方法，这样就可以覆盖默认的 __str__() 方法了，如代码清单 14-4 所示。

代码清单 14-4 使用 __str__() 方法改变打印对象的方式

```
class Ball:
    def __init__(self, color, size, direction):
        self.color = color
        self.size = size
        self.direction = direction
    def __str__(self):                          ┐ 这里是
        msg = "Hi, I'm a " + self.size + " " + self.color + " ball!"  ├ __str__()
        return msg                              ┘ 方法
myBall = Ball("red", "small", "down")
print(myBall)
```

现在就运行这个程序，输出结果如下所示：

```
>>>
RESTART: C:/HelloWorld/examples/Listing_14-4.py
Hi, I'm a small red ball!
```

这样看起来就比 <__main__.Ball object at 0x00BB83A0> 好看多了，你觉得呢？所有"神奇"的方法都会在方法名前后各加两条下划线。

14.4.4 self 参数

你可能已经注意到了，在类的属性和方法定义中多次出现了 self 参数，如下所示：

```
def bounce(self):
```

self 参数代表什么呢？之前提到过，我们可以用蓝图建造很多房子，还记得吧？用类也可以创建出很多个对象实例，如下所示：

```
cartersBall = Ball("red", "small", "down")      ┐ 创建 Ball 类的两个实例
warrensBall = Ball("green", "medium", "up")     ┘
```

可以调用其中一个实例的方法，像下面这样：

```
warrensBall.bounce()
```

这里的方法必须明确哪个实例调用了它。是 cartersBall 需要反弹，还是 warrensBall 需要反弹呢？ self 参数就会告诉这个方法到底是哪个对象调用了它，这叫作**实例引用**（instance reference）。

不过先等等！在调用 warrensBall.bounce() 方法时，括号里根本没有任何参数，但是在方法块内部有一个 self 参数。既然我们并没有向这种方法传递任何内容，那么 self 参数究竟是从哪里来的呢？这就是 Python 处理对象的另外一种"神奇"的方法。当我们在调用类的方法时，究竟是哪个实例在调用该方法呢？这个信息（实例引用）会自动传递给类的方法，也就相当于写成如下形式：

```
Ball.bounce(warrensBall)
```

在这里，我们告诉 bounce() 方法哪个球需要反弹。实际上，这行代码本身也能正常工作，这是因为当写成 warrensBall.bounce() 时，Python 在底层确实是这么实现的。

self 这个名字在 Python 中没有任何特殊的含义，只是大家都用它作为实例引用名，这也是一种让代码更易读的约定做法。当然，可以把这个实例变量命名为其他名字，不过我还是强烈建议你遵循这个约定，因为使用 self 能减少代码混乱。

我们在第 11 章中编写了一个热狗程序，现在就拿热狗作为例子来学习如何使用对象，我们来给热狗定义一个类。

14.5 示例：HotDog 类

在这个例子中，我们假设热狗都包含一个小面包（否则可真是一团糟了）。下面来为 HotDog 类定义一些属性和方法。

以下是 HotDog 类的属性。

❑ cooked_level：这是一个数字，描述热狗的烘烤时间。0 ~ 3 表示还是生的（Raw），4 ~ 5 表示未熟透（Medium），6 ~ 8 表示全熟（Well-done），超过 8 就表示烤焦了（Charcoal）！热狗一开始是生的。

❑ cooked_string：这是一个字符串，描述热狗的烘烤程度。

❑ condiments：这是热狗的配料列表，比如番茄酱、芥末酱等。

以下是 HotDog 类的方法。

❑ cook()：把热狗烘烤一段时间，这样热狗就会变熟。

❑ addCondiment()：给热狗加一些配料。

❑ __init__()：创建实例并设置一些默认属性。

❑ __str__()：让 print 的打印结果更直观。

首先要定义类。先定义 __init__() 方
法，给 HotDog 类设置默认属性：

```
class HotDog:
    def __init__(self):
        self.cooked_level = 0
        self.cooked_string = "Raw"
        self.condiments = []
```

我们从一个没有加任何配料的生热狗开始。

然后，定义 cook() 方法：

```
def cook(self, time):
    self.cooked_level = self.cooked_level + time       ◀── 根据 time 值（时间）
    if self.cooked_level > 8:                                延长烘烤时间
        self.cooked_string = "Charcoal"
    elif self.cooked_level > 5:
        self.cooked_string = "Well-done"              为不同的烘烤时间
    elif self.cooked_level > 3:                        设置字符串
        self.cooked_string = "Medium"
    else:
        self.cooked_string = "Raw"
```

在继续编写程序之前，先对这一部分程序做个简单的测试。首先创建 HotDog 类
的实例，然后查看它的属性：

```
myDog = HotDog()
print(myDog.cooked_level)
print(myDog.cooked_string)
print(myDog.condiments)
```

我们把上面这些代码都放在一个程序中，然后运行这个程序。下面列出了目前
程序中的全部代码，如代码清单 14-5 所示。

代码清单 14-5　热狗程序的开始部分

```
class HotDog:
    def __init__(self):
        self.cooked_level = 0
        self.cooked_string = "Raw"
        self.condiments = []
```

```
    def cook(self, time):
        self.cooked_level = self.cooked_level + time
        if self.cooked_level > 8:
            self.cooked_string = "Charcoal"
        elif self.cooked_level > 5:
            self.cooked_string = "Well-done"
        elif self.cooked_level > 3:
            self.cooked_string = "Medium"
        else:
            self.cooked_string = "Raw"
myDog = HotDog()
print(myDog.cooked_level)
print(myDog.cooked_string)
print(myDog.condiments)
```

像 Python 程序员一样思考

在 Python 中还有一种约定做法，那就是类名总是以大写字母开头。目前我们已经见过了 Ball 和 HotDog，所以说我们一直都在遵循这个约定。

现在，运行代码清单 14-5 中的代码，看看会打印出什么来。输出结果应该像下面这样：

```
>>>
RESTART: C:/HelloWorld/examples/Listing_14-5.py
0                    ←────────── cooked_level 属性（烘烤时间）
Raw      ←────── cooked_string 属性（烘烤程度）
[]       ←────── condiments 属性（配料）
```

可以看到，这个对象的属性分别是 cooked_level = 0、cooked_string = "Raw"，另外 condiments 为空。

现在就来测试 cook() 方法。将下面的这段代码添加到代码清单 14-5 中：

```
print("Now I'm going to cook the hot dog")
myDog.cook(4)                      ←────── 把热狗烘烤 4 分钟
print(myDog.cooked_level)     │
print(myDog.cooked_string)    查看新的属性值
```

再次运行这个程序，输出结果如下所示：

```
>>>
RESTART: C:/Users/Carter/Programs/Listing_14-5_modified.py
0
Raw                          烘烤前
[]
Now I'm going to cook the hot dog
4                            烘烤后
Medium
```

看来我们的 cook() 方法能正常运行了，cooked _level 从 0 变成了 4，而且 cooked_string 字符串也从 Raw 变成了 Medium。

下面给热狗添加一些配料，这时需要一种新的方法，如代码清单 14-6 所示。我们可以自己定义 __str__() 方法，这样对象信息打印起来更为容易。

代码清单 14-6 包含 cook() 方法、addCondiment() 方法和 __str__() 方法的 HotDog 类

```
class HotDog:
    def __init__(self):
        self.cooked_level = 0
        self.cooked_string = "Raw"
        self.condiments = []
    def __str__(self):                               定义新的
        msg = "hot dog"                              __str__()
        if len(self.condiments) > 0:                 方法
            msg = msg + " with "
        for i in self.condiments:
            msg = msg+i+", "                                        定义
        msg = msg.strip(", ")                                       HotDog
        msg = self.cooked_string + " " + msg + "."                  类
        return msg
    def cook(self, time):
        self.cooked_level=self.cooked_level+time
        if self.cooked_level > 8:
            self.cooked_string = "Charcoal"
        elif self.cooked_level > 5:
            self.cooked_string = "Well-done"
        elif self.cooked_level > 3:
            self.cooked_string = "Medium"
        else:
            self.cooked_string = "Raw"
    def addCondiment(self, condiment):               定义新的 addCondiment()
        self.condiments.append(condiment)            方法

myDog = HotDog()            ◄──── 创建 HotDog 类的实例
print(myDog)
print("Cooking hot dog for 4 minutes...")                        测试是否
myDog.cook(4)                                                    一切正常
print(myDog)
```

```
print("Cooking hot dog for 3 more minutes...")
myDog.cook(3)
print(myDog)
print("What happens if I cook it for 10 more minutes?")
myDog.cook(10)
print(myDog)
print("Now, I'm going to add some stuff on my hot dog.")
myDog.addCondiment("ketchup")
myDog.addCondiment("mustard")
print(myDog)
```

测试是否
一切正常

虽然代码清单 14-6 有点长，但我还是建议你手动键入这些代码，其实它与代码清单 14-5 中的部分代码是重合的。但是如果你感觉敲代码太累，或者你根本没有时间，也可以在 examples 文件夹或本书网站上找到这段代码。

运行这个程序，看看会输出什么。结果应该如下所示：

```
>>>
RESTART: C:/HelloWorld/examples/Listing_14-6.py
Raw hot dog.
Cooking hot dog for 4 minutes...
Medium hot dog.
Cooking hot dog for 3 more minutes...
Well-done hot dog.
What happens if I cook it for 10 more minutes?
Charcoal hot dog.
Now, I'm going to add some stuff on my hot dog.
Charcoal hot dog with ketchup, mustard.
```

在代码清单 14-6 中，第一部分定义了类，第二部分测试了烘烤这个虚拟热狗和添加配料的方法。不过从最后几行代码来看，我觉得这个热狗烤得太过了，太浪费番茄酱和芥末酱了！

14.6 隐藏数据

你可能已经意识到了，查看或修改对象属性有两种做法。我们可以直接访问对象的属性，像这样：

```
myDog.cooked_level = 5
```

也可以使用修改对象属性的方法，像这样：

```
myDog.cook(5)
```

如果热狗一开始是生的（cooked_level = 0），那么上述两种做法的效果是一样的，这是因为它们都把 cooked_level 属性值设置为 5。既然如此，为什么还要专门编写一个方法来做这件事情呢？为什么不直接修改属性值呢？关于这个问题，我认为至少有两个原因。

- 如果直接访问对象属性，那么烘烤热狗至少要做两项工作：改变 cooked_level 的值和改变 cooked_string 的值。借助方法的话，只要调用一个方法就可以了，该方法会完成所有的工作。
- 如果直接访问对象属性，可能就会出现如下结果。

  ```
  cooked_level = cooked_level - 2
  ```

这样一来，热狗会比烘烤之前还生。因为热狗肯定不会越烤越生，所以这是不合理的。通过对象的方法，可以确保 cooked_level 属性值只会变大而不会变小。

术语箱

> 用编程术语来讲，如果限制访问对象中的数据，只能通过调用对象方法来获取或修改这些数据的话，就称为**数据隐藏**（data hiding）。Python 没有提供任何机制来实现数据隐藏，但是如果需要，可以在编写代码时遵循这一原则。

到目前为止，我们已经看到了对象包含属性和方法，而且还学习了如何创建对象以及如何用特殊方法 __init__() 来进行对象初始化。除此之外，我们还看到了另一个特殊方法 __str__()，它可以更好地打印出对象。

14.7　多态和继承

接下来了解对象最为重要的两个方面：**多态**（polymorphism）和**继承**（inheritance）。正是因为有这两个方面的特性，才让对象变得非常有用。接下来，我会解释清楚它们的含义。

14.7.1　多态：方法名相同，行为不同

多态其实非常简单，它指的是对于不同的类，可以有两个甚至多个同名的方法。但这些同名方法可以实现的操作不太一样，主要取决于它们究竟应用在哪个类上。

假设你要编写一个做数学题的程序，需要计算出不同形状的面积，比如三角形（triangle）和正方形（square）。可以定义两个类，如下所示：

```
class Triangle:
    def __init__(self, width, height):
        self.width = width
        self.height = height

    def getArea(self):
        area = self.width * self.height / 2.0
        return area

class Square:
    def __init__(self, size):
        self.size = size

    def getArea(self):
        area = self.size * self.size
        return area
```

这是 **Triangle** 类
（三角形）

它们都有一个名为
getArea() 的方法

这是 **Square** 类
（正方形）

Triangle 类和 Square 类都有 getArea() 方法。假设有这两个类的实例，如下所示：

```
>>> myTriangle = Triangle(4, 5)
>>> mySquare = Square(7)
```

就可以使用 getArea() 方法分别计算出它们的面积：

```
>>> myTriangle.getArea()
10.0
>>> mySquare.getArea()
49
```

这两个类都使用了方法名 getArea()，但是在不同形状中，它的计算方法是不同的，这就是多态的一个例子。

14.7.2 继承：向父母学习

在现实（非编程）世界中，人们可以从父母或者其他亲戚那里继承一些东西，这可以是一些特征，比如红头发，也可以是财产。

在面向对象编程中，类可以从其他的类中继承属性和方法。因此就有了类的整个"家族"（如图 14-1 所示），其中的所有类共享某些属性和方法。这样一来，每次在"家族"中增加新的成员时，就不需要从头开始定义了。

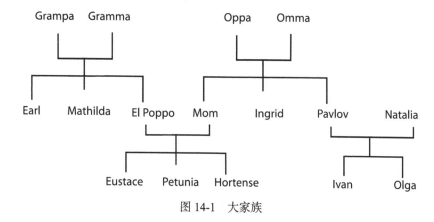

图 14-1　大家族

从其他类继承了属性或方法的类称为**派生类**（derived class）或**子类**（subclass）。举一个例子来解释这个概念。

假设要编写一个游戏，玩家可以在路上捡起不同的东西，比如硬币、食物或衣物。我们可以定义一个名为 GameObject 的类。GameObject 类有 name 等属性（如 coin、apple、hat）和一些方法，其中 pickUp() 方法会把所捡的对象添加到玩家的物品集合中。所有游戏对象都有这些共同的属性和方法。

接着可以为硬币定义一个子类 Coin。Coin 类从 GameObject 类派生，它将继承 GameObject 类的属性和方法，所以 Coin 类会默认包含 name 属性和 pickUp() 方法。Coin 类还需要一个 value 属性（表示这枚硬币的面值）和 spend() 方法（可以用这枚硬币去买东西）。

下面来看 GameObject 类和 Coin 类的代码。

```
class GameObject:
    def __init__(self, name):
        self.name = name

    def pickUp(self, player):                              定义 GameObject 类
        # 在此处键入代码，将对象添加到玩家的物品集合中

class Coin(GameObject):          ◀── Coin 类是 GameObject 类的子类
    def __init__(self, value):
        GameObject.__init__(self, "coin") ◀──   在 __init__() 方法中，继承
        self.value = value                       GameObject 类的初始化方法
                                                 并补充新内容
    def spend(self, buyer, seller):
        # 在此处键入代码，从买家的钱中扣除硬币，    Coin 类中新的 spend() 方法
        # 将硬币添加到卖家的钱中
```

14.8 预置思维

在上一节的例子中，我们并没有在类的方法中加入任何实现代码，只是添加了一些注释来解释这些方法的作用。这是一种预置思维，也就是提前计划或思考以后要添加的内容，具体的实现代码要取决于游戏的运行方式。在编写比较复杂的代码时，程序员通常会采用这种做法把想法组织起来。"空"的函数或方法称为**代码桩**（code stub）。

运行上一节中的例子就会得到一条错误消息，这是因为函数定义不能为空。

没错，卡特，不过在这里注释不算定义，因为注释只是帮助理解的，而不是让计算机执行的。

如果你想编写一个代码桩，可以用 Python 的 pass 关键字作为占位符，这样代码就变成了下面这样：

```
class GameObject:
    def __init__(self, name):
        self.name = name

    def pickUp(self):
        pass
        # 在此处键入代码，将对象添加到玩家的物品集合中

class Coin(GameObject):
    def __init__(self, value):
        GameObject.__init__(self, "coin")
        self.value = value

    def spend(self, buyer, seller):
        pass
        # 在此处键入代码，从买家的钱中扣除硬币，
        # 将硬币添加到卖家的钱中
```

在这两处加入 **pass** 关键字

本章不打算继续介绍更多关于如何使用对象、多态和继承的例子，但在学习后

面的内容时，我们还会看到很多关于对象及其用法的例子。当在实际的程序（比如游戏）中使用对象时，你会对其用法有更深入的理解。

你学到了什么

在本章中，你学到了以下内容。

- ❏ 对象。
- ❏ 对象的属性和方法。
- ❏ 类。
- ❏ 创建类的实例。
- ❏ 特殊方法：__init__() 和 __str__()。
- ❏ 多态。
- ❏ 继承。
- ❏ 代码桩。

测试题

扫码 查看
习题答案

1. 在定义新的对象类型时应使用什么关键字？
2. 什么是属性？
3. 什么是方法？
4. 如何区别类和实例？
5. 实例引用通常在方法中如何命名？
6. 什么是多态？
7. 什么是继承？

动手试一试

1. 定义一个 BankAccount 类，它有一些属性，包括账户名（一个字符串）、账号（一个字符串或整数）和余额（一个浮点数），另外还要有一些方法来显示余额，或者执行存取款操作。
2. 编写一个可以计算利息的类，名为 InterestAccount，它应当是第一题中的 BankAccount 类的一个子类，所以会继承 BankAccount 类的属性和方法。InterestAccount 类还应当有一个对应利率的属性和一个可以增加利息的方法。为简单起见，假设我们每年都会调用一次 addInterest() 方法来计算利息并更新账户余额。

第 15 章
模　　块

这是涉及收集方式的最后一章内容了，前面已经介绍了列表、函数和对象，本章将介绍模块，第 16 章用一个叫作 Pygame 的模块开始绘制一些图形。

15.1　什么是模块

模块就是某个东西的一部分。如果某个东西可以分为多个部分，我们就说这个东西是模块化的。乐高积木也许就是模块化最好的例子了，我们可以拿一堆不同的积木搭建不同形状的东西。

在 Python 中，**模块**（module）是包含在较大程序中的一小部分代码，每个模块都是硬盘上的一个单独的代码文件。我们可以把一个大程序分解为多个模块文件，也可以反过来，从一个小模块开始，逐渐加入其他模块，从而编写出一个大程序。

15.2　为什么使用模块

既然需要所有模块才能让程序正常工作，为什么还要把程序分解成多个较小的模块呢？这不是很麻烦吗？为什么不直接把所有代码都写在一个大文件中呢？这主要是考虑到了以下几个方面的原因。

❑ 分解成多个模块后，较小的新代码文件更容易查找代码。
❑ 一旦创建模块，它就可以在多个程序中应用。这样一来，当需要实现相同的功能时，就不必每次都从头开始编写了。

❑ 并不是所有模块都要在一个程序中使用。模块化意味着你可以组合不同的模块来实现不同的功能，就像用同样一堆乐高积木却可以搭建许多形状的东西一样。

积木桶

第 13 章提到，函数就像积木，那么我们就可以认为模块是一桶积木。在搭积木时，你可以从积木桶中选择任意数量的积木。你也可能有多个积木桶：一桶方块积木、一桶长条积木、一桶不规则形状的积木。程序员通常会采用类似的方法来使用模块，也就是说，他们会把类似的函数都归到一个模块中，或者把一个项目所需要的所有函数都归到一个模块中，就像你会把搭建城堡所需要的所有积木都放在一个积木桶中一样。

15.3 如何创建模块

下面就来创建模块吧。模块其实就是 Python 代码文件，如代码清单 15-1 所示。在 IDLE 窗口中键入代码清单 15-1 中的代码，并保存为 my_module.py 文件。

代码清单 15-1　创建 my_module 模块

```
# 接下来会在另一个程序中使用 my_module.py 文件
def c_to_f(celsius):
    fahrenheit = celsius * 9.0 / 5 + 32
    return fahrenheit
```

就这么简单！就这样，我们创建了一个模块，其中只有一个函数，即 c_to_f() 函数，它会把温度从摄氏度转换为华氏度。

接下来在另一个程序中使用 my_module 模块。

15.4 如何使用模块

如果使用某个模块中定义的内容，首先必须告诉 Python 需要使用哪个模块。在一个程序中使用其他模块时，需要借助 Python 关键字 import，可以这样写：

```
import my_module
```

然后写一个程序来使用刚才编写的模块，这里用 c_to_f() 函数来实现温度转换。

前面已经介绍了如何使用函数并向它传递参数。这里唯一不同的是，函数没有与主程序在同一个代码文件中，所以必须借助 import 来导入。代码清单 15-2 中的程序就使用了我们刚才编写的 my_module 模块。

代码清单 15-2 导入 my_module 模块

```
import my_module                    ◄── my_module 模块包含 c_to_f() 函数

celsius = float(input("Enter a temperature in Celsius: "))
fahrenheit = c_to_f(celsius)
print("That's", fahrenheit, "degrees Fahrenheit")
```

新建一个 IDLE 窗口，键入代码清单 15-2 中的程序，并保存为 modular.py 文件。运行这个程序，看看会发生什么。注意，必须把 modular.py 文件与 my_module.py 文件保存在同一个文件夹中。

这个程序能正常工作吗？程序在运行时应该会输出类似这样的消息：

```
>>
RESTART: C:/HelloWorld/examples/Listing_15-2.py
Enter a temperature in Celsius: 34
Traceback (most recent call last):
  File "C:/HelloWorld/examples/Listing_15-2.py", line 4, in <module>
    fahrenheit = c_to_f(celsius)
NameError: name 'c_to_f' is not defined
```

这个程序不能正常工作！这是怎么回事呢？错误消息显示未定义 c_to_f() 函数。可是我们明明已经在 my_module 模块中定义这个函数了，而且也确实导入这个模块了。

之所以出现这个问题，是因为在 Python 中导入其他模块定义的函数时必须指出该函数所在的具体模块。要解决这个问题，可以修改以下代码：

```
fahrenheit = c_to_f(celsius)
```

将其改为：

```
fahrenheit = my_module.c_to_f(celsius)
```

现在我们向 Python 明确指出，c_to_f() 函数是在 my_module 模块中定义的。试着运行改后的新程序，看看能否正常工作。

15.5 命名空间

卡特刚才提到的内容与**命名空间**（namespace）的概念有关。这个概念比较复杂，不过你确实应该知道，现在我们就来讨论这个概念。

15.5.1 什么是命名空间

假设你是 Morton 老师班里的学生，班里有个同学叫 Shawn，而 Wheeler 老师班里也有一个叫 Shawn 的学生。如果你在班里说"Shawn 有一个新书包"，班里的所有同学都会默认（至少他们会猜测），你指的是你们班的 Shawn。如果你想说另外那个班里的 Shawn，你会说"Wheeler 老师班里的 Shawn"或者"另外那个 Shawn"，抑或用其他类似的说法。

因为你们班里只有一个 Shawn，所以当你说 Shawn 时，同班同学就会知道你说的是哪个人。换句话说，在你们班这个空间里，Shawn 只有一个。你们班就是你的命名空间，因为在这个命名空间里只有一个 Shawn，所以不会出现混淆。

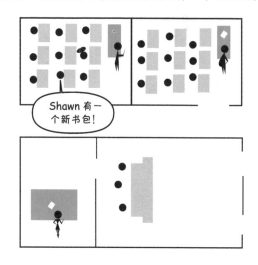

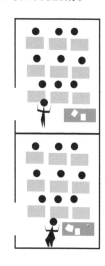

接下来,如果校长要通过学校的广播系统把 Shawn 叫到办公室来,他不能只说"请 Shawn 同学现在前往校长办公室"。否则,两个 Shawn 都会出现在校长办公室里。对校长来说,他的命名空间是整个学校。这意味着学校里的每一个人都会听到这个名字,而不只是某个班的学生。因此,他必须明确地指出是哪一个 Shawn,比如这样说:"请 Morton 老师班里的 Shawn 现在前往校长办公室。"

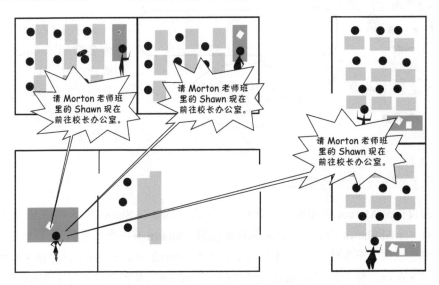

其实校长还可以用另一种方法找到 Shawn,那就是走到你们班门口说:"Shawn,请跟我去办公室。"这时,因为只有一个 Shawn 听到了,所以校长就能找到真正要找的 Shawn。这里的命名空间就只是一个教室,而不是整个学校。

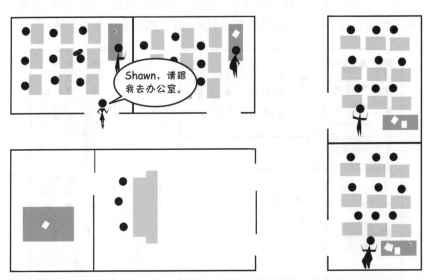

程序员通常把较小的命名空间（比如你的教室）称为局部命名空间，而把较大的命名空间（如整个学校）称为全局命名空间。

15.5.2 导入命名空间

假设一所名为 John Young 的学校根本没有叫 Fred 的人，如果校长想通过广播系统找到 Fred，那么他肯定会失败。现在假设同一条街上的另一所 Stephen Leacock 学校正在进行部分校舍维修，这所学校把一个班级临时安排到 John Young 学校的教室里上课。在这个班里恰好有一个学生叫 Fred，不过这个临时教室还没有连上学校的广播系统。这时如果校长想通过广播来找 Fred，他肯定还会失败。但是如果他把这个临时教室接入广播系统，然后再通过广播来找 Fred，就会找到 Stephen Leacock 学校的这位 Fred 同学。

把一个班级临时安排到另一所学校的教室中，这就像在 Python 中导入了一个模块。当导入模块后，就可以访问这个模块中的所有名字，包括所有的变量、函数和对象。

导入模块与导入命名空间是一样的。在导入模块时，就等于导入了命名空间。

导入命名空间（模块）有两种做法。我们可以这样写：

```
import stephen_leacock
```

如果这样写，那么 stephen_leacock 仍然是单独的命名空间。这时你可以访问这个命名空间，但是在访问之前必须将该命名空间明确地指出来。因此校长必须这样做：

```
call_to_office(stephen_leacock.Fred)
```

如果校长要找到 Fred，除了名字（Fred），还必须给出命名空间（stephen_leacock）。这和上一节中的温度转换程序是一样的，为了让代码清单 15-2 中的程序能够正常工作，我们写了这样一行代码：

```
fahrenheit = my_module.c_to_f(celsius)
```

这行代码同时指定了命名空间（`my_module`）和函数名（`c_to_f`）。

15.5.3 用 **from** 导入

导入命名空间的另一种方法如下所示：

```
from stephen_leacock import Fred
```

校长这样做会把 `stephen_leacock` 名字空间中的 Fred 导入到他的命名空间中，然后就可以像这样找到 Fred 同学了：

```
call_to_office(Fred)
```

因为 Fred 现在就在校长的命名空间中，所以他无须再去 `stephen_leacock` 命名空间中找 Fred 了。

在上面这个例子中，校长只是把 `stephen_leacock` 命名空间中的名字 Fred 导入到了他的局部命名空间中，如果他想导入 `stephen_leacock` 命名空间中的所有名字，可以这样实现：

```
from stephen_leacock import *
```

这里的星号（`*`）表示全部。不过这个时候要当心出现名字冲突，如果 Stephen Leacock 学校与 John Young 学校有同名的学生，就会出现名字混乱。

15.5.4 命名空间小结

到目前为止，你可能对命名空间的概念还是不太清楚。不用担心！后面几章会给出一些例子，通过学习那些例子，你会逐渐掌握这个概念。当需要导入模块时，我会解释清楚每一个步骤。

15.6 标准模块

我们已经学习了如何创建和使用模块，那是不是说必须自己编写模块呢？当然不是！这正是 Python 的妙处之一。

Python 提供了大量的标准模块，可以用来实现很多操作，比如查找文件、报时（或计时）、生成随机数以及其他很多功能。有时，人们说 Python "自带电池"，这就是说 Python 自带标准模块，这些标准模块叫作 **Python 标准库**。

可是为什么这些功能要写在单独的模块中呢？嗯，其实并不是一定要这样做，不过 Python 的设计者认为这样做会更高效。不然的话，每个 Python 程序都必须包含所有可能用到的函数。但定义了各自独立的模块后，我们就只需包含真正要用的那些模块了。

当然，Python 有一些内置功能，比如 print、for、if-else，这些基本命令就不用再导入一个单独的模块了，它们已经在 Python 语言的主体中了。

如果 Python 提供的模块不能实现你想要的功能，如构建一个图形游戏，那么可以从网上下载一些额外的类似于插件的模块，这些模块通常都是免费的！本书就包含了一些这样的插件模块，如果你运行了本书网站上的安装程序，那么这些模块就已经自动安装了。当然，你也可以单独安装这些模块。

接下来看两个标准模块。

15.6.1 **time 模块**

利用 time 模块可以获取计算机的时钟信息，如日期和时间，还可以用它延迟程序运行。因为有时计算机的执行速度太快，所以我们需要让它慢下来。

time 模块中的 sleep() 函数可以用来实现延迟运行，也就是说，sleep() 函数可以让程序等待一段时间，在这期间不执行任何操作。顾名思义，就像让你的程序休眠了一样，这个函数叫作 sleep()[①]。你可以告诉 sleep() 函数需要让程序休眠多长时间（单位是秒）。

代码清单 15-3 中的程序演示了 sleep() 函数的运行方式。键入这个程序，保存并运行，看看会打印出来什么消息。

代码清单 15-3　让程序休眠

```
import time
print("How ", end="")
time.sleep(2)
print("are ", end="")
time.sleep(2)
print("you ", end="")
time.sleep(2)
print("today?")
```

———————————

① 在英语中，sleep 的意思是"睡觉"。——编者注

注意，在调用 sleep() 函数时，必须在前面加上 time.。这是因为尽管我们已经用 import 导入了 time 模块，但是它还没有成为主程序命名空间的一部分。所以每当用 sleep() 函数时，都必须写成 time.sleep()。

像这样写是不行的：

```
import time
sleep(5)
```

因为 sleep() 函数并不在主程序的命名空间中，所以运行这个命令后会得到一条错误消息：

```
NameError: name 'sleep' is not defined
```

但是，假设以这样的方式导入：

```
from time import sleep
```

这就会告诉 Python："在 time 模块中寻找名为 sleep 的变量（函数或对象），并把 sleep 导入到当前的命名空间中。"现在就可以直接使用 sleep() 函数了，无须在前面加上 time.：

```
from time import sleep
print('Hello, talk to you again in 5 seconds...')
sleep(5)
print('Hi again')
```

像这样把名字导入到局部命名空间中之后，我们就无须每次都指定模块了。如果你想用这样简便的方法，但是又不知道需要使用这个模块中的哪些名字，就可以使用星号（*）把这个模块中的所有名字都导入到当前的命名空间里：

```
from time import *
```

星号表示"全部"，这样就会把该模块中所有的名字都导进来。但是在用这个命令时必须特别谨慎，如果在你的程序中出现了与 time 模块中相同的名字，就会出现命名冲突。因此，用星号导入模块中的全部名字并不是最佳方案，最好只导入程序中真正需要的那些名字。

还记得代码清单 8-6 中的倒计时程序吗？现在你应该知道其中 time.sleep(1) 的作用了吧？

15.6.2　**random** 模块

random 模块用于生成随机数字，这在游戏和仿真程序中非常有用。

下面我们就试着在交互模式中调用 random 模块：

```
>>> import random
>>> print(random.randint(0, 100))
4
>>> print(random.randint(0, 100))
72
```

每次调用 random.randint() 方法时，都会生成一个新的随机整数。由于我们给它传递的参数是 0 和 100，因此它会生成介于 0 和 100 之间的随机整数。代码清单 1-2 中的猜数程序就是用 random.randint() 来生成神秘数字的。

如果想生成一个随机的小数，那么可以调用 random.random() 方法。这里不需要在括号中传递任何参数，因为 random.random() 方法生成的都是介于 0 和 1 之间的数字：

```
>>> print(random.random())
0.270985467261
>>> print(random.random())
0.569236541309
```

如果想生成其他范围内的随机数字，比如介于 0 和 10 之间，那么将结果乘以 10 就可以了。

```
>>> print(random.random() * 10)
3.61204895736
>>> print(random.random() * 10)
8.10985427783
```

你学到了什么

在本章中，你学到了以下内容。

❏ 模块。
❏ 定义模块。
❏ 在另一个程序中调用模块。
❏ 命名空间。
❏ 局部命名空间、全局命名空间以及它们的变量。
❏ 把其他模块中的名字导入到你的命名空间中。
❏ Python 中的一些标准模块：time 模块和 random 模块。

测试题

扫码查看
习题答案

1. 使用模块有哪些优点？

2. 如何定义一个模块？

3. 当使用模块时，需要使用 Python 中的哪个关键字？

4. 导入模块等同于导入一个_____。

5. 导入 time 模块就能够在当前程序中访问该模块中的所有名字，也就是其中所有的变量、函数、对象。那么，可以通过哪两种方法来导入 time 模块？

动手试一试

1. 编写一个模块，其中定义第 13 章"动手试一试"中的"用大写字母打印名字"函数。再编写一个程序，导入刚才定义的模块，并调用这个函数。

2. 修改代码清单 15-2，把 c_to_f() 函数导入到主程序的命名空间中，即修改那段代码，从而可以直接调用 c_to_f() 函数：

   ```
   fahrenheit = c_to_f(celsius)
   ```

   而不是通过模块名来调用。

   ```
   fahrenheit = my_module.c_to_f(celsius)
   ```

3. 编写一个小程序，生成介于 1 和 20 之间的 5 个随机整数，并把它们打印出来。

4. 编写一个小程序，要求它运行 30 秒，每 3 秒打印一个随机小数。

第 16 章

图 形

我们已经学习了计算机编程中的很多基本知识：输入和输出、变量、决策、循环、列表、函数、对象和模块。掌握了这么多编程知识，你应该感到很高兴吧！现在我们可以利用编程和 Python 做点更有意思的事情了。

本章将介绍如何在屏幕上绘制图形，比如直线、形状、颜色块，还会介绍一些动画效果。在后面几章中，这些知识有助于开发真正的游戏和其他程序。

16.1　寻求帮助——Pygame 模块

在计算机上绘制图形和播放声音可能有点复杂，这涉及操作系统、计算机显卡以及大量的底层代码。但无须担心，现在还不会涉及这些知识，而是借助 Python 中的 Pygame 模块来帮助我们实现这些功能，让问题更简化。

为了让游戏能够在不同的计算机和操作系统上都能运行，我们可以利用 Pygame 模块来创建游戏所需要的图形和其他对象，这样就不必去了解不同操作系统的诸多底层细节。Pygame 模块是免费的，本书的安装程序就提供了一个 Pygame 模块版本。如果你使用本书的安装程序来安装 Python，应该已经安装 Pygame 模块了。否则，你必须单独安装该模块，可以登录 Pygame 官方网站去下载。

16.2 Pygame 窗口

开始绘制图形时，首先要创建一个窗口，如代码清单 16-1 所示。这是一个非常简单的程序，其中创建了一个 Pygame 窗口。

代码清单 16-1 创建 Pygame 窗口

```
import pygame
pygame.init()
screen = pygame.display.set_mode([640, 480])
```

尝试运行这个程序，你看到了什么输出结果？其实这要取决于你当前使用的操作系统，你可能会看到屏幕中非常快速地弹出了一个黑色窗口，也可能会发现这个弹出的窗口根本无法关闭。这是怎么回事呢？

其实，Pygame 模块主要用于编写游戏。除了运行既定的程序，游戏还需要不停地与玩家交互。因此，Pygame 模块中有一个**事件循环**（event loop），它会不断地检查用户的动作，比如按键、移动鼠标或关闭窗口等。Pygame 模块需要这样的事件循环一直在后台运行，而代码清单 16-1 中并没有启动事件循环，所以程序没有正常工作。

要想让 Pygame 模块的事件循环一直运行下去，可以使用 while 循环。我们希望这个事件循环可以随着程序的运行而一直运行下去。因为 Pygame 程序通常没有菜单，所以用户要关闭程序的话，可以使用窗口右上角的"×"（Windows 系统），或者左上角的关闭按钮（macOS 系统）。对 Linux 系统来说，关闭按钮的位置取决于当前使用的窗口管理器和 GUI 框架，当然如果你正在使用 Linux，应该知道如何关闭窗口。

代码清单 16-2 中的程序打开了一个 Pygame 窗口，并在用户关闭窗口之前一直保持着运行状态：

代码清单 16-2 使 Pygame 窗口正常工作

```
import pygame
pygame.init()
screen = pygame.display.set_mode([640, 480])
running = True
while running:
    for event in pygame.event.get():
        if event.type == pygame.QUIT:
            running = False
pygame.quit()
```

运行这段代码，就会看到一个可以正常工作的 Pygame 窗口，如图 16-1 所示。该窗口会在你执行关闭操作时关闭。

图 16-1 Pygame 窗口

可是 while 循环中的语句到底是如何运行的呢？其实这就是因为使用了 Pygame 模块的事件循环。第 18 章会涉及事件循环的相关内容，到时候我们会深入了解 Pygame 模块中的事件。

16.3 在 Pygame 窗口中画图

现在我们已经有了一个 Pygame 窗口，这个窗口会一直开着，直到我们执行关闭操作时，它才会立即关闭。在代码清单 16-2 中，第 3 行的 [640，480] 是窗口的大小，表示宽为 640 像素，高为 480 像素。下面我们在这个窗口中画一些图形，这需要修改程序，如代码清单 16-3 所示。

代码清单 16-3　画一个圆

```
import pygame, sys
pygame.init()
screen = pygame.display.set_mode([640,480])
screen.fill([255,255,255])                         ◀──── 用白色背景填充窗口        增加这 3 行
pygame.draw.circle(screen, [255,0,0],[100,100], 30, 0)                              代码
pygame.display.flip()
running = True               把你的显示器翻过
while running:               来……开玩笑的，
    for event in pygame.event.get():      别当真！
        if event.type == pygame.QUIT:                        画一个圆
            running = False
pygame.quit()
```

16.3.1   图形切换

在代码清单 16-3 的第 3 行中，我们创建了显示对象 screen。Pygame 模块中的显示对象或者所有在 Pygame 窗口中显示的对象都有两个副本，这样做的原因是，当处理动画时，我们希望动画能够尽可能地流畅，显示速度能够尽可能地快。这样的话，每当对图形做出微小的改动时，我们不用时刻刷新屏幕，而是可以等图形做出足够多的改动后再"切换"（flip）到这个图形的最新版本。也就是一次性显示对图形的所有改动，而不是一个紧接着一个地刷新每一个微小的变化。这样一来，屏幕上就不会出现只画了一半的圆、外星人或其他东西。

我们可以把这两个副本当作"当前屏"和"下一屏"。当前屏就是我们现在看到的图形，下一屏是完成"切换"之后看到的图形。当我们完成"下一屏"上的所有改动后，再把图形切换到下一屏，就能看到所有这些改动了。

16.3.2   怎样画一个圆

当运行代码清单 16-3 中的程序时，应该可以看到，在窗口左上角附近有一个红色的圆，如图 16-2 所示。

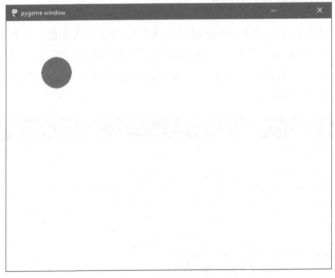

图 16-2   运行程序得到的结果

这其实一点都不奇怪,因为 `pygame.draw.circle()` 函数就是用来画圆的。可是在画圆时,你必须告诉函数以下 5 点,以代码清单 16-3 为例。

❏ 圆所在的表面(surface),这里是在第 3 行代码中定义的表面,这个表面叫作 screen,也就是显示图形的表面。

❏ 圆的颜色,这里是红色,对应的 RGB 值为 [255, 0, 0]。

❏ 圆的位置,这里是坐标为 [100, 100] 的位置,该坐标表示从左上角垂直向下 100 像素,然后水平向右 100 像素。

❏ 圆的大小,这里只需指定半径,表示圆心到其周边任意一点的线段的长度,单位是像素。这里是 30 像素。

❏ 圆边的线宽(width)。如果 width = 0,那么这个圆就是实心的,这里就采用了完全填充的方式。

接下来的 5 小节将依次介绍上面这 5 点。

术语箱

像素(pixel)是"图像元素"(picture element)的简写,表示屏幕上或图像中的一个点。在图像浏览器中查看图片时,把图片充分放大后,就可以看到像素点。下面分别是一张照片的正常视图和放大视图,在放大视图中就可以看到像素点。

像素点

典型的计算机屏幕可能有 1080 行像素点,每行由 1920 个像素点组成,这时我们就说这个屏幕的"分辨率是 1920 × 1080"。这两个数字不是固定的,有些屏幕的像素点可能会更多,有些屏幕的像素点则可能更少。

16.3.3 Pygame 表面

在现实生活中,如果我让你画一幅画,你可能会先问画在哪儿。在 Pygame 模块中,我们在一个表面上画图。显示表面就是在屏幕上呈现的表面,也就是代码清单 16-3 中的 screen。不过 Pygame 模块中可以有多个表面,我们可以把图像从一个表面复制到另一个表面上,还可以对表面做一些处理,比如旋转或者调整其大小(放大或缩小表面）。

前面提到过，显示表面（如 screen）有两个副本。用软件术语来讲，显示表面是双缓冲的（double-buffered）。正是因为这个原因，我们不会在屏幕上看到只画了一半的形状和图像。我们会先在缓冲区中画圆、外星人或者其他东西，然后通过"切换"显示表面来显示已经绘制完成的图像。

16.3.4　Pygame 模块中的颜色

Pygame 模块中的颜色系统适用于很多计算机语言和程序，称为 RGB 颜色，其中 R、G、B 分别代表红、绿、蓝。

可能你已经在科学课上学过了，光的三原色是红、绿、蓝，我们可以通过混合这 3 种颜色得到任何颜色。在计算机上也采用了同样的做法，每种颜色都对应一个介于 0 和 255 之间的整数。任何颜色都可以由一个包含 3 个整数的列表来指定，其中每个整数的取值范围是 0 ～ 255。如果 3 个数字都是 0，那就对应纯黑色。如果 3 个数字都是 255，那么 3 种颜色会以最大亮度混合在一起，也就是纯白色。如果某种颜色的值是 [255, 0, 0]，就表示纯红色，即没有绿色和蓝色。同理，纯绿色就是 [0, 255, 0]，纯蓝色就是 [0, 0, 255]。如果 3 个数字都一样，比如 [150, 150, 150]，就表示某种程度的灰色。数字越小，灰度就越深，数字越大，灰度就越浅。

颜色名称

Pygame 模块已经定义了一个颜色列表，其中每种颜色都有固定名称。如果你不想使用 [R, G, B] 记法，那么就可以使用这些现有的颜色。这个列表提供了 600 多种颜色，这里不再一一列明。如果你想看看到底有哪些颜色，可以在硬盘上搜索 colordict.py 文件，然后在文本编辑器中打开这个文件就可以看到了。

如果你想使用这些颜色，就要在程序的开始处添加一行代码：

```
from pygame.color import THECOLORS
```

然后，在使用某种颜色时，就可以键入一行代码，以代码清单 16-3 为例：

```
pygame.draw.circle(screen, THECOLORS["red"], [100,100], 30, 0).
```

如果你想试验一下，看看这 3 种颜色是如何混合成不同颜色的，可以试着运行 colormixer.py 程序。当运行本书的安装程序时，这个程序会被复制到 examples 文件夹中。运行这个程序，就可以尝试任意组合红、绿、蓝这 3 种颜色，看看你能够得到什么颜色。

到底怎么回事?

为什么每种颜色的最大值是 255 呢？每种颜色的取值范围是 0 ~ 255，也就意味着每种颜色有 256 种可能，256 这个数字有什么特别之处呢？为什么不是 200、300 或者 500 呢？

在计算机中，8 位总共能够表示 256 个数值，也就是所有由 1 或 0 构成的 8 位数有 256 种可能。8 位也称为 1 字节，字节是最小可寻址内存单位。计算机就是利用地址来查找某段内存空间的。

就像在街道上一样，你家房子或所在公寓会有一个地址，但是你的房间没有。房子或公寓就是最小可寻址单位，字节则是计算机内存中的最小可寻址单位。

我们也可以用 8 位以上的数值来表示每种颜色，不过，不完整的字节使用起来会很不方便，因此最近的就是 16 位（2 字节）[①]。事实证明，根据人眼识别颜色的方式，用 8 位表示的 256 种颜色完全足够了。

由于每种颜色分别有 3 个数值（红、绿、蓝），而且每个数值有 8 位，也就是每种颜色有 24 位，因此这种表示颜色的方法也称为 "24 位 RGB 颜色"。每个像素点都使用 24 位，红、绿、蓝分别使用 8 位。

16.3.5　位置——屏幕坐标

如果想在屏幕上绘制或显示某个东西，你就需要在屏幕上指定这个东西的具体位置，即坐标。这需要使用两个数字：一个对应 x 轴（水平方向），另一个对应 y 轴（垂直方向）。在 Pygame 模块中，我们把窗口左上角的坐标记为 [0, 0]，其他都以此为基础来计算。

当你看到类似 [320, 240] 这样的一组数字时，必须知道第一个数字表示水平方向上的坐标，第二个数字表示垂直方向上的坐标，它们分别是相对于左边界以及上边界的距离。在数学和编程中，字母 x 通常表示水平距离，字母 y 通常表示垂直距离。

我们创建了宽为 640 像素、高为 480 像素的窗口。如果要在这个窗口的中央画圆，那么就需要在 [320, 240] 坐标处绘制，如图 16-3 所示。这个位置离左边界有 320 像素，而离上边界有 240 像素。

---

① 那时会有 "256 乘 256" 种可能，即 65 536 种颜色。——编者注

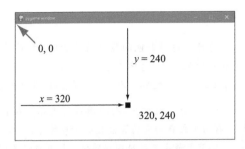

图 16-3 [320, 240] 坐标位置示意图

下面我们就来尝试在窗口中央画圆，运行代码清单 16-4 中的程序。

代码清单 16-4 在窗口中央画圆

```
import pygame, sys
pygame.init()
screen = pygame.display.set_mode([640,480])
screen.fill([255, 255, 255])
pygame.draw.circle(screen, [255,0,0],[320,240], 30, 0)
pygame.display.flip()
running = True
while running:
    for event in pygame.event.get():
        if event.type == pygame.QUIT:
            running = False
pygame.quit()
```

将代码清单 16-3 中
的 **[100, 100]** 改
为 **[320, 240]**

这里使用坐标 [320, 240] 作为圆心。你可以比较代码清单 16-3 的运行结果与代码清单 16-4 的运行结果，看看有什么差别。

16.3.6 形状大小

在使用 Pygame 模块中的 draw 函数绘制图形时，必须指定图形的尺寸。对圆来说，只有一个尺寸，也就是半径，而像矩形之类的图形，则必须指定长和宽两个尺寸。

Pygame 模块中有一种特殊的对象，叫作 Rect[①]，用来定义矩形区域。Rect 对象要使用目标矩形的左上角坐标、宽和高来定义该图形：

Rect(left, top, width, height)

上面同时定义了矩形的位置和大小。下面是 Rect 对象的例子：

my_rect = Rect(250, 150, 300, 200)

---

① "矩形"在英语中叫作 rectangle，这里 Rect 是该英文单词的缩写。——编者注

上面的代码会创建一个矩形，它的左上角距离窗口左边界 250 像素，距离窗口上边界 150 像素，宽为 300 像素，高为 200 像素。下面来测试一下。

用下面这行代码替换代码清单 16-4 中的第 5 行代码，看看结果是什么样的：

```
pygame.draw.rect(screen, [255,0,0], [250, 150, 300, 200], 0)
```

矩形的颜色　　　矩形的位置和大小　　线宽（或填充）

由于矩形的位置和大小既可以用一个简单的数值列表（或元组）来表示，也可以用 **Pygame** 模块中的 Rect 对象来表示，因此前面那一行代码还可以替换为下面这两行代码：

```
my_list = [250, 150, 300, 200]
pygame.draw.rect(screen, [255,0,0], my_list, 0)
```

或者下面这两行：

```
my_rect = pygame.Rect(250, 150, 300, 200)
pygame.draw.rect(screen, [255,0,0], my_rect, 0)
```

图 16-4 中的就是我们最后得到的矩形，这里加入了一些尺寸标注来说明每个数字分别代表什么含义。

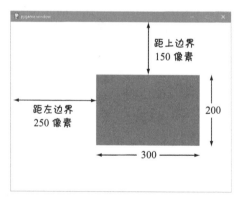

图 16-4　定义矩形区域

注意，这里只向 pygame.draw.rect 传递了 4 个参数，因为 Rect 对象已经通过参数 my_list（或 my_rect）表示了图形的位置和大小。而在 pygame.draw.circle 中，圆形的位置和大小分别由不同的参数表示，所以需要传递 5 个参数。

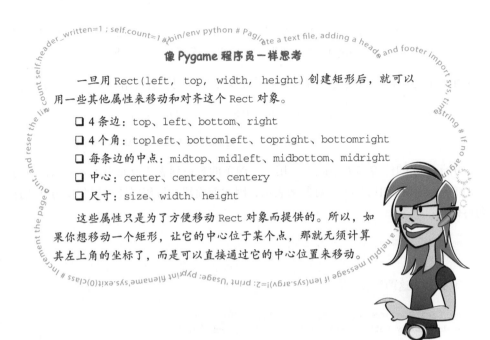

像 Pygame 程序员一样思考

一旦用 Rect(left, top, width, height) 创建矩形后, 就可以用一些其他属性来移动和对齐这个 Rect 对象。

❑ 4 条边: top、left、bottom、right

❑ 4 个角: topleft、bottomleft、topright、bottomright

❑ 每条边的中点: midtop、midleft、midbottom、midright

❑ 中心: center、centerx、centery

❑ 尺寸: size、width、height

这些属性只是为了方便移动 Rect 对象而提供的。所以, 如果你想移动一个矩形, 让它的中心位于某个点, 那就无须计算其左上角的坐标了, 而是可以直接通过它的中心位置来移动。

16.3.7　线宽

当绘制图形时, 最后需要指定线的粗细。在之前的几个例子中, 我们用的线宽都是 0, 0 表示填充整个图形。如果使用不同的线宽, 我们就能看到图形的轮廓了。

接下来试着把线宽的值改为 2:

```
pygame.draw.rect(screen, [255,0,0], [250, 150, 300, 200], 2)
```

◤ 把线宽设置为 2

试试看有什么变化。再试试其他线宽, 效果如何呢?

16.3.8　现代艺术

想不想让计算机生成现代艺术作品呢? 试一下也无妨, 试着运行代码清单 16-5 中的程序。你也可以在代码清单 16-4 的基础上做些修改, 或者直接重新键入代码。

代码清单 16-5　使用 draw.rect 实现艺术创作

```
import pygame, sys, random
pygame.init()
screen = pygame.display.set_mode([640,480])
screen.fill([255, 255, 255])
for i in range (100):
    width = random.randint(0, 250)
```

```
    height = random.randint(0, 100)
    top = random.randint(0, 400)
    left = random.randint(0, 500)
    pygame.draw.rect(screen, [0,0,0], [left, top, width, height], 1)
pygame.display.flip()
running = True
while running:
    for event in pygame.event.get():
        if event.type == pygame.QUIT:
            running = False
pygame.quit()
```

运行上面的这个程序，看看是否会出现图 16-5 中的图形。

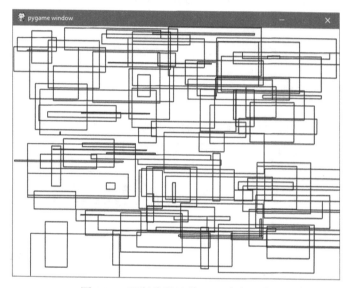

图 16-5　运行代码清单 16-5 中的程序

你明白这个程序的运行方式了吗？它会随机画出 100 个大小不等、位置不同的矩形。为了让这个图形更具艺术性，可以再加入一些颜色，另外还可以将线宽也设为随机粗细，如代码清单 16-6 所示。

代码清单 16-6　绘制彩色的现代艺术作品

```
import pygame, sys, random
from pygame.color import THECOLORS
pygame.init()
screen = pygame.display.set_mode([640,480])
screen.fill([255, 255, 255])
for i in range (100):
    width = random.randint(0, 250)
    height = random.randint(0, 100)
    top = random.randint(0, 400)
```

```
    left = random.randint(0, 500)
    color_name = random.choice(list(THECOLORS.keys()))    ← 暂时无须考虑这行
    color = THECOLORS[color_name]                              代码的运行方式
    line_width = random.randint(1, 3)
    pygame.draw.rect(screen, color, [left, top, width, height], line_width)
pygame.display.flip()
running = True
while running:
    for event in pygame.event.get():
        if event.type == pygame.QUIT:
            running = False
pygame.quit()
```

当每次运行这个程序时，你都会看到不同的图形。如果你发现一些看起来不错的图形，可以给它起个富有想象力的名字，比如"机器之声"，看看能不能把它卖到当地的美术馆去！

16.4 单个像素点

有时我们并不想画一个圆或矩形，而是想画出单个的像素点或单位像素。比如，我们想编写一个数学程序，用它来画出一条正弦曲线。

嘿，伙计！这些正弦曲线通常用来表示声音，比如音乐。

叫我吗？我喜欢在此起彼伏的海浪上创作音乐。

别担心，放松点！

如果你不知道什么是正弦曲线也没关系。在学习本章的内容时，只要知道这是一种波浪形的曲线就可以了。

另外，你也不用担心后面几个示例程序中的数学公式，只要完全按照代码清单键入这些代码就可以了。那些数学公式只是为了确保我们可以画出大小合适的波浪形状，并将这些图形放入我们的 Pygame 窗口中。

因为不存在 pygame.draw.sinewave() 这样的方法，所以我们必须要用单个的像素点来画出这样一条正弦曲线。一种方法是使用很小的圆或矩形，这些圆或矩形的大小只有 1 像素或 2 像素。这里用矩形来画正弦曲线，如代码清单 16-7 所示。

代码清单 16-7 用大量很小的矩形画出正弦曲线

```
import pygame, sys
import math          ← 导入数学函数,
pygame.init()           包括 sin()
screen = pygame.display.set_mode([640,480])    从左到右循环(x 的取
screen.fill([255, 255, 255])                   值范围是 0 ~ 639)
for x in range(0, 640):                                  计算每个点的 y
    y = int(math.sin(x/640 * 4 * math.pi) * 200 + 240)   坐标(垂直坐标)
    pygame.draw.rect(screen, [0,0,0],[x, y, 1, 1], 1)
pygame.display.flip()
running = True                 使用小矩形来画点
while running:
    for event in pygame.event.get():
        if event.type == pygame.QUIT:
            running = False
pygame.quit()
```

运行这个程序,这时会看到一条正弦曲线,如图 16-6 所示。

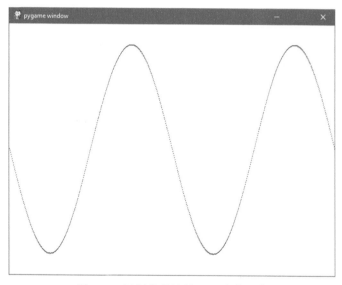

图 16-6 运行代码清单 16-7 中的程序

每个点都是宽和高均为 1 像素的矩形。注意,这里使用的线宽为 1,而不是 0。如果线宽为 0,屏幕上什么都不会显示,因为这样一个矩形没有"中间部分"可供填充。

16.4.1 多点连线

如果你看得很仔细,就会注意到,其实图 16-6 中的正弦曲线并不是连续的,曲线上的各点之间存在空格。这是因为,在正弦曲线比较陡的地方,我们必须上移(或下移)3 像素,而向右只能移动 1 像素。而且,由于我们画的是单个的像素点,而不

是连续的线，因此没有东西可以用来填充像素点和像素点之间的间隔。

现在还是画曲线，不过要用一条短线把每个像素点都连接起来。虽然 Pygame 模块中确实有一个画线的方法，但是还有一个方法可以通过连接一系列点来画线（类似于"多点连线"）。这个方法就是 pygame.draw.lines()，它需要下面这 5 个参数。

❑ 画线的表面（surface）。

❑ 线的颜色（color）。

❑ 是否要将线上的最后一个点与第一个点连接起来，使线条闭合（closed）。我们并不希望正弦曲线闭合，所以 closed 参数值为 False。

❑ 要连接的所有点的列表（list）。

❑ 线宽（width）。

在正弦曲线例子中，可以这样调用 pygame.draw.lines() 方法：

```
pygame.draw.lines(screen, [0,0,0], False, plotPoints, 1)
```

我们不需要在 for 循环中画出所有的点，而只是创建了 draw.lines() 方法将要连接的所有点的列表，然后在 for 循环外调用一次 draw.lines() 方法，如代码清单 16-8 所示。

代码清单 16-8　一条完美连接的正弦曲线

```
import pygame, sys
import math
pygame.init()
screen = pygame.display.set_mode([640,480])
screen.fill([255, 255, 255])
plotPoints = []
for x in range(0, 640):
    y = int(math.sin(x/640 * 4 * math.pi) * 200 + 240)    ← 计算每个点的 y 坐标
    plotPoints.append([x, y])                              ← 将所有点添加到列表中
pygame.draw.lines(screen, [0,0,0], False, plotPoints, 1)
pygame.display.flip()                                      ← 用 draw.lines()
running = True                                                方法画出整条曲线
while running:
    for event in pygame.event.get():
        if event.type == pygame.QUIT:
            running = False
pygame.quit()
```

现在运行这个程序，就可以看到图 16-7 中的曲线了。

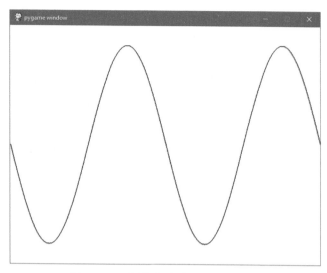

图 16-7　运行代码清单 16-8 中的程序

这就比图 16-6 中的曲线好看多了，点与点之间不再有间隔。如果再把线宽增加到 2，连接效果会更好，如图 16-8 所示。

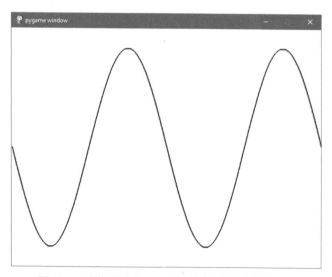

图 16-8　将代码清单 16-8 中的程序的线宽增加到 2

16.4.2　再来连接多个点

还记得小时候玩过的连数字画图游戏吗？这里我们使用 Pygame 模块来制作这个游戏。

代码清单 16-9 中的程序使用了 draw.lines() 方法和一个包含点的列表来绘制图形。要想看到这个神秘的图形，必须手动键入代码清单 16-9 中的程序。这一次真的没有捷径可走了！因为我们并没有把这个程序存放在 examples 文件夹中，如果你想看到这个神秘图片，就必须手动键入程序。不过，由于键入这些数字可能会比较烦琐，因此你可以在 examples 文件夹中或本书网站上的一个文本文件中找到这个 dots 列表。

代码清单 16-9　连连看神秘图片

```
import pygame, sys
pygame.init()

dots = [[221, 432], [225, 331], [133, 342], [141, 310],
        [51, 230],  [74, 217],  [58, 153],  [114, 164],
        [123, 135], [176, 190], [159, 77],  [193, 93],
        [230, 28],  [267, 93],  [301, 77],  [284, 190],
        [327, 135], [336, 164], [402, 153], [386, 217],
        [409, 230], [319, 310], [327, 342], [233, 331],
        [237, 432]]

screen = pygame.display.set_mode([640,480])
screen.fill([255, 255, 255])
pygame.draw.lines(screen, [255,0,0], True, dots, 2)   ◄── 这一次 closed
pygame.display.flip()                                      的值为 True
running = True
while running:
    for event in pygame.event.get():
        if event.type == pygame.QUIT:
            running = False
pygame.quit()
```

16.4.3　逐点绘制

下面再来看看逐点绘制的方法。如果我们只想改变一个像素点的颜色，这时画一个小圆或矩形就没有意义了。这时可以不用 draw.lines() 方法，而是用 surface.set_at() 方法来修改一个表面上的任意像素点。你需要具体指出要设置的像素点，以及要设置的颜色：

```
screen.set_at([x, y], [0, 0, 0])
```

如果我们在正弦曲线的例子中使用上面这行代码，也就是将代码清单 16-7 的第 8 行替换为它，运行后看上去跟用 1 像素宽的矩形画出来的结果是完全相同的。

我们还可以用 surface.get_at() 方法来查看像素的颜色，只要向这个方法传入要查看的像素点的坐标即可，比如 pixel_color = screen.get_at([320, 240])。这里的 screen 是画图表面的名字。

16.5　图像

在屏幕上绘制形状、线条和单个的像素点只是制作图形的一种方式而已。有时候我们还想在程序中使用在其他地方获得的图片，比如某张数码照片、从网上下载的某些图片或者在图像编辑软件中创建的图片等。在 Pygame 模块中，使用图片最简单的方法就是利用 image 函数。

下面来看一个例子。我们要在程序中显示一张图片，如果你用本书附带的安装程序安装了 Python，这张图片就已经在你的硬盘上了。本书的安装程序会在 examples 文件夹中创建一个 images 子文件夹，我们要用的文件就是这个文件夹中的 beach_ball.png。因此如果用的是 Windows 系统，你就可以在下面这个位置找到这个文件：C:\Program Files\HelloWorld\examples\images\beach_ball.png。

在编写这个程序时，要把 beach_ball.png 文件复制到保存 Python 程序的同一个目录下。这样一来，当程序运行时，Python 就能很容易地找到这个文件了。将 beach_ball.png 文件放到正确的位置后，就可以键入代码清单 16-10 中的程序，然后试着运行这个程序。

如果没有使用本书的安装程序，那么可以在本书的网站上搜索并下载 beach_ball.png。

代码清单 16-10　在 Pygame 窗口中显示沙滩球图片

```
import pygame, sys
pygame.init()
screen = pygame.display.set_mode([640,480])
screen.fill([255, 255, 255])
my_ball = pygame.image.load("beach_ball.png")   只有这两行代码是新加的
screen.blit(my_ball, [50, 50])
pygame.display.flip()
running = True
while running:
    for event in pygame.event.get():
        if event.type == pygame.QUIT:
            running = False
pygame.quit()
```

运行这个程序后，你会看到一张沙滩球的图片显示在 Pygame 窗口的左上角附近，如图 16-9 所示。

图 16-9 运行代码清单 16-10 中的程序

在代码清单 16-10 中，只有第 5 行代码和第 6 行代码是新加的，其他代码都在代码清单 16-3 到代码清单 16-9 中出现过了。这里我们把前面例子中涉及 draw.lines() 方法的代码替换为从硬盘加载（load）并显示图片的代码。

在程序的第 5 行中，pygame.image.load() 方法从硬盘加载一张图片，并创建一个叫作 my_ball 的对象。16.3.3 节讨论过表面，my_ball 就是一个表面。不过它只在内存中，并不会在屏幕上呈现出来。我们唯一能看到的表面是显示表面，叫作 screen（在第 3 行中创建）。第 6 行把 my_ball 表面复制到 screen 表面上，然后跟前面一样，调用 display.flip() 就可以显示图片了。

> 我才不玩不会动的沙滩球！

没关系的，卡特。我们很快就可以移动这个球了！

你可能已经注意到了代码清单 16-10 的第 6 行中有一个看上去很有趣的东西：screen.blit()。"blit" 是什么意思呢？下面的"术语箱"会告诉你答案。

术语箱

当完成图形编程时，将像素点从一个地方复制到另一个地方是很常见的，比如从变量复制到屏幕，或者从一个表面复制到另一个表面。这个过程在编程中有一个特殊的名字，叫作块移（blit），也就是说将一个图像（也可以是图像的一部分或者一些像素点）从一个地方"块移"到另一个地方。这只是"复制"的一种有趣的说法，不过当看到"块移"时，你就会知道复制的对象是像素点，而不是其他内容。

在 Pygame 模块中，我们可以将像素从一个表面复制或块移到另一个表面上，这里就是将像素从 my_ball 表面复制到 screen 表面上。

在代码清单 16-10 中的第 6 行，我们把沙滩球图片块移到了 [50, 50] 的位置，表示距窗口左边界 50 像素，距窗口上边界 50 像素。在使用 surface 或 Rect 时，我们通常会设置图像左上角的坐标。所以这张图片的左边距离窗口左边界有 50 像素，顶边距离窗口上边界也有 50 像素。

16.6 让球动起来

既然我们已经把沙滩球图片放到 Pygame 窗口中了，那接下来就让图片动起来吧。没错，我们要做一些动画！用计算机实现动画实际上就是把图像（一组像素点）从一个地方移动到另一个地方。下面就来移动我们的沙滩球吧。

移动沙滩球也就是要改变球的位置。先来尝试左右移动，为了确保能看到球的运动，我们把它向右移动 100 像素。在指定球位置的两个数字中，第一个数字表示左右方向（水平方向），所以要向右移动 100 像素，需要将第一个数增加 100。为了看到动画效果，我们还要加入延迟时间。

修改代码清单 16-10 中的程序：在 while 循环前加入 3 行代码，如代码清单 16-11 所示。

代码清单 16-11 移动沙滩球

```
import pygame, sys
pygame.init()
screen = pygame.display.set_mode([640,480])
screen.fill([255, 255, 255])
my_ball = pygame.image.load('beach_ball.png')
screen.blit(my_ball,[50, 50])
pygame.display.flip()
```

```
pygame.time.delay(2000)
screen.blit(my_ball,[150, 50])          这是 3 行新代码
pygame.display.flip()
running = True
while running:
    for event in pygame.event.get():
        if event.type == pygame.QUIT:
            running = False
pygame.quit()
```

运行这个程序，看看会发生什么。球移动了吗？嗯，确实移动了一点。你应该能看到两个沙滩球了，如图 16-10 所示。

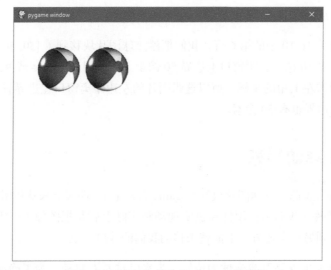

图 16-10　运行代码清单 16-11 中的程序

第一个球仍旧在原来的位置上，几秒之后，第二个沙滩球就出现在第一个球的右边了。这说明我们确实把这个沙滩球移到了右边，但忘了一件事，那就是擦除第一个球。

16.7　动画

在利用计算机图形制作动画时，移动一个图形通常要完成两个步骤。

1. 在新的位置上绘制图形。
2. 擦除原来位置上的图形。

我们已经完成了第一个步骤，也就是在新的位置上画出了球。现在要擦除原来位置上的球。不过"擦除"到底是什么意思呢？

16.7.1 擦除图像

如果我们用铅笔或粉笔画画，可以很容易地把画擦掉，只需要一块橡皮或一个黑板擦就可以了。但是如果画的是一幅水彩画呢？假设你画了一幅关于蓝天白云的水彩画，然后在蓝天上画了一只小鸟。那么怎么才能"擦除"这只小鸟呢？水彩画是擦不掉的，因此你必须在小鸟所在的位置上画上新的蓝天，这样就可以覆盖原来的小鸟。

与铅笔画或粉笔画不同，计算机图形就像水彩画一样。要"擦除"某个东西，你要做的实际上是把这个东西"盖住"。但是用什么来盖住呢？在上述水彩画中，天空是蓝色的，所以要用蓝色来覆盖小鸟。而 Pygame 窗口的背景是白色的，所以我们必须用白色来覆盖沙滩球。

让我们来试试看吧。修改代码清单 16-11 中的程序，新程序如代码清单 16-12 所示。其实只要增加一行代码就可以了。

代码清单 16-12　再次移动沙滩球

```
import pygame, sys
pygame.init()
screen = pygame.display.set_mode([640,480])
screen.fill([255, 255, 255])
my_ball = pygame.image.load('beach_ball.png')
screen.blit(my_ball,[50, 50])
pygame.display.flip()
pygame.time.delay(2000)
screen.blit(my_ball, [150, 50])
pygame.draw.rect(screen, [255,255,255], [50, 50, 90, 90], 0)     ← 这一行"擦除"了
pygame.display.flip()                                               第一个球
running = True
while running:
    for event in pygame.event.get():
        if event.type == pygame.QUIT:
            running = False
pygame.quit()
```

我们新键入了第 10 行代码，这样一来，在第一个沙滩球的位置上就出现了一个白色矩形。因为沙滩球图像的宽和高约为 90 像素，所以白色矩形的宽和高分别为 90 像素。运行代码清单 16-12 中的程序，这个沙滩球就会从原来的位置移到新的位置。

16.7.2 图像底下有什么

虽然用白色背景或水彩画中的蓝天背景来覆盖原来的图形非常容易，但是如果天空中飘着许多云或者背景上正好有棵树，应该怎么解决呢？这时就必须用云或树来覆盖鸟，才能把鸟擦掉。你必须知道原来的背景上有什么，也就是在你要擦除的

图像"底下"是什么,这一点非常重要。因此,在移动图像时,必须重绘这个图像出现前的原来的背景图。

在沙滩球的示例中,由于背景上只有白色,因此实现过程比较简单。不过如果背景是沙滩场景,我们就必须要画出正确的那部分背景图像,那就不只是涂上白色那么简单了,相反会难得多。其实还有一种做法,那就是重绘整个场景,然后再把沙滩球放到新的位置上。

16.8 更流畅的动画

到现在为止,我们已经让沙滩球移动一次了!下面来看看能不能用一种更逼真的方式移动沙滩球。在屏幕上绘制动画时,最好是小幅度移动图像,这样沙滩球运动起来才更流畅。下面来试试用更小的幅度移动沙滩球。

因为会移动很多步,所以除了要让每一次移动的幅度更小,还要增加一个循环来移动这个沙滩球。可以在代码清单 16-12 的基础上编辑代码,新程序如代码清单 16-13 所示。

代码清单 16-13　流畅地移动沙滩球

```
import pygame, sys
pygame.init()
screen = pygame.display.set_mode([640,480])
screen.fill([255, 255, 255])
my_ball = pygame.image.load('beach_ball.png')
x = 50                          增加这两行代码
y = 50
screen.blit(my_ball, [x, y])                          使用 x 和 y (而不是数字)
pygame.display.flip()
for looper in range (1, 100):    开始 for 循环
    pygame.time.delay(20)                 把 time.delay() 的
    pygame.draw.rect(screen, [255,255,255], [x, y, 90, 90], 0)   值从 2000 改为 20
    x = x + 5
    screen.blit(my_ball, [x, y])
    pygame.display.flip()
running = True
while running:
    for event in pygame.event.get():
        if event.type == pygame.QUIT:
            running = False
pygame.quit()
```

运行这个程序,应该能够看到沙滩球从原来的位置向右移动。

让球一直移动

在代码清单 16-13 的程序中，沙滩球一直移动到了窗口的最右边，然后就停下来了。现在我们要让球一直移动下去。

如果我们只是不断增加沙滩球 *x* 坐标的值，会发生什么呢？随着 *x* 坐标值的增加，沙滩球会一直向右移动。不过由于当前窗口（显示表面）的右边界是 x = 640，因此当 *x* 大于 640 时，沙滩球就会消失。试着把代码清单 16-13 中第 10 行的 for 循环改为以下代码：

```
for looper in range(1, 200):
```

现在的循环迭代次数是原先的两倍，沙滩球就会从边界消失！如果我们不想让它消失，可以采用以下两种做法。

- ❑ 让沙滩球从窗口边界反弹。
- ❑ 让沙滩球重新翻转到窗口的另一边。

下面就来看看如何实现这两种做法。

16.9　把球反弹回去

如果我们想让沙滩球在窗口的边界反弹回去，就要知道它什么时候会"碰到"窗口的边界，然后让它开始朝反方向移动。如果想让沙滩球一直来回移动，就要在窗口左右两边都做同样的处理。

在左边界上做判断较为容易，我们只要检查沙滩球的 *x* 坐标是不是 0（或者某个很小的数字）。

在右边界上判断的话，就要检查沙滩球的右边界是不是在窗口的右边界上。不过由于沙滩球的位置是按其左边界（左上角）而不是右边界设定的，因此必须减去沙滩球的直径，如图 16-11 所示。

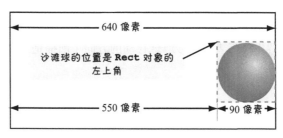

图 16-11　判断球的右边界

当沙滩球向窗口右边移动到 *x* 坐标等于 550 的位置时，让沙滩球反弹回来，即让它朝反方向移动。

为了简化问题，我们要修改原来的代码。

❑ 我们想让沙滩球一直来回反弹，直到 Pygame 窗口关闭为止。现在程序中已经有一个 while 循环了，只要 Pygame 窗口没有关闭，这个循环就会一直运行下去。因此我们要把控制沙滩球显示的代码移到 while 循环内部，也就是程序最后一部分中的 while 循环里面。

❑ 我们不会每次都将沙滩球的 *x* 坐标增加 5，而是要创建一个新的变量 speed，用它来确定每次循环迭代时沙滩球移动的速度。我们可以把 speed 的值设为 10，加快沙滩球移动的速度，代码清单 16-14 中的是新代码。

代码清单 16-14　让沙滩球反弹

```
import pygame, sys
pygame.init()
screen = pygame.display.set_mode([640,480])
screen.fill([255, 255, 255])
my_ball = pygame.image.load('beach_ball.png')
x = 50
y = 50
x_speed = 10          ←         这是 speed 变量

running = True                              把显示沙滩球的
while running:                              代码放在这里，
    for event in pygame.event.get():        也就是 while
        if event.type == pygame.QUIT:       循环内部
            running = False

    pygame.time.delay(20)
    pygame.draw.rect(screen, [255,255,255], [x, y, 90, 90], 0)
    x = x + x_speed
    if x > screen.get_width() - 90 or x < 0:   ←   判断沙滩球是否碰
        x_speed = - x_speed                        到窗口的任意边界
    screen.blit(my_ball, [x, y])
    pygame.display.flip()           如果碰到任意边界，就改变速度的符号（添加
pygame.quit()                       或删去负号），让沙滩球朝反方向移动
```

在这个程序中，让沙滩球在窗口左右两边反弹的关键是两行代码：if x > screen.get_width() - 90 or x < 0: 和 x_speed = - x_speed。前者检查沙滩球是否在窗口的边界上，后者改变沙滩球移动的方向（前提是碰到了边界）。

试试看效果怎么样吧。

在二维空间中反弹

到现在为止，我们只是让沙滩球在水平方向上移动，这是在一维空间上的运动。现在我们要让沙滩球同时上下移动。为此，我们只要再做一些修改就可以了，如代码清单 16-15 所示。

代码清单 16-15　让沙滩球在二维空间中反弹

```
import pygame, sys
pygame.init()
screen = pygame.display.set_mode([640,480])
screen.fill([255, 255, 255])
my_ball = pygame.image.load('beach_ball.png')
x = 50
y = 50
x_speed = 10
y_speed = 10                      ← 加入 y_speed 相关
running = True                       代码（垂直运动）
while running:
    for event in pygame.event.get():
        if event.type == pygame.QUIT:
            running = False
            pygame.time.delay(20)
    pygame.draw.rect(screen, [255,255,255], [x, y, 90, 90], 0) ◄
    x = x + x_speed
    y = y + y_speed              ←————————  加入 y_speed 的相
    if x > screen.get_width() - 90 or x < 0:          关代码（垂直运动）
        x_speed = - x_speed
    if y > screen.get_height() - 90 or y < 0:   让沙滩球在窗口的上边界
        y_speed = - y_speed                     和下边界之间反弹
    screen.blit(my_ball, [x, y])
    pygame.display.flip()
pygame.quit()
```

这里新增加了几行代码，分别是第 9 行（y_speed = 10）、第 18 行（y = y + y_speed）、第 21 行（if y > screen.get_height() - 90 or y < 0:）和第 22 行（y_speed = - y_speed）。现在试试看效果怎么样吧！

如果想降低沙滩球的移动速度，我们可以通过下面两种做法来实现。

❑ 减小速度变量（x_speed 和 y_speed）的值。这样做会缩短沙滩球每一次移动的距离，它的运动也会更加流畅。

❑ 增加动作延迟时间。在代码清单 16-15 中，延迟时间是 20。这是以毫秒为单位的，1 毫秒等于 0.001 秒。也就是说，每次循环时，程序都会等待 0.02 秒。如果增加延迟时间，沙滩球的运动就会变慢。如果减少延迟时间，沙滩球的运动就会加速。

试着改变沙滩球的移动速度和延迟时间，看看最后的效果会怎么样。

16.10 让球翻转

除了把球从边界上反弹回去外，我们还可以翻转球，继续让它保持运动。也就是说，当这个球在窗口的右边界消失时，它会在窗口的左边界上再次出现。

为了让问题更简单一些，我们先来看只有水平运动的情况，如代码清单 16-16 所示。

代码清单 16-16　利用翻转来移动沙滩球

```
import pygame, sys
pygame.init()
screen = pygame.display.set_mode([640,480])
screen.fill([255, 255, 255])
my_ball = pygame.image.load('beach_ball.png')
x = 50
y = 50
x_speed = 5
running = True
while running:
    for event in pygame.event.get():
        if event.type == pygame.QUIT:
            running = False
    pygame.time.delay(20)
    pygame.draw.rect(screen, [255,255,255], [x, y, 90, 90], 0)
    x = x + x_speed
    if x > screen.get_width():        ◄──── 判断沙滩球是否在窗口的右边界上
        x = 0                         ◄──── 如果是，就让沙滩球重新从左边界上出现
    screen.blit(my_ball, [x, y])
    pygame.display.flip()
pygame.quit()
```

带有注解的这两行代码用来检查沙滩球是否到达了窗口的右边界，并在到达右边界时把它翻转（移回）到左边界。

在运行程序时，你可能会注意到，当碰到右边界时，沙滩球会"突然跳到"[0, 50] 的位置（左边界）。这时，如果沙滩球是从窗口外"滑入"左边界的，会显得更自然一些。你可以把第 18 行的 x = 0 改为 x = - 90，然后重新运行一下，看看这两种方法有什么区别。

你学到了什么

哇！本章的内容可真多啊！你学到了以下内容。

❑ 使用 Pygame 模块。

❑ 创建图形窗口并在其中绘制一些形状。

❑ 设置计算机图片中的颜色。

❑ 把图像复制到图形窗口中。

❑ 实现动画效果，包括在将图像移动到新的位置时"擦除"原来位置上的图像。

❑ 让沙滩球在窗口中"反弹"。

❑ 让沙滩球在窗口中"翻转"。

测试题

扫码查看
习题答案

1. RGB 值 [255, 255, 255] 表示什么颜色？

2. RGB 值 [0, 255, 0] 表示什么颜色？

3. 可以使用 Pygame 模块中的哪个方法来画矩形？

4. 可以使用 Pygame 模块中的哪个方法实现多点连线？

5. "像素"是什么意思？

6. 在 Pygame 窗口中，[0, 0] 表示哪个位置？

7. 如果 Pygame 窗口的宽为 600 像素，高为 400 像素，图中哪个字母的坐标是 [50, 200] ？

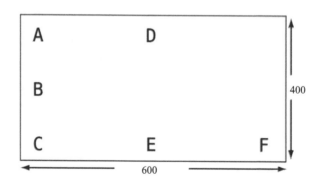

8. 再次看第 7 题中的图，其中哪个字母的坐标是 [300, 50] ？

9. Pygame 模块中的哪个方法可以将图像复制到表面上（如显示表面）？

10. 在移动图像或制作动画时有哪两个主要的步骤？

动手试一试

1. 我们只讨论了怎么画圆和矩形。其实 Pygame 模块还提供了其他方法，可以画直线、弧线、椭圆和多边形等。试着在程序中用这些方法画一些其他形状出来吧。

你可以在 Pygame 的官方文档中了解上面这些方法的详细信息。如果不能上网，也可以在计算机硬盘上找到这个文档，就是通过在硬盘上搜索名为 pygame_draw.html 的文件。这个文件已经随 Pygame 安装了，只不过找起来可能会比较费时间。

此外，还可以使用 Python 的帮助系统（参见 6.6 节）。

```
>>> import pygame
>>> help()
help> pygame.draw
```

这个命令会返回一个列表，其中列出了不同的图形绘制方法以及关于每种方法的详细解释。

2. 使用不同的图像，试着修改沙滩球图像的示例程序。图像来源不限，可以在 examples\images 文件夹中选择，可以从网上下载，可以自行绘制，还可以使用数码相片。

3. 试着改变代码清单 16-15 或代码清单 16-16 中的 x_speed 和 y_speed 的值，来提高或降低沙滩球在不同方向上的移动速度。

4. 试着修改代码清单 16-15 中的程序，让球在隐形的墙或地板而不是窗口边界上反弹。

5. 再次浏览代码清单 16-5 到代码清单 16-7，试着把这 3 个程序中的 pygame.display.flip() 移到 for 循环中，也就是增加 4 个空格的缩进。然后在这行代码后面（仍然缩进 4 个空格），用下面这行代码增加延迟时间，看看会发生什么。

```
pygame.time.delay(30)
```

第 17 章
动画精灵和碰撞检测

本章将继续使用 Pygame 模块来完成动画制作，其中会涉及**动画精灵**（sprite），它可以用来跟踪在屏幕上移动的多个图像，还会涉及如何检测两个图像在屏幕上相互重叠或碰撞的情况，比如球碰到球拍或者飞船碰到小行星等。

17.1 动画精灵

我们已经在第 16 章中看到，一些看似简单的动画实现起来并不简单。如果有大量的图像在屏幕上随意移动，这时要想跟踪每个图像"底下"的背景，从而在图像移动时重绘部分屏幕区域，你可能就要费很大的功夫了。在沙滩球的例子中，由于背景是白色的，因此处理起来较为容易。但是可以想象一下，倘若背景上有一些其他图形，那么处理起来肯定会很复杂。

幸运的是，在处理图像移动方面，Pygame 模块提供了一些附加工具。我们把在屏幕上到处移动的图像或一个图像上的局部区域称为**动画精灵**，Pygame 模块中有一个特殊的模块专门用来处理动画精灵。有了这个模块，在处理移动的图形对象时，情况就简单多了。

在第 16 章中，我们让一个沙滩球在屏幕上一直反弹。如果我们想让一堆沙滩球同时在屏幕上一直反弹，该如何做呢？你可能会想，我们可以编写代码来逐个实现反弹动作，但是本章会介绍另一种方法，那就是使用 Pygame 模块中的 `sprite` 模块，这样编写代码会更简单。

术语箱

动画精灵的原理是将一组像素点作为一个整体来移动或显示，它是一种图形对象。

动画精灵一词源于老式的计算机和游戏机。那些老式的机器无法快速绘制和擦除图像，因此为了保证游戏正常运行，其中会配置一些特殊的硬件，专门用来处理需要快速移动的游戏类对象。这些快速运动的对象就称为动画精灵，它们虽然有一些特殊的限制，但是可以快速绘制和更新。现今计算机的运行速度已经足够快了，没有专门的硬件也可以很好地处理类似动画精灵的对象。但即使是这样，人们仍然会用动画精灵来表示二维游戏中的动画对象。

（摘自 Pete Shinners 的文章 "Pygame Tutorials—Sprite Module Introduction"。）

什么是动画精灵呢？你可以把动画精灵想象成一小张图片，也就是一种可以在屏幕上移动的图形对象，并且可以与屏幕上的其他图形对象进行交互。大多数动画精灵有以下两个基本属性。

❑ 图像（image）：动画精灵显示的图片。
❑ 矩形区（rect）：包含动画精灵的矩形区域。

动画精灵的图像可以用 Pygame 模块中的绘制函数来制作，比如在第 16 章中用 `pygame.draw.circle()` 方法绘制的圆，也可以是现有的图像文件。

17.1.1 Sprite 类

还记得第 14 章中的对象和类吗？Pygame 模块中的 sprite 模块提供了一个动画精灵的基类，叫作 Sprite 类。一般情况下，我们不会直接使用基类，而是会基于 `pygame.sprite.Sprite` 类来创建自己的子类。下面就来看一个例子，这里把我们的类命名为 Ball，其定义代码如下：

```
class Ball(pygame.sprite.Sprite):              初始化动画精灵
    def __init__(self, image_file, location):   在动画精灵中加载图像文件
        pygame.sprite.Sprite.__init__(self)
        self.image = pygame.image.load(image_file)
        self.rect = self.image.get_rect()        得到定义图像边界的矩形
        self.rect.left, self.rect.top = location  设置球的初始位置
```

注意这段代码的最后一行。location 是用 [x, y] 坐标表示的位置变量，这个变量是一个包含两个元素的列表。因此，可以把 location 中的两个元素（x 和 y）赋给等号左边的两个变量，也就是为动画精灵矩形的 left 属性和 top 属性赋值。

既然已经定义了 Ball 类，接下来就要创建这个类的一些实例了。记住，我们定义类只是构建一个蓝图，现在需要动手盖房子了。这里我们还是要用第 16 章中的代码来创建 Pygame 窗口，此外还要在屏幕上创建一些对象（球），并按行和列摆放。这里要用一个嵌套循环来实现：

```python
img_file = "beach_ball.png"
balls = []
for row in range (0, 3):
    for column in range (0, 3):
        location = [column * 180 + 10, row * 180 + 10]
        ball = Ball(img_file, location)
        balls.append(ball)
```

每次循环时都有一个不同的位置

在这个位置上创建一个球

把这些球收集到一个列表中

还记得第 16 章中提到的"块移"吧？接下来我们把这些球块移到显示表面上。

```python
for ball in balls:
    screen.blit(ball.image, ball.rect)
pygame.display.flip()
```

把上面这些代码都合并在一起，就构成了一个完整的程序，如代码清单 17-1 所示。

代码清单 17-1 使用动画精灵在屏幕上绘制一些球的图像

```python
import sys, pygame

class Ball(pygame.sprite.Sprite):
    def __init__(self, image_file, location):
        pygame.sprite.Sprite.__init__(self)
        self.image = pygame.image.load(image_file)
        self.rect = self.image.get_rect()
        self.rect.left, self.rect.top = location

size = width, height = 640, 480
screen = pygame.display.set_mode(size)
screen.fill([255, 255, 255])
img_file = "beach_ball.png"
balls = []
for row in range (0, 3):
    for column in range (0, 3):
        location = [column * 180 + 10, row * 180 + 10]
        ball = Ball(img_file, location)
        balls.append(ball)
for ball in balls:
    screen.blit(ball.image, ball.rect)
pygame.display.flip()

running = True
while running:
    for event in pygame.event.get():
        if event.type == pygame.QUIT:
            running = False
pygame.quit()
```

定义 Ball 类的子类

设置窗口大小

将球加入到列表中

运行这个程序，你会看到 Pygame 窗口中同时出现了 9 个沙滩球，如图 17-1 所示。

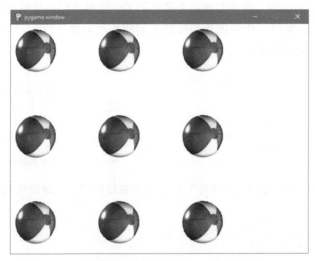

图 17-1　运行代码清单 17-1 中的程序

稍后，我们就会让这些球都移动起来。

注意，我们在代码清单 16-1 中设置了 Pygame 窗口的大小，但这里的代码（第 10 行和第 11 行）发生了小小的变化。

我们将代码清单 16-1 中的下面这行代码进行替换：

```
screen = pygame.display.set_mode([640,480])
```

这是替换后的代码：

```
size = width, height = 640, 480
screen = pygame.display.set_mode(size)
```

这段代码不仅设置了窗口的大小（这一点跟前面一样），而且定义了 width 和 height 两个变量（稍后就会使用）。换句话说，我们不仅定义了一个叫作 size 的元组（其中包含两个元素），还定义了两个整型变量 width 和 height，而且这些操作都是在一行语句中完成的，这一点太棒了！另外，这个元组的两边没有加中括号，这在 Python 中是合法的。

这说明，在 Python 中，有时同样的事情可以有多种实现方法。这些方法不存在优劣之分，不能说哪种方法一定比其他方法好，当然，前提是它们都能正常工作。尽管必须遵循 Python 的语法（语言规则）来编写代码，但我们还是有自由表述的空间。假设你让 10 位程序员编写同样的程序，你可能不会看到完全相同的代码。

17.1.2 `move()` 方法

由于我们把球创建为 Ball 类的实例了，因此可以用一种方法来移动这些球。下面就来定义一个新的方法，将其命名为 move()：

```
def move(self):
    self.rect = self.rect.move(self.speed)
    if self.rect.left < 0 or self.rect.right > width:
        self.speed[0] = -self.speed[0]

    if self.rect.top < 0 or self.rect.bottom > height:
        self.speed[1] = -self.speed[1]
```

> 检查是否碰到了窗口的左边界或右边界，如果碰到了，就让球向水平方向上的另一个边界移动

> 检查是否碰到了窗口的上边界或下边界，如果碰到了，就让球向垂直方向上的另一个边界移动

动画精灵（含 rect 的对象）内置了 move() 方法。这个方法需要 speed 参数来设置要将对象移动的距离，或者说对象的移动速度。我们现在处理的是二维图形，而 speed 是一个包含两个数值的列表：一个对应水平方向的速度，另一个对应垂直方向的速度，这里分别是 self.speed[0] 和 self.speed[1]。另外，检查球是否碰到了窗口的边界，如果碰到边界就让球在屏幕上"反弹"回来。

下面我们要修改 Ball 类的定义，增加 speed 参数和 move() 方法：

```
class Ball(pygame.sprite.Sprite):
    def __init__(self, image_file, location, speed):
        pygame.sprite.Sprite.__init__(self)
        self.image = pygame.image.load(image_file)
        self.rect = self.image.get_rect()
        self.rect.left, self.rect.top = location
        self.speed = speed

    def move(self):
        self.rect = self.rect.move(self.speed)
        if self.rect.left < 0 or self.rect.right > width:
            self.speed[0] = -self.speed[0]

        if self.rect.top < 0 or self.rect.bottom > height:
            self.speed[1] = -self.speed[1]
```

> ◄── 增加 **speed** 参数

> 增加这行代码，给 **Ball** 类增加 **speed** 属性

> 加入这个方法来移动球

注意，相比上一节中 Ball 类的定义，这里有一些变化：在第 2 行中增加了 speed 参数，新增加了第 7 行代码以及 move() 方法（第 9 ~ 15 行）。

接下来生成球的各个实例，我们需要指定移动速度，还要指出图像文件及球的初始位置：

```
speed = [2, 2]
ball = Ball(img_file, location, speed)
```

　　上面的代码把这些球都设置为相同的速度且移动方向相同，不过如果球的移动速度和方向带有随机性，那就更有趣了。下面就用 random.choice() 函数来设置球的移动速度，如下所示：

```
from random import choice
speed = [choice([-2, 2]), choice([-2, 2])]
```

　　这里将水平方向上的速度（self.speed[0]）和垂直方向上的速度（self.speed[1]）均设置为 [-2, 2]，即球可以在任意方向移动，速度均为 2。

　　代码清单 17-2 列出了完整的程序。

代码清单 17-2　利用动画精灵来移动球

```
import sys, pygame
from random import choice
class Ball(pygame.sprite.Sprite):
    def __init__(self, image_file, location, speed):
        pygame.sprite.Sprite.__init__(self)
        self.image = pygame.image.load(image_file)
        self.rect = self.image.get_rect()
        self.rect.left, self.rect.top = location
        self.speed = speed                                    Ball 类的定义

    def move(self):
        self.rect = self.rect.move(self.speed)
        if self.rect.left < 0 or self.rect.right > width:
            self.speed[0] = -self.speed[0]

        if self.rect.top < 0 or self.rect.bottom > height:
            self.speed[1] = -self.speed[1]
size = width, height = 640, 480
screen = pygame.display.set_mode(size)
screen.fill([255, 255, 255])
img_file = "beach_ball.png"
balls = []                         ◄──── 创建列表跟踪这些球
for row in range (0, 3):
    for column in range (0, 3):
        location = [column * 180 + 10, row * 180 + 10]
        speed = [choice([-2, 2]), choice([-2, 2])]
        ball = Ball(img_file, location, speed)
        balls.append(ball)              ◄──── 在创建 Ball 类的实例时
running = True                               把这些球加到列表中
while running:
    for event in pygame.event.get():
        if event.type == pygame.QUIT:
            running = False
    pygame.time.delay(20)
    screen.fill([255, 255, 255])
    for ball in balls:
        ball.move()
        screen.blit(ball.image, ball.rect)      重绘屏幕
    pygame.display.flip()
pygame.quit()
```

这个程序用了一个列表来跟踪这些球，第 28 行（`balls.append(ball)`）创建 Ball 类的每个实例时就会把球加入到这个列表中。

最后一部分是重绘屏幕。这里走了一条捷径，我们不是一个一个地"擦除"（覆盖）这些球，而是直接用白色填充整个窗口，然后再重绘这些球。

你可以测试一下这些代码，比如增加（或减少）球的数量，改变球的移动速度，或者改变球的移动方式和反弹方式等，看看分别有什么变化。你会看到这些球会到处移动，还会在窗口四周反弹，但还有一个问题：它们相互之间碰撞时还不能反弹！

17.2　嘣！碰撞检测

在大多数的计算机游戏中，你得知道动画精灵什么时候会发生碰撞，比如说保龄球什么时候会碰到球瓶，或者导弹什么时候会击中飞船。

你可能在想，如果知道每个动画精灵的位置和大小，就可以编写一段代码，然后通过这些已知信息来检查哪里发生了重叠。幸运的是，那些编写 Pygame 模块的程序员已经帮我们完成了这项工作，也就是说，Pygame 模块已经内置了这种碰撞检测的功能。

术语箱

> 简单地说，碰撞检测（collision detection）指的是检查两个动画精灵何时接触或重叠。当两个移动的物体碰到一起时，就会发生"碰撞"。

Pygame 模块还提供了一种方法，可以实现动画精灵分组。比如在保龄球游戏中，所有的球瓶可能会归为一组，保龄球则单独归为一组。

动画精灵组和碰撞检测密切相关。在保龄球的例子中，你可能想检测保龄球何时会击倒球瓶，也就是要找出保龄球精灵组与球瓶精灵组中所有精灵之间的相互碰撞。其实你还可以检测动画精灵组内部各个动画精灵之间的相互碰撞，比如球瓶之间的相互碰撞。

下面来看一个例子。还是以之前沙滩球反弹的例子为基础，不过为了简化问题，我们没有生成 9 个球，而是生成了 4 个球。另外，与代码清单 17-2 不同，我们使用了 Pygame 模块中的 `Group` 类来创建球的列表。

这里还要对前面的代码稍稍做些调整，把实现动画的那部分代码放在一个函数里，并把这个函数命名为 `animate()`。`animate()` 函数还会包含实现碰撞检测的代码，也就是说，当两个球相互碰撞时，它们会反向弹回去。

代码清单17-3列出了相应的代码。

代码清单17-3　用一个动画精灵组而不是列表来检测球的碰撞

```
import sys, pygame
from random import choice
class Ball(pygame.sprite.Sprite):
    def __init__(self, image_file, location, speed):
        pygame.sprite.Sprite.__init__(self)
        self.image = pygame.image.load(image_file)
        self.rect = self.image.get_rect()
        self.rect.left, self.rect.top = location
        self.speed = speed

    def move(self):
        self.rect = self.rect.move(self.speed)
        if self.rect.left < 0 or self.rect.right > width:
            self.speed[0] = -self.speed[0]
        if self.rect.top < 0 or self.rect.bottom > height:
            self.speed[1] = -self.speed[1]

def animate(group):
    screen.fill([255,255,255])
    for ball in group:
        group.remove(ball)
        if pygame.sprite.spritecollide(ball, group, False):
            ball.speed[0] = -ball.speed[0]
            ball.speed[1] = -ball.speed[1]

        group.add(ball)
        ball.move()
        screen.blit(ball.image, ball.rect)
    pygame.display.flip()
    pygame.time.delay(20)
size = width, height = 640, 480
screen = pygame.display.set_mode(size)
screen.fill([255, 255, 255])
img_file = "beach_ball.png"
group = pygame.sprite.Group()
for row in range(0, 2):
    for column in range(0, 2):
        location = [column * 180 + 10, row * 180 + 10]
        speed = [choice([-2, 2]), choice([-2, 2])]
        ball = Ball(img_file, location, speed)
        group.add(ball)

running = True
while running:
    for event in pygame.event.get():
        if event.type == pygame.QUIT:
            running = False
    animate(group)
pygame.quit()
```

Ball 类的定义

从动画精灵组中
删除动画精灵

检查动画精灵与
动画精灵组之间
的碰撞情况

新的
animate()
函数

将球添加到原来的
动画精灵组中

主程序从这里开始

创建动画精灵组

这一次只生成4个球

将每个球添加到
动画精灵组中

调用 **animate()** 函数
并传入动画精灵组

上面的代码中最有意思的是实现碰撞检测的那一部分。在 sprite 模块中有一个 spritecollide() 函数，它会检查动画精灵与其所在分组中的其他动画精灵之间的碰撞情况，这个过程需要通过 3 步来完成。

❑ 从动画精灵组中删除这个动画精灵。
❑ 检查这个动画精灵与其所在分组中其他动画精灵之间的碰撞情况。
❑ 把这个动画精灵添加到原来的分组中。

这 3 个步骤都是在第 21 ~ 29 行的 for 循环中实现的，即 animate() 函数的中间部分。如果我们开始时并没有从动画精灵组中删除这个动画精灵，spritecollide() 函数就会检测到这个动画精灵与它自己发生了碰撞，因为它自身也在这个分组中。乍一看好像有点奇怪，不过细想一下，你就会明白其中的道理。

运行上面这个程序，看看结果怎么样。有没有发现一些奇怪的现象？我注意到了以下两点。

❑ 球跟球碰撞时会"颤抖"或者发生两次碰撞。
❑ 有时球会"卡"在窗口边界上，颤抖一段时间。

为什么会出现这种情况呢？嗯，这与我们编写 animate() 函数的方式有关。注意，现在的做法是先移动一个球，检查它的碰撞情况，然后再移动另一个球，再检查这个球的碰撞情况，以此类推。为了避免这种情况，也许我们可以先完成所有的移动操作，然后逐步进行碰撞检测。

> 如果球的移动幅度变大，这种现象会更明显。你可以把速度从 2 增加到 5，另外把每一步之间的延迟时间从 20 增加到 50。

因此，我们要把第 27 行（ball.move()）放到一个单独的循环中，就像下面这样：

```
def animate(group):
    screen.fill([255,255,255])
    for ball in group:
        ball.move()          ◄──────── 先移动所有的球
    for ball in group:
        group.remove(ball)

        if pygame.sprite.spritecollide(ball, group, False):    再进行碰撞检测
            ball.speed[0] = -ball.speed[0]                       实现反弹
            ball.speed[1] = -ball.speed[1]

        group.add(ball)

        screen.blit(ball.image, ball.rect)
    pygame.display.flip()
    pygame.time.delay(20)
```

试试看，效果是不是比原来好一些了呢？

我们可以用上面这段代码做些实验，试着改变球的某些参数的值，比如速度、延迟时间（time.delay()）、数量、初始位置、移动方向等，观察它的运动会发生什么变化。

矩形碰撞与像素完美碰撞

你可能发现了，当这些球"碰撞"时，它们并不是完全接触的。这是因为 spritecollide() 函数判断是否发生碰撞的依据并不是球的外部轮廓，而是其 rect 属性，也就是球的外围矩形。

如果想搞清楚到底是怎么回事，可以在球的外围画一个矩形，然后用新的沙滩球图像而不是原先的图像来做实验。其实我已经帮你画好这个图像了，你可以直接拿来试一试：

```
img_file = "b_ball_rect.png"
```

图 17-2 显示了新的沙滩球图像。

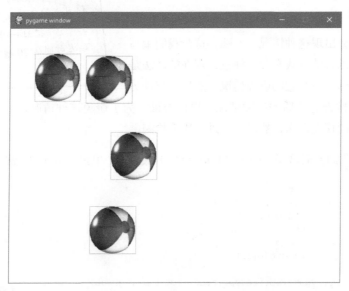

图 17-2　在球的外围画一个矩形

如果想要这些球在它们的边缘（而不是外围矩形）真正接触到窗口边界时才发生反弹，你就要使用另一种方法，即**像素完美碰撞检测**（pixel-perfect collision detection）。spritecollide() 函数并没有使用这种方法，而是用了更简单的**矩形碰撞检测**（rect collision detection）。

这两种方法的区别是判断碰撞发生的条件。只要两个球的任意矩形区域相互接触，矩形碰撞检测就会确定发生了碰撞；而像素完美碰撞检测只有在两个球本身相互接触时，才会确定发生了碰撞，如图 17-3 所示。

图 17-3　矩形碰撞与像素完美碰撞

很明显，如果使用像素完美碰撞检测，动画效果会更逼真。很难想象平时玩的沙滩球的周围还有隐形的矩形吧？但是，要想在程序中实现这一点，就要好好下一番功夫了。

在 Pygame 模块中，大多数操作可以使用矩形碰撞检测来实现。由于像素完美碰撞检测需要编写更多的代码，导致游戏运行速度变慢，因此除非有特别需要，否则不建议使用这种方法。不过，现在已经有一些模块可以实现像素完美碰撞检测了，如果你想尝试使用这种方法，只要在网上搜索一下，就能找到这些模块。

17.3　统计时间

到目前为止，我们一直在用 time.delay() 函数来控制动画的运行速度。但是，在调用这个函数时，运行或延迟循环体中的代码都需要一定的时间，前者是未知的，后者是已知的。换句话说，每个循环的具体运行时间并不确定，所以 time.delay() 函数并不是最优方案。

如果我们想知道执行一次循环所需的时间，就必须知道其中每个循环所需的运行时间，也就是运行代码的时间加上延迟时间。完成动画所需的时间最好按毫秒计，也就是 0.001 秒。毫秒可以缩写为 ms，比如 25 毫秒可以写成 25ms。

在我们的例子中，假设代码的运行时间是 15ms，也就是说，执行 while 循环体中的代码将耗时 15ms。

这并不包括 `time.delay()` 中设置的延迟时间，但是根据 pygame.time.delay(20)，我们可以知道延迟时间为 20ms，所以循环的总时间将是：20ms + 15ms = 35ms。1s（秒）等于 1000ms，假设每个循环都需要 35ms，我们可以计算：1000 / 35 = 28.57[①]，这意味着循环每秒大约会运行 29 次。在计算机图形学中，每个动画步叫作一帧，而游戏程序员在讨论图形刷新的快慢时都会提到帧速率（每秒帧数，fps）。在这个例子中，帧速率大约是 29fps。

这里的问题在于，我们无法真正控制这个公式中的"代码运行时间"部分。如果增加或删除一些代码，这个时间就会发生变化。另外，随着游戏对象的出现或消失，动画精灵的数量也会发生相应的变化，当类似情况发生时，即使是完全相同的代码，绘制动画精灵所花费的时间也会发生变化。此外，在不同的机器上，相同代码的运行速度也是不同的，可能不是 15ms，而是 10ms 或 20ms。如果有一种更便于预测的方法能用来控制帧速率就好了，Pygame 模块中的 time 模块就给我们提供了这样一种工具：Clock 类。

17.3.1　用 `pygame.time.Clock()` 控制帧速率

pygame.time.Clock() 会控制每个循环的运行时间，而不是给每个循环都增加延迟时间。这就像是一个定时器在控制着时间进程，并发出这样的指令："现在开始下一个循环！现在开始下一个循环……"

在使用 Pygame 模块的 Clock 类之前，必须先创建 Clock 类的实例。这跟创建其他类的实例完全一样：

```
clock = pygame.time.Clock()
```

然后在主循环体中，只要告诉这个时钟多久"嘀嗒"一次就可以了，也就是指定循环的运行时间：

```
clock.tick(60)
```

在上面的代码中，传入 clock.tick() 函数的参数并不是毫秒数，而是每秒内执行循环的次数。因此，这个循环应该每秒运行 60 次。注意，"应该运行"不代表"必须运行"，这是因为循环只能按照计算机能够保证的速度来运行。当每秒执行 60 次循环（帧）时，每次循环大约需要 17ms（1000 / 60 = 16.67）。如果循环体中代码的运行时间超过了 17ms，那么在 clock.tick() 函数发出开始下一次

[①] 这里以及 17.3.1 节中的"1000 / 60 = 16.67"均保留了两位小数。——译者注

循环的指令时，当前循环就无法结束运行了。

这基本上就说明了计算机对图形运行的帧速率是有一个上限的，这个上限取决于图形的复杂程度、窗口的大小以及计算机的执行速度。对一个特定的程序来说，计算机的执行速度可能是 90fps，而那些老式计算机的执行速度可能只有 10fps。

对非常复杂的图形来说，大多数的现代计算机完全可以按 20fps ～ 30fps 的帧速率来运行 Pygame 程序。因此，如果你想让自己的游戏能够在大多数计算机上以相同的速度运行，那就可以选择 20fps ～ 30fps 的帧速率（或者更低）。这其实已经很快了，生成的运动图像也很流畅。从现在开始，本书中的例子都将用 clock.tick(30) 来设定帧速率。

17.3.2　检查帧速率

如果想知道你的程序能以多快的速度运行，可以用一个叫作 clock.get_fps() 的函数来检查帧速率。当然，如果你将帧速率设置为 30，它就会一直以 30fps 的帧速率来运行（假设你的计算机支持这样的运行速度）。如果要知道某个特定的程序在某台特定的计算机上能够运行的最快速度，可以先将 clock.tick() 函数设置得非常快（例如 200fps），然后运行这个程序，再用 clock.get_fps() 函数来检查实际运行的帧速率就可以了。

17.3.3　调整帧速率

如果想保证动画在每台计算机上都以相同的速度运行，那么就可以利用 clock.tick() 函数和 clock.get_fps() 函数来实现。这样一来，你既能够知道动画的目标运行速度，也能够知道动画的实际运行速度，这时便可以根据计算机的执行速度来调整动画的速度了。

假设你已经设置了 clock.tick(30)，也就是说你想以 30fps 的帧速率来运行程序。如果在使用 clock.get_fps() 函数后发现实际运行速率只有 20fps，那么就可以知道屏幕上图像的移动速度比你预期的要慢。也就是每秒运行的帧数变少了，因此每一帧要移动的距离会相应变长，这样看上去才能跟上预期的运行速度。你的移动图像可能有一个 speed 变量（或属性），它会告诉这些图像每一帧要移动的距离，因此，只要增加 speed 变量的值，就可以对运行速度较慢的机器做出补偿。可是如何判断这个增值呢？你可以按目标帧速率与实际帧速率的比值来增加。如果一个图像的当前速度是 10，目标帧速率是 30fps，实际帧速率为 20fps，那么就可以得到：

```
object_speed = current_speed * (desired fps / actual fps)
object_speed = 10 * (30 / 20)
```

```
object_speed = 15
```

所以要补偿较慢的帧速率，每帧需要将对象移动 15 像素，而不是 10 像素。

代码清单 17-4 中的沙滩球程序就用到了这几节讨论的内容：Clock 类和 clock. get_fps() 函数。

代码清单 17-4　在沙滩球程序中使用 Clock 类和 clock.get_fps() 函数

```
import sys, pygame
from random import choice
class Ball(pygame.sprite.Sprite):
    def __init__(self, image_file, location, speed):
        pygame.sprite.Sprite.__init__(self)
        self.image = pygame.image.load(image_file)
        self.rect = self.image.get_rect()
        self.rect.left, self.rect.top = location
        self.speed = speed
    def move(self):
        self.rect = self.rect.move(self.speed)
        if self.rect.left < 0 or self.rect.right > width:
            self.speed[0] = -self.speed[0]
        if self.rect.top < 0 or self.rect.bottom > height:
            self.speed[1] = -self.speed[1]
def animate(group):
    screen.fill([255,255,255])
    for ball in group:
        ball.move()
    for ball in group:
        group.remove(ball)
        if pygame.sprite.spritecollide(ball, group, False):
            ball.speed[0] = -ball.speed[0]
            ball.speed[1] = -ball.speed[1]
        group.add(ball)
        screen.blit(ball.image, ball.rect)
    pygame.display.flip()

size = width, height = 640, 480
screen = pygame.display.set_mode(size)
screen.fill([255, 255, 255])
img_file = "beach_ball.png"
clock = pygame.time.Clock()
group = pygame.sprite.Group()
for row in range(0, 2):
    for column in range(0, 2):
        location = [column * 180 + 10, row * 180 + 10]
        speed = [choice([-4, 4]), choice([-4, 4])]
        ball = Ball(img_file, location, speed)
        group.add(ball) # 把球添加到动画精灵组中

running = True
while running:
    for event in pygame.event.get():
```

定义 **Ball** 类

animate()
函数

← 已经删除了
time.delay()

← 创建 **Clock** 类的实例

初始化并画出
沙滩球

← **while** 主循环从这里开始

```
        if event.type == pygame.QUIT:
            running = False
            frame_rate = clock.get_fps()         ◀──── 检查帧速率
            print("frame rate =", frame_rate)
    animate(group)
    clock.tick(30)                ◀────────  clock.tick() 函数现在控制了帧
pygame.quit()                                      速率（受计算机运行速度限制）
```

到这里，Pygame 模块和动画精灵的基本知识就介绍完了。在第 18 章中，我们将用 Pygame 模块来编写一个真正的游戏，还会介绍另外一些功能，比如在游戏中增加文本输出（显示游戏得分）、鼠标动作及键盘输入等。

你学到了什么

在本章中，你学到了以下内容。

❑ Pygame 模块中的动画精灵，以及如何使用动画精灵处理多个移动的图像。
❑ 动画精灵组。
❑ 碰撞检测。
❑ pygame.time.Clock（Clock 类）和帧速率。

测试题

扫码查看
习题答案

1. 什么是矩形碰撞检测？
2. 什么是像素完美碰撞检测？它与矩形碰撞检测有什么区别？
3. 可以用哪两种方法跟踪多个动画精灵对象？
4. 如何在代码中控制动画的速度？
5. 为什么用 pygame.time.Clock() 比用 pygame.time.delay() 更准确？
6. 如何计算程序运行的帧速率？

动手试一试

键入本章中的所有代码示例可能就让你累够呛了。如果你还觉得不够，可以再重新做一遍。相信你能从中得到很多收获！

第 18 章
一种新的输入——事件

到目前为止，我们已经在程序中实现了几种非常简单的输入，比如调用 input() 来键入字符串，或者从 EasyGUI 中获取数字和字符串（参见第 6 章）。另外，第 16 章还介绍了如何使用鼠标来关闭 Pygame 窗口，不过当时并没有解释这个操作的实现方式。

本章介绍一种新的输入，它叫作**事件**（event）。这个过程会涉及 Pygame 窗口的退出代码正在执行的操作及其运行方式，通过鼠标的移动获得输入，以及让程序对按键动作立即做出响应（无须等待用户按下回车键）。

18.1 事件

如果我现在问你"什么是事件"，你可能会说，事件就是"发生的某件事情"。这其实是一个不错的定义，而且这个定义在编程中也同样适用。很多程序需要对"发生的事情"做出响应，比如以下几种情况。

❑ 移动或单击鼠标。
❑ 按键。
❑ 经过了一段时间。

到目前为止，我们所写的大多数程序始终沿着一条可以预测的路径运行，中间也许会有一些循环或条件判断等。不过，除此之外还有另外一类程序，那就是**事件驱动程序**（event-driven program），这类程序的运行机制截然不同。事件驱动程序基本上"原地不动"，不执行任何操作，专门等待某些事件。一旦这些事件发生了，程序就会立即做出反应，完成所有必要的工作来处理这个事件。

Windows 操作系统（或其他 GUI 系统）就是这种事件驱动程序的很好的例子。

系统启动完毕后会"原地不动"①,不会启动任何程序,屏幕上也没有光标移动。但是如果你开始移动或单击鼠标,光标就会在屏幕上移动,"开始"菜单就会弹出来,或者出现一些其他情况。

18.1.1 事件循环

要让一个事件驱动程序"看到"有事件发生了,程序就必须"寻找"这些事件,也就是必须不断地扫描计算机中用来指示事件发生的那部分内存。而且只要程序还在运行,它就会反复扫描事件。第 8 章已经介绍了程序如何反复地做同样的事情,也就是使用一个循环。这个反复寻找事件的特殊循环叫作**事件循环**(event loop)。

在第 16 章和第 17 章编写的 Pygame 程序中,最后总是有一个 while 循环。我们说过,while 循环会在程序运行期间一直运行。这个 while 循环就是 Pygame 程序的事件循环,如果要理解 Pygame 窗口的退出代码,就要先知道这个事件循环。

18.1.2 事件队列

只要有人移动或单击了鼠标,或者按下了某个键,在系统中就会有事件发生。那么这些事件去哪里了呢? 上一节提到,事件循环会不断地搜索内存的某个部分,这个存储事件的部分就叫作**事件队列**(event queue)。

> **术语箱**
>
> 这里的"队列"与日常生活中的排队类似。在编程中,队列(queue)通常指一个列表,元素可以按某种特定的顺序进入列表,或者按某种特定的顺序取出来。

事件队列就是系统中发生的所有事件的列表,这些事件按照各自发生的顺序排列。

18.1.3 事件处理器

如果要编写一个 GUI 程序或游戏,它必须知道用户按下某个键或者移动鼠标的时间。这里的按键和移动鼠标都是事件,而且程序必须知道如何响应并处理这些事件。程序中处理某类事件的那部分代码就叫作**事件处理器**(event handler)。

并不是每一个事件都需要处理。在桌面上移动鼠标时,系统会创建成百上千个事件,事件循环运行得非常快。在每一个瞬间(远远不到 1 秒),即使鼠标只是移

---

① 也就是停留在开机完成后的界面。——译者注

动了一点点，系统也会生成一个新的事件。不过你的程序可能并不关心鼠标的轻微移动，只关心用户什么时候单击了屏幕上的某个部位。因此，你的程序可以忽略 mouseMove 事件，只关注 mouseClick 事件。

针对所关注的各种事件，事件驱动程序设置了相应的事件处理器。如果你的游戏要使用键盘上的方向键来控制船的移动，那你可能就要为 keyDown 事件编写一个事件处理器。但是，如果使用鼠标控制这艘船，你可能就要为 mouseMove 事件编写一个事件处理器了。

现在来看看程序可以用到的一些具体事件。这里仍然使用 Pygame 模块，也就是说，本章讨论的所有事件都来自 Pygame 模块的事件队列。其他的 Python 模块会提供一些不同的事件，比如第 20 章会涉及 PyQt 模块。PyQt 模块有自己的事件集，其中一些事件与 Pygame 事件有所不同。但是对于不同的事件集（甚至不同编程语言中的事件集），事件处理方式通常是一样的。对不同的事件系统来说，虽然具体处理方式可能不完全一样，但是相同点远远多于不同点。

18.2 键盘事件

下面先来看一个键盘事件的例子。假设我们想在按下某个键的同时让系统做出某种响应，在 Pygame 模块中，这就是 KEYDOWN 事件。为了解释如何使用这个事件，下面仍然用代码清单 16-15 中让球反弹的例子来说明。在这个例子中，球会向窗口两边移动，并在窗口的边界上反弹。不过在增加事件处理功能之前，先修改这个程序，加入我们刚学到的一些新内容。

❑ 使用动画精灵。
❑ 使用 clock.tick()，而不是 time.delay()。

首先要给球定义一个类，这个类中有一个 __init__() 方法和一个 move() 方法。稍后会创建这个类的实例，同时在 while 主循环中使用 clock.tick(30)。代码清单 18-1 展示了修改后的代码。

代码清单 18-1 让球反弹的程序，加入动画精灵和 clock.tick()

```
import pygame, sys
pygame.init()
screen = pygame.display.set_mode([640,480])
background = pygame.Surface(screen.get_size())
background.fill([255, 255, 255])
clock = pygame.time.Clock()
```

```
class Ball(pygame.sprite.Sprite):
    def __init__(self, image_file, speed, location):
        pygame.sprite.Sprite.__init__(self)
        self.image = pygame.image.load(image_file)
        self.rect = self.image.get_rect()
        self.rect.left, self.rect.top = location
        self.speed = speed

    def move(self):
        if self.rect.left <= screen.get_rect().left or \
                self.rect.right >= screen.get_rect().right:
            self.speed[0] = - self.speed[0]
        newpos = self.rect.move(self.speed)
        self.rect = newpos

my_ball = Ball('beach_ball.png', [10,0], [20, 20])
running = True
while running:
    for event in pygame.event.get():
        if event.type == pygame.QUIT:
            running = False
    clock.tick(30)
    screen.blit(background, (0, 0))
    my_ball.move()
    screen.blit(my_ball.image, my_ball.rect)
    pygame.display.flip()
pygame.quit()
```

定义 **Ball** 类，包括 **move()** 方法

创建 **Ball** 类的实例

速度和位置

这是时钟

重绘屏幕

这里要注意一个问题：当移动球时，我们并没有"擦除"球，而是做了不同的处理。我们已经知道，在新的位置上重新画球之前，必须把动画精灵从原来的位置上"擦除"，这里有两种"擦除"方法：第一种方法是在每个动画精灵原来的位置上涂上背景颜色，第二种方法是直接重绘每一帧的整个背景，也就是说，每一次都要从一个空白屏幕开始绘制。这里采用了第二种方法，不过并不是每次循环时都要用 screen.fill() 来重绘屏幕，而是创建一个名为 background 的表面，然后用白色来填充这个表面。这样一来，每次循环时，只需把这个背景"块移"到显示表面 screen 上即可。这样做也能达到目的，只不过是换了一种方法而已。

18.2.1 按键事件

现在我们要增加一个事件处理器，当按下向上键时让球向上移动，当按下向下键时让球向下移动。Pygame 模块包含许多模块，本章要用到 event 模块。

我们已经让 Pygame 程序中的事件循环一直运行了（while 循环），这个循环在扫描一个叫作 QUIT 的特殊事件：

```
while running:
    for event in pygame.event.get():
        if event.type == pygame.QUIT:
            running = False
```

pygame.event.get() 方法会从事件队列中获取包含所有事件的列表。然后，由 for 循环来迭代处理这个列表中的每一个事件，一旦看到 QUIT 事件，它就会将 running 设置为 False，从而导致 while 循环退出，最后结束整个程序。明白这一点之后，你应该就能完全理解为什么单击"×"就能成功结束程序了。

不过在这个例子中，我们还想检测到另外一种事件。因为我们想知道按键时间，所以要找到 KEYDOWN 事件。可以编写这样的代码：

```
if event.type == pygame.KEYDOWN
```

由于前面已经有 if 语句了，因此这里可以直接用 elif 来增加另一个条件（参见第 7 章）：

```
while running:
    for event in pygame.event.get():
        if event.type == pygame.QUIT:
            running = False
        elif event.type == pygame.KEYDOWN:       ◁── 这是用来检测按键
            # 执行一些处理                              事件的新增代码
```

可是当按键时要做什么呢？如前所述，如果按下向上键就让球向上移动，如果按下向下键就让球向下移动。可以这样编写代码：

```
while True:
    for event in pygame.event.get():
        if event.type == pygame.QUIT:
            running = False
        elif event.type == pygame.KEYDOWN:
            if event.key == pygame.K_UP:                        ◁── 让球上移 10 像素
                my_ball.rect.top = my_ball.rect.top - 10
            elif event.key == pygame.K_DOWN:                    ◁── 让球下移 10 像素
                my_ball.rect.top = my_ball.rect.top + 10
```

K_UP 和 K_DOWN 分别是 **Pygame** 模块中向上键和向下键的名字。对代码清单 18-1 做出以上修改后，新的程序如代码清单 18-2 所示。

代码清单 18-2　用向上键和向下键来移动球

```
import pygame, sys
pygame.init()
screen = pygame.display.set_mode([640,480])
background = pygame.Surface(screen.get_size())          初始化
background.fill([255, 255, 255])
clock = pygame.time.Clock()
```

```
class Ball(pygame.sprite.Sprite):
    def __init__(self, image_file, speed, location):
        pygame.sprite.Sprite.__init__(self)
        self.image = pygame.image.load(image_file)
        self.rect = self.image.get_rect()
        self.rect.left, self.rect.top = location
        self.speed = speed

    def move(self):
        if self.rect.left <= screen.get_rect().left or \
                self.rect.right >= screen.get_rect().right:
            self.speed[0] = - self.speed[0]
        newpos = self.rect.move(self.speed)
        self.rect = newpos

my_ball = Ball('beach_ball.png', [10,0], [20, 20])
running = True
while running:
    for event in pygame.event.get():
        if event.type == pygame.QUIT:
            running = False
        elif event.type == pygame.KEYDOWN:
            if event.key == pygame.K_UP:
                my_ball.rect.top = my_ball.rect.top - 10
            elif event.key == pygame.K_DOWN:
                my_ball.rect.top = my_ball.rect.top + 10

    clock.tick(30)
    screen.blit(background, (0, 0))
    my_ball.move()
    screen.blit(my_ball.image, my_ball.rect)
    pygame.display.flip()
pygame.quit()
```

定义 **Ball** 类，包括 **move()** 方法

创建 **Ball** 类的实例

检查按键，让球上移或下移

重绘屏幕

运行代码清单 18-2 中的程序，试着按下向上键和向下键，检查球是否会移动。

18.2.2 重复按键

你可能已经注意到了，如果一直按着向上键或向下键，球只会向上或向下移动一步，这是因为我们还没有告诉程序该如何处理一直按键的情况。每当用户按下某个键时，系统就会相应地生成一个 KEYDOWN 事件，但是在 Pygame 模块中还有一个设置，那就是当一直按着某个键时，系统可以生成多个 KEYDOWN 事件，这称为**重复按键**（key repeat）。必须告诉 Pygame 模块在开始重复之前需要等待多长时间，而且还要指出重复的频率，这些参数的单位都是毫秒（0.001 秒）。以下是示例代码：

```
delay = 100
interval = 50
pygame.key.set_repeat(delay, interval)
```

delay 的值告诉 Pygame 模块在开始重复按键之前需要等待的时间，interval 的值指定其中按键的重复频率，也就是每个 KEYDOWN 事件的间隔时间。

试着在代码清单 18-2 中添加这段代码（介于 pygame.init 与 while 循环之间），看看程序的运行结果会发生什么变化。

18.2.3 事件名和按键名

当查找何时按下向上键或向下键时，我们需要查找 KEYDOWN 这种事件类型以及 K_UP 和 K_DOWN 这样的按键名。但是还会有其他事件吗？如果有，其他按键名又是什么呢？

事实上还有相当多的事件，这里就不逐一列出了。不过 Pygame 网站列出了所有事件，可以在 Pygame 文档中的 event 部分找到这些事件的完整列表，key 部分列出了按键名。

下面是我们会用到的一些常用事件。

❑ QUIT

❑ KEYDOWN

❑ KEYUP

❑ MOUSEMOTION

❑ MOUSEBUTTONUP

❑ MOUSEBUTTONDOWN

在 Pygame 模块中，键盘上的每个键都有各自的名字。我们刚才看到了向上键和向下键，它们的名字分别是 K_UP 和 K_DOWN。后面还会看到其他一些按键名，它们都以 K_ 开头，接着才是键的名字，包括但不限于以下名字。

❑ K_a、K_b……①

❑ K_SPACE

❑ K_ESCAPE

18.3 鼠标事件

18.2 节介绍了如何从键盘上获取按键事件，以及如何使用这些事件来控制程序的某些行为。我们使用向上键和向下键分别让沙滩球实现向上移动和向下移动。接

---

① 对应字母键，以此类推。——译者注

下来，我们用鼠标来控制球的移动，从中了解怎样处理鼠标事件以及怎样使用鼠标的位置信息。

以下是最常用的 3 类鼠标事件。

❑ MOUSEBUTTONUP

❑ MOUSEBUTTONDOWN

❑ MOUSEMOTION

最简单的做法就是，只要鼠标在 Pygame 窗口中移动，我们就让沙滩球随着鼠标位置的移动而移动。要移动沙滩球，就要用到球的 rect.center 属性。这样的话，沙滩球的中心就会跟着鼠标一起移动了。

我们可以把 while 循环体中检测键盘按键事件的那部分代码替换为检测鼠标移动事件。

```
while running:
    for event in pygame.event.get():
        if event.type == pygame.QUIT:
            running = False
        elif event.type == pygame.MOUSEMOTION:      检测鼠标移动事件
            my_ball.rect.center = event.pos         并移动沙滩球
```

上面的代码看起来要比检测键盘按键事件还要简单。根据上面的代码修改代码清单 18-2 后，可以试着运行这个程序。event.pos 表示鼠标的位置（*x* 坐标和 *y* 坐标），我们只要把球的中心移动到这个位置就可以了。注意，只要鼠标在屏幕上移动，沙滩球就要跟着鼠标一起移动。也就是说，只要 MOUSEMOVE 事件还在发生，沙滩球就要跟着移动。改变球的 rect.center 属性值，就会同时改变鼠标的 *x* 坐标值和 *y* 坐标值。沙滩球不再只是上下移动，而是会上下左右同时移动。如果因为鼠标没有移动，或者光标落在了 Pygame 窗口之外，而没有发生鼠标事件，沙滩球就会一直左右反弹。

现在试试看，只有在按下鼠标左键时，才能通过鼠标来控制球的移动。按下鼠标左键并移动鼠标，这个动作叫作**拖动**（drag）。由于 Pygame 模块中并没有 MOUSEDRAG 这样的事件类型，因此我们需要用现有的事件类型来实现拖动鼠标的效果。

可是我们怎么知道是不是在拖动鼠标呢？拖动鼠标意味着在移动鼠标的同时一直按着鼠标左键。我们可以利用 MOUSEBUTTONDOWN 事件知道按下鼠标左键的时间，然后利用 MOUSEBUTTONUP 事件知道松开鼠标左键的时间，因此我们只要跟踪鼠标左键的状态就可以了。这个状态可以通过定义一个变量来跟踪，我们把这个变量命名为 held_down。具体做法如下所示：

```
held_down = False
while running:
    for event in pygame.event.get():
        if event.type == pygame.QUIT:
            running = False
        elif event.type == pygame.MOUSEBUTTONDOWN:
            held_down = True
        elif event.type == pygame.MOUSEBUTTONUP:
            held_down = False
        elif event.type == pygame.MOUSEMOTION:
            if held_down:
                my_ball.rect.center = event.pos
```

检查鼠标左键是否
处于按下状态

拖动鼠标时
执行该操作

现在我们要真正
开始编程了！

拖动鼠标的条件（移动鼠标的同时
按着鼠标左键）是在代码最后的 elif
块中实现的。前面已经修改过代码清单
18-2 了，现在按照上面的代码来修改
其中的 while 循环。运行这个程序，观察它
如何运行。

嘿，可是我们从第 1 章开始就已经在编程了啊！是
的，不过现在在我们开始使用图形、动画精灵和鼠标来编程，
是不是变得更有意思了呢？我说过会谈到这些内容的，但
是你得跟上我的思路，在此之前得先学习一些基础知识。

18.4 定时器事件

到现在为止，本章介绍了键盘事件和鼠标事件。还有一种事件叫作**定时器事件**
（timer event），它在程序中非常有用，特别是游戏和仿真程序。定时器会按照固定的
时间间隔生成事件，就像闹钟一样。如果你设定好了闹钟，并把闹铃打开，它就会
每天在固定的时间响起来。

我们可以把 Pygame 模块的定时器设置为任意时间间隔。当到了设定好的时间时，定时器就会创建一个定时器事件，从而能够被事件循环检测。那么定时器会生成什么类型的事件呢？定时器生成的是一种**用户事件**（user event）。

Pygame 模块中有很多预定义的事件类型，这些事件从 0 开始编号，而且还有相应的名字。我们已经见过一些事件名了，比如 MOUSEBUTTONDOWN 和 KEYDOWN。除此以外，Pygame 模块中还可以创建**用户自定义事件**（user-defined event），这些用户事件并不是针对某些特定事件预置的，可以用它们表示任何事情，比如表示定时器。

在 Pygame 模块中设置定时器时，需要用到 set_timer() 函数，如下所示：

```
pygame.time.set_timer(EVENT_NUMBER, interval)
```

这里的 EVENT_NUMBER 是事件编号，interval 表示定时器到期并生成新事件的频率（单位是毫秒）。

可是如何设置 EVENT_NUMBER 呢？我们应该用 Pygame 模块还未使用的编号，也就是说，这个编号尚未用来表示其他事件。我们可以用命令查询 Pygame 模块已经使用的编号，就是在交互模式中键入下面的命令：

```
>>> import pygame
>>> pygame.USEREVENT
24
```

上面的例子告诉我们，Pygame 模块中已经使用了 0 到 23 的事件编号。那么对用户事件来说，第一个可用的事件编号就是 24 了。因此，我们要选择 24 或更大的数字来表示这个用户事件，但是事件编号是否存在上限呢？这时可以键入下面的命令：

```
>>> pygame.NUMEVENTS
32
```

NUMEVENTS 显示了 Pygame 模块中最多有 32 种事件类型，也就是说可以用 0 到 31 来编号。因此，我们只能选择一个大于或等于 24 但小于 32 的数字，可以像下面这样来设置定时器：

```
pygame.time.set_timer(24, 1000)
```

但是如果出于某种原因，USEREVENT 的值发生变化，上面这段代码可能就无法正常工作了。为了避免这种情况，可以这样编写代码：

```
pygame.time.set_timer(pygame.USEREVENT, 1000)
```

如果要生成另一个用户事件，我们可以用 USEREVENT + 1 来表示，以此类推。

上面这个例子中的 1000 表示 1000 毫秒，也就是 1 秒，所以这个定时器每隔 1 秒响 1 次。下面我们就把这个定时器放到沙滩球反弹程序中。

跟前面一样，我们要用事件让沙滩球上移或下移。不过这次沙滩球的移动并不由用户来控制，我们要让沙滩球在水平方向和垂直方向上来回反弹。可以直接在代码清单 18-2 的基础上修改，代码清单 18-3 展示了修改后的完整程序。

代码清单 18-3　用定时器让球上下移动

```
import pygame, sys
pygame.init()
screen = pygame.display.set_mode([640,480])
background = pygame.Surface(screen.get_size())        初始化
background.fill([255, 255, 255])

clock = pygame.time.Clock()
class Ball(pygame.sprite.Sprite):
    def __init__(self, image_file, speed, location):
        pygame.sprite.Sprite.__init__(self)
        self.image = pygame.image.load(image_file)
        self.rect = self.image.get_rect()             定义 Ball 类
        self.rect.left, self.rect.top = location
        self.speed = speed
    def move(self):
        if self.rect.left <= screen.get_rect().left or \
                self.rect.right >= screen.get_rect().right:
            self.speed[0] = - self.speed[0]                ❶ 下一行仍是
        newpos = self.rect.move(self.speed)                 本行的内容
        self.rect = newpos

my_ball = Ball('beach_ball.png', [10,0], [20, 20])      创建 Ball 类的实例
pygame.time.set_timer(pygame.USEREVENT, 1000)           创建定时器:
direction = 1                                           1000 毫秒 = 1 秒
running = True
while running:
    for event in pygame.event.get():
        if event.type == pygame.QUIT:                   定时器的事件
            running = False                              处理器
        elif event.type == pygame.USEREVENT:
            my_ball.rect.centery = my_ball.rect.centery + (30*direction)
            if my_ball.rect.top <= 0 or \
            my_ball.rect.bottom >= screen.get_rect().bottom:
                direction = -direction
    clock.tick(30)                                      ❶ 下一行仍是
    screen.blit(background, (0, 0))                        本行的内容
    my_ball.move()
    screen.blit(my_ball.image, my_ball.rect)            重绘屏幕
    pygame.display.flip()
pygame.quit()
```

记住，在 Python 中，❶中的反斜杠 \ 是行连接符，可以用它把应该写在一行中的代码分为两行来写。但是不能在反斜杠 \ 后面键入任何空格，否则行连接符就不

起作用了。

保存并运行代码清单 18-3 中的程序，应该就能看到沙滩球来回移动了（从一边到另一边），另外它还会每秒向上移动或向下移动 30 像素。这里的向上移动或向下移动就是用定时器事件来控制的。

18.5　另一个游戏——PyPong

本节把前面学到的内容组织在一起，比如动画精灵、碰撞检测和事件，来编写一个"球拍与球"的简单游戏，类似于 Pong。

从前的美好时光

Pong 是人们在家里玩的最早的视频游戏之一。原先的 Pong 游戏不需要任何软件，它只是一堆电路！那时家用计算机还没有出现，Pong 要插到电视机上，你可以用操纵杆来控制"球拍"。下面是这个游戏在电视屏幕上的效果图：

告诉你一个小秘密：

奶奶不仅是 Pong 游戏高手，而且还是乒乓球世界冠军呢！

我们先来看一个简单的单机版本，这个游戏需要下面几个要素。

☐ 一个来回反弹的球。

☐ 一个打球的球拍。

☐ 一种控制球拍的方法。

☐ 一种记录分数并在窗口上显示分数的方法。

☐ 一种确定有几条"命"的方法，也就是你有几次复活机会[①]。

我们会在编写程序的过程中逐个分析以上要素。

[①] 一般来说，后者要比前者少 1，也就是说，假如有 3 条命，在游戏过程中就有 2 次复活机会，以此类推。——编者注

18.5.1 球

我们之前用的沙滩球对 Pong 游戏来说有点大了，这里要用一个小一点的球。卡特和我为这个游戏设计了一个看起来有点滑稽的网球小人。

他好像被吓着了。

嘿，如果你也被球拍打来打去，也会吓得够呛吧！

因为我们要在这个游戏中使用动画精灵，所以要给这个球创建一个动画精灵，然后为它创建一个实例。Ball 类会包含 __init__() 方法和 move() 方法。

```
class Ball(pygame.sprite.Sprite):
    def __init__(self, image_file, speed, location):
        pygame.sprite.Sprite.__init__(self)
        self.image = pygame.image.load(image_file)
        self.rect = self.image.get_rect()
        self.rect.left, self.rect.top = location
        self.speed = speed

    def move(self):
        self.rect = self.rect.move(self.speed)          在窗口中左右反弹
        if self.rect.left < 0 or self.rect.right > width:
            self.speed[0] = -self.speed[0]

        if self.rect.top <= 0 :          在窗口的顶边反弹
            self.speed[1] = -self.speed[1]
```

在创建球的实例时，我们要告诉程序使用哪个图像来创建球、球的移动速度以及球的起始位置：

```
myBall = Ball('wackyball.bmp', ball_speed, [50, 50])
```

另外还要把这个球添加到一个动画精灵组中，从而完成球和球拍之间的碰撞检测。其实我们可以在创建动画精灵组的同时把这个球添加到这个组中。

```
ballGroup = pygame.sprite.Group(myBall)
```

18.5.2 球拍

对于球拍，我们仍然沿用 Pong 游戏中的传统，也就是用简单的矩形来表示。由于我们要用白色背景，因此要把球拍创建为一个黑色矩形。同时还要为球拍创建动画精灵类和实例：

```python
class Paddle(pygame.sprite.Sprite):
    def __init__(self, location):
        pygame.sprite.Sprite.__init__(self)
        image_surface = pygame.surface.Surface([100, 20])
        image_surface.fill([0,0,0])
        self.image = image_surface.convert()
        self.rect = self.image.get_rect()
        self.rect.left, self.rect.top = location

paddle = Paddle([270, 400])
```

为球拍创建表面

用黑色填充这个表面

将这个表面
转换为图像

这里要注意的是，我们并没有为球拍加载图像文件，而是创建了一个球拍图像，也就是用黑色填充的矩形表面。但是，由于每个动画精灵都需要设置 image 属性，因此我们要用 surface.convert() 方法把表面转换为图像。

目前这个球拍只能左右移动，不能上下移动。我们让球拍的 *x* 坐标（左右位置）随着鼠标的移动而变化，因此用户可以用鼠标来控制球拍的移动。这个操作是在事件循环中完成的，因此球拍也就不需要单独的 move() 方法了。

18.5.3 控制球拍

前文提到过，我们是用鼠标来控制球拍移动的。这里用到了 MOUSEMOTION 事件，也就是说，只要鼠标在 Pygame 窗口内部移动，球拍就会移动。又因为只有当鼠标在 Pygame 窗口内时，Pygame 程序才能"看到"鼠标，所以球拍的移动范围会自动限制在窗口边界以内。我们要让球拍的中心随着鼠标一起移动，代码应该像这样写：

```python
elif event.type == pygame.MOUSEMOTION:
    paddle.rect.centerx = event.pos[0]
```

以上代码中的 event.pos 是一个列表，包含了鼠标当前位置的 [*x*, *y*] 坐标值，所以 event.pos[0] 表示鼠标移动时的 *x* 坐标。当然，如果鼠标在左边界或右边界上，球拍就会有一半在窗口外，不过这样也是允许的。

现在程序还差最后一步，那就是球和球拍之间的碰撞检测。正是利用碰撞检测，我们才能用球拍来"打"球。当球和球拍出现碰撞时，只要让球保持原来的速度朝垂直方向上的另一边移动即可（让 y-speed 反向）。也就是说，如果当时球在向下移动，当它碰到球拍时就会反弹，从而开始向上移动，相应的代码如下所示：

```python
if pygame.sprite.spritecollide(paddle, ballGroup, False):
    myBall.speed[1] = -myBall.speed[1]
```

记住，在每次执行循环后要重绘屏幕。如果把以上这些内容都组织在一起，就可以得到一个非常简单的类似 Pong 游戏的程序，代码清单 18-4 展示了目前为止相对完整的代码。

代码清单 18-4　PyPong 游戏的第一个版本

```
import pygame, sys
from pygame.locals import *

class Ball(pygame.sprite.Sprite):
    def __init__(self, image_file, speed, location):
        pygame.sprite.Sprite.__init__(self)
        self.image = pygame.image.load(image_file)
        self.rect = self.image.get_rect()
        self.rect.left, self.rect.top = location          定义 Ball 类
        self.speed = speed

    def move(self):
        self.rect = self.rect.move(self.speed)
        if self.rect.left < 0 or self.rect.right > screen.get_width():
            self.speed[0] = -self.speed[0]
                                                          移动球（在顶边和
        if self.rect.top <= 0 :                           左右两边反弹）
            self.speed[1] = -self.speed[1]

class Paddle(pygame.sprite.Sprite):
    def __init__(self, location = [0,0]):
        pygame.sprite.Sprite.__init__(self)
        image_surface = pygame.surface.Surface([100, 20])
        image_surface.fill([0,0,0])                       定义 Paddle 类
        self.image = image_surface.convert()
        self.rect = self.image.get_rect()
        self.rect.left, self.rect.top = location

pygame.init()
screen = pygame.display.set_mode([640,480])
clock = pygame.time.Clock()                               初始化 Pygame
ball_speed = [10, 5]                                      模块、时钟、球
myBall = Ball('wackyball.bmp', ball_speed, [50, 50])      和球拍
ballGroup = pygame.sprite.Group(myBall)
paddle = Paddle([270, 400])

running = True           ◄——————  while 主循环
while running:                     从这里开始
    clock.tick(30)
    screen.fill([255, 255, 255])
    for event in pygame.event.get():
        if event.type == QUIT:
            running = False
        elif event.type == pygame.MOUSEMOTION:            如果鼠标移动，就同
            paddle.rect.centerx = event.pos[0]            时移动球拍
```

```
    if pygame.sprite.spritecollide(paddle, ballGroup, False):        检查球是否
        myBall.speed[1] = -myBall.speed[1]                           碰到球拍
    myBall.move()                            ◄———— 移动球
    screen.blit(myBall.image, myBall.rect)
    screen.blit(paddle.image, paddle.rect)    重绘屏幕
    pygame.display.flip()
pygame.quit()
```

运行这个程序，应该可以看到图 18-1 中的结果。

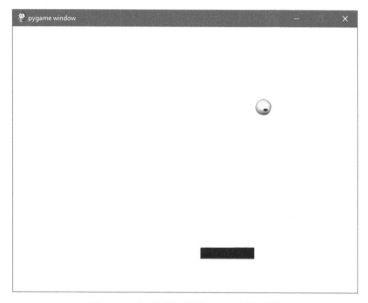

图 18-1　运行代码清单 18-4 中的程序

我试过了，不过这个游戏有点无聊。

也许吧，这可能算不上是一款让人兴奋的游戏，不过这只是刚刚开始，我们以后会继续利用 Pygame 模块来编写游戏。接下来就向这个 PyPong 游戏中增加其他一些功能。

18.5.4　记录分数并用 `pygame.font` 显示

在这个游戏中，我们要跟踪两个数值：一是玩家还有几条命，二是玩家的分数。为简单起见，每当球碰到窗口顶边时，玩家分数就会加 1 分，每位玩家最初都有 3 条命。

我们还需要一种显示玩家分数的方法。Pygame 模块用一个叫作 font 的模块来显示文本，我们可以按照下面的步骤来使用 font 模块。

- ☐ 创建字体对象，告诉 Pygame 模块要用的字体样式和字号。
- ☐ 渲染文本，向字体对象传递一个字符串，得到一个绘制有该文本的新表面。
- ☐ 把这个新表面块移到显示表面。

术语箱

> 在计算机图形学中，渲染（render）是指绘制某个东西，或者让它可见。

这里的字符串就是玩家的分数，不过先要把这个分数从 int 类型转换为 string 类型。

我们需要类似下面这样的一段代码，这段代码要放在代码清单 18-4 的第 35 行与第 37 行之间（在事件循环之前）：

```
score_font = pygame.font.Font(None, 50)        ◀── 创建字体对象      渲染文本到
score_surf = score_font.render(str(score), 1, (0, 0, 0))  ◀── score_surf
score_pos = [10, 10]                           ◀── 设置文本位置      表面
```

第一行代码中的参数 None 告诉 Pygame 模块我们要使用的字体（类型样式），这里 None 表示使用默认字体。

然后，事件循环内部需要下面这样的代码：

```
screen.blit(score_surf, score_pos)    ◀── 把含有分数文本的表面块移到这个位置
```

这样一来，每次循环时就都可以重绘玩家的分数了。

当然会报错啦，卡特，这是因为我们现在才开始创建 score 变量，可以在创建字体对象的代码前面键入这样一行代码：

```
score = 0
```

现在就可以跟踪玩家的分数了……为了让球实现反弹，Ball 类的 move() 方法中已经检测了球碰到窗口顶边的时间，因此这里只要再增加几行代码就可以了：

我试过了，但是程序返回了一个错误（NameError）！

```
if self.rect.top <= 0 :
    self.speed[1] = -self.speed[1]
    score = score + 1
    score_surf = score_font.render(str(score), 1, (0, 0, 0))
```

新增加的两行代码

当球碰到顶边时，程序还是会报错！

```
Traceback (most recent call last):
  File "C:...", line 59, in <module>
    myBall.move()
  File "C:...", line 24, in move
    score = score + 1
UnboundLocalError: local variable 'score'
referenced before assignment
```

哎呀！我们忘记命名空间这回事了。15.5节介绍过命名空间，现在我们就可以实实在在地使用命名空间了。尽管在程序中确实存在叫作score的变量，但是上面的代码试图在Ball类的move()方法中调用这个变量。也就是说，Ball类在寻找叫作score的局部变量，而这个局部变量根本不存在。其实我们是想用已经定义的全局变量score，所以这里只要告诉move()方法使用全局变量score就可以了，如下所示：

```
def move(self):
    global score
```

此外，我们还要把score_font（显示玩家得分的字体对象）和score_surf（包含渲染文本的表面）声明为全局变量。因为我们要在move()方法中更新这些变量，所以正确的代码应当像下面这样：

```
def move(self):
    global score, score_font, score_surf
```

现在这个程序应该能正常工作了！再试试看吧。这回应该能看到窗口左上角的分数了，并且当把球弹到窗口顶边时，这个分数会有所增加。

18.5.5 跟踪玩家还有几条命

接下来得跟踪玩家还有几条命。就现在的程序来说，如果你不小心没接到球，球就会从窗口底边掉下去，再也看不到了，这样你就少了一条命。我们想给每个玩家3条命，以下代码定义了一个叫作lives的变量，并把它设置为3。

```
lives = 3
```

如果玩家漏接了球，让球掉到窗口底边，就要将 lives 的数值减 1。程序等待几秒，然后重新开始，这时屏幕上会出现一个新的球：

```
if myBall.rect.top >= screen.get_rect().bottom:
    lives = lives - 1
    pygame.time.delay(2000)
    myBall.rect.topleft = [50, 50]
```

上面这段代码要放在 while 循环中。至于为什么这里要将球写成 myBall.rect，而要将 screen 写成 get_rect()，主要有下面两个原因。

❑ myBall 是动画精灵，每个动画精灵都包含 rect 属性。
❑ screen 是表面，其中不包含 rect 属性。但是可以用 get_rect() 函数得到一个包含表面的 Rect 对象。

按照上面的代码修改并运行程序，你就会看到每位玩家有 3 条命。

18.5.6 定义一个生命计数器

很多游戏会给玩家几条命，而且大多数这样的游戏会用某种方法在屏幕上显示出当前玩家还剩下几条命。我们也可以在这个游戏中实现这一点。

一种简单的做法就是在屏幕上显示不同数量的球，当前玩家还剩几条命就显示几个球。可以把这些球显示在屏幕的右上角，以下是 for 循环中用到的计算公式，这个循环用来在屏幕上画出生命计数器：

```
for i in range (lives):
    width = screen.get_rect().width
    screen.blit(myBall.image, [width - 40 * i, 20])
```

上面这段代码也要放在 while 主循环中，而且应该放在事件循环的前面，但要放在 screen.blit(score_surf, score_pos) 代码行之后。

18.5.7 游戏结束

最后还要增加一个功能，那就是当玩家输掉最后一条命时，屏幕上要显示一条"游戏结束"的消息。这里要创建两个字体对象，分别包含这条消息和玩家最后的分数，然后渲染这两串文本（创建绘有文本的表面），最后将这些表面块移到 screen 表面上。

另外，当最后一局结束时，屏幕上就不能出现新的球了。为此，要定义 done 变量，指示游戏已经结束。while 主循环中有以下代码，这些代码可以实现上述功能。

```
if myBall.rect.top >= screen.get_rect().bottom:
    lives = lives - 1                                          如果球碰到底边，
    if lives == 0:                                             就减少一条命
        final_text1 = "Game Over"
        final_text2 = "Your final score is: " + str(score)
        ft1_font = pygame.font.Font(None, 70)
        ft1_surf = ft1_font.render(final_text1, 1, (0, 0, 0))   将文本在窗口
        ft2_font = pygame.font.Font(None, 50)                   居中放置
        ft2_surf = ft2_font.render(final_text2, 1, (0, 0, 0))
        screen.blit(ft1_surf, [screen.get_width()//2 - \
                    ft1_surf.get_width()//2, 100])             行连接符
        screen.blit(ft2_surf, [screen.get_width()//2 - \
                    ft2_surf.get_width()//2, 200])
        pygame.display.flip()
        done = True                                            等待2秒，然后
    else:                                                      弹出下一个球
        pygame.time.delay(2000)
        myBall.rect.topleft = [(screen.get_rect().width) - 40*lives, 20]
```

把上面这些内容全部组织在一起，就得到了最终版本的 PyPong 程序，如代码清单 18-5 所示。

代码清单 18-5　最终版本的 PyPong 游戏

```
import pygame, sys

class Ball(pygame.sprite.Sprite):
    def __init__(self, image_file, speed, location):
        pygame.sprite.Sprite.__init__(self)
        self.image = pygame.image.load(image_file)
        self.rect = self.image.get_rect()
        self.rect.left, self.rect.top = location
        self.speed = speed

    def move(self):                                            定义 Ball 类
        global score, score_surf, score_font
        self.rect = self.rect.move(self.speed)
        if self.rect.left < 0 or self.rect.right > screen.get_width():
            self.speed[0] = -self.speed[0]

        if self.rect.top <= 0 :
            self.speed[1] = -self.speed[1]
            score = score + 1
            score_surf = score_font.render(str(score), 1, (0, 0, 0))

class Paddle(pygame.sprite.Sprite):
    def __init__(self, location = [0,0]):
        pygame.sprite.Sprite.__init__(self)
        image_surface = pygame.surface.Surface([100, 20])      定义 Paddle 类
        image_surface.fill([0,0,0])
        self.image = image_surface.convert()
        self.rect = self.image.get_rect()
        self.rect.left, self.rect.top = location
```

```
pygame.init()
screen = pygame.display.set_mode([640,480])
clock = pygame.time.Clock()
myBall = Ball('wackyball.bmp', [10,5], [50, 50])                    初始化
ballGroup = pygame.sprite.Group(myBall)
paddle = Paddle([270, 400])
lives = 3
score = 0
score_font = pygame.font.Font(None, 50)
score_surf = score_font.render(str(score), 1, (0, 0, 0))           创建字体对象
score_pos = [10, 10]
done = False
running = True                      主程序从这里开始
while running:          ◄────       (while 循环)
    clock.tick(30)
    screen.fill([255, 255, 255])
    for event in pygame.event.get():
        if event.type == pygame.QUIT:
            running = False                           检测鼠标运动,
        elif event.type == pygame.MOUSEMOTION:        移动球拍
            paddle.rect.centerx = event.pos[0]
    if pygame.sprite.spritecollide(paddle, ballGroup, False):   检测球与球拍
        myBall.speed[1] = -myBall.speed[1]                      之间的碰撞
    myBall.move()              ◄────        移动球
    if not done:
        screen.blit(myBall.image, myBall.rect)
        screen.blit(paddle.image, paddle.rect)
        screen.blit(score_surf, score_pos)
        for i in range(lives):                                 重绘屏幕
            width = screen.get_width()
            screen.blit(myBall.image, [width - 40 * i, 20])
        pygame.display.flip()
    if myBall.rect.top >= screen.get_rect().bottom:       如果球碰到底边
        lives = lives - 1                                 就减一条命
        if lives == 0:
            final_text1 = "Game Over"
            final_text2 = "Your final score is: " + str(score)
            ft1_font = pygame.font.Font(None, 70)
            ft1_surf = ft1_font.render(final_text1, 1, (0, 0, 0))
            ft2_font = pygame.font.Font(None, 50)                   创建和绘制
            ft2_surf = ft2_font.render(final_text2, 1, (0, 0, 0))   最终的分数
            screen.blit(ft1_surf, [screen.get_width()//2 - \       文本
                        ft1_surf.get_width()//2, 100])
            screen.blit(ft2_surf, [screen.get_width()//2 - \
                        ft2_surf.get_width()//2, 200])
            pygame.display.flip()
            done = True
        else:                                             2 秒之后, 获得新的
            pygame.time.delay(2000)                       一条命, 重新开始
            myBall.rect.topleft = [50, 50]
pygame.quit()
```

运行代码清单 18-5 中的程序, 就可以看到图 18-2 中的结果。

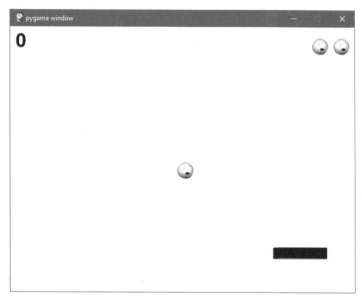

图 18-2　运行代码清单 18-5 中的程序

　　如果你注意观察文本编辑器，就可以看到这里大约有 75 行代码（包括空行）。这是我们目前为止编写的最长的程序，尽管程序运行时看起来还是很简单，但是其中包含了丰富的内容。

　　第 19 章将介绍 Pygame 模块中的声音，我们还会向这个 PyPong 游戏中添加一些声音效果。

你学到了什么

　　在本章中，你学到了以下内容。

- ❏ 事件。
- ❏ Pygame 模块中的事件循环。
- ❏ 事件处理。
- ❏ 键盘事件。
- ❏ 鼠标事件。
- ❏ 定时器事件以及用户事件类型。
- ❏ pygame.font（用于在 Pygame 程序中添加文本）。
- ❏ 把以上几项都组织在一起编写一个小游戏！

测试题

扫码查看
习题答案

1. Pygame 程序可以响应哪两种事件？
2. 处理事件的代码叫什么？
3. Pygame 模块在检测按键时使用的事件类型叫什么？
4. MOUSEMOVE 事件的哪个属性表示鼠标在窗口中的位置？
5. 假如你想增加一个用户事件，如何在 Pygame 模块中找出下一个可用的事件编号？
6. 如何创建一个定时器，从而在 Pygame 模块中生成定时器事件？
7. 如果要在 Pygame 窗口中显示文本，需要用到什么对象？
8. 假如要让 Pygame 窗口中出现某些文本，需要哪 3 个步骤？

动手试一试

1. 在运行上面的程序时，注意一个奇怪的现象：如果球没有碰到球拍的顶边，而是碰到了球拍的左右两边，那么球会在球拍中间持续反弹一段时间。你知道这是为什么吗？你能解决这个问题吗？不要看答案，先自己试着找到解决方案。
2. 试着重写代码清单 18-4 或代码清单 18-5 中的程序，让球的反弹增加一点随机性。比如改变球在球拍或墙上反弹的方式，或者随机设置球移动的速度。第 15 章提到过 random.randint() 和 random.random()，可以利用它们来生成随机的整数或浮点数。

第 19 章

声 音

在第 18 章中，我们用前面学到的图形、动画精灵、碰撞、动画和事件等相关知识编写了第一个图形游戏 PyPong。本章要再介绍一个特性：声音。为了变得更有趣，视频游戏和其他许多程序使用了声音特性。

声音既可以作为输入，也可以作为输出。如果把声音作为输入，需要把麦克风或其他音频设备连接到计算机上，这样程序就会把这些声音记录下来，或者对它们进行一些处理，比如通过互联网发送出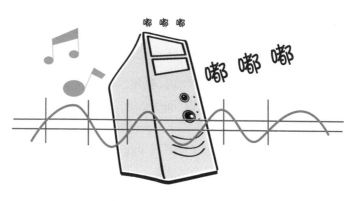去。不过把声音作为输出更为常见，这也正是本书所讨论的内容。本章介绍如何播放音乐或音效等声音，以及如何把声音添加到程序中（比如 PyPong 程序）。

19.1 从 Pygame 模块中寻求更多帮助：`pygame.mixer`

不同计算机播放声音的硬件和软件都是不一样的，有些问题处理起来可能比较复杂，比如图形、声音等。为了简化问题，我们还是先从 Pygame 模块中寻求一些帮助。

Pygame 模块有一个处理声音的模块，叫作 `pygame.mixer`。在现实世界中，获取不同的声音并把这些声音混合在一起的设备叫作 "混音器"（mixer），Pygame 模块中的声音模块正是因此而得名的。

19.2 制造声音与播放声音

程序可以通过两种基本方式来产生声音。第一，程序本身可以生成或合成声音，也就是通过制造不同音高和音量的声波来产生声音。第二，程序可以播放一段提前录制好的声音，这可以是 CD 上的一段音乐、一个 MP3 声音文件，或者是其他类型的声音文件。

本书只介绍第二种方式，即如何在程序中播放声音。至于第一种方式，即生成全新的声音，这部分涉及的内容太多了，考虑到篇幅原因，本书不会对这种方式展开介绍。但如果你对计算机合成声音感兴趣，目前就有很多程序可以利用，这些程序能在计算机中生成音乐和声音。

19.3 播放声音

当计算机播放声音时，首先要从硬盘（也可以是 CD 或互联网）上获取一个声音文件，然后把这个文件转换成可以通过计算机的扬声器或耳机听到的声音。计算机支持多种类型的声音文件，下面是几种比较常见的类型。

❑ 波形文件：文件名以 .wav 结尾，如 hello.wav。
❑ MP3 文件：文件名以 .mp3 结尾，如 mySong.mp3。
❑ WMA[①] 文件：文件名以 .wma 结尾，如 someSong.wma。
❑ Ogg Vorbis 文件：文件名以 .ogg 结尾，如 yourSong.ogg。

我们的例子将使用 .wav 文件和 .mp3 文件，所有要用到的声音文件都放在本书安装目录下的 sounds 文件夹中。以 Windows 计算机为例，这些文件的路径应该是 C:\Program Files\HelloWorld\examples\sounds。

在程序中播放声音文件有两种方法。可以把声音文件复制到当前程序所在的文件夹中，Python 默认在程序所在的文件夹中搜索相关文件。因此，你就可以在程序中直接引用这个声音文件的名字了，如下所示：

```
sound_file = "my_sound.wav"
```

如果声音文件和当前程序不在同一个文件夹中，那么就要把声音文件所在位置明确地告诉 Python，如下所示：

```
sound_file = "C:/Program Files/HelloWorld/examples/sounds/my_sound.wav"
```

———————————
① Windows Media Audio，Windows 媒体音频。

对本章的例子来说，我假设这些声音文件都复制到当前程序所在的文件夹中了。也就是说，如果使用这些声音文件，那么只需要输入相应的文件名，而不是文件的完整路径。但是，如果这些声音文件没有复制到程序所在的文件夹中，就要把程序中的文件名替换为文件的完整路径。

> 如果你是用本书的安装程序来安装的，那么这些例子所用的声音文件都已经在你的硬盘上了。你也可以访问本书网站，找到这些声音文件。

使用 `pygame.mixer`

与使用 Pygame 模块编写的其他程序一样，在程序中播放声音之前，需要导入并初始化 Pygame 模块：

```
import pygame
pygame.init()
```

现在我们已经准备好在程序中播放一些声音了。这些程序主要会用到两种类型的声音，第一种是音效或声音片段，这些声音往往很短，通常保存在 .wav 文件中。对于这种类型的声音，`pygame.mixer` 会用到 Sound 对象，如下所示：

```
splat = pygame.mixer.Sound("splat.wav")
splat.play()
```

第二种常用的声音就是音乐，一般存储在 .mp3 文件、.wma 文件或 .ogg 文件中。在播放这些类型的声音时，需要用到 `mixer.music` 模块，用法如下所示：

```
pygame.mixer.music.load("bg_music.mp3")
pygame.mixer.music.play()
```

像上面这样写的话，文件中的所有声音只会播放一次，然后就停止了。

下面来试着播放一些声音吧。先来播放一下"啪"声（splat）。

这里需要一个 `while` 循环来保证 Pygame 程序能一直运行下去。另外，虽然现在还没有绘制任何图形，但 Pygame 程序仍然需要一个窗口，如代码清单 19-1 所示。

代码清单 19-1　尝试在 Pygame 程序中播放声音

```
import pygame, sys          ← 初始化 Pygame 模块
pygame.init()

screen = pygame.display.set_mode([640,480])   ← 创建 Pygame 窗口

splat = pygame.mixer.Sound("splat.wav")   ← 创建声音对象
splat.play()       ← 播放声音

running = True
while running:
    for event in pygame.event.get():         Pygame 事件循环
        if event.type == pygame.QUIT:
            running = False
pygame.quit()
```

试着运行上面这个程序，看看效果如何吧。

接下来要用 `mixer.music` 模块来播放一些音乐。只需要修改代码清单 19-1 中的两行代码，新的代码如代码清单 19-2 所示。

代码清单 19-2　播放音乐

```
import pygame, sys
pygame.init()

screen = pygame.display.set_mode([640,480])

pygame.mixer.music.load("bg_music.mp3")   ← 修改这两行代码
pygame.mixer.music.play()

running = True
while running:
    for event in pygame.event.get():
        if event.type == pygame.QUIT:
            running = False
pygame.quit()
```

再次运行程序，检查是否可以听到音乐。

不知道你进展得如何，但是我这里播放的声音太响了，我必须把计算机的音量调小一些。下面就来看看怎样在程序中控制音量吧。

19.4　控制音量

我们可以用音量控制开关来调节计算机播放声音的音量。在 Windows 系统中，可以用系统托盘里那个小小的扬声器图标来调节音量。这个音量调节开关可以控制计算机上所有声音的音量，也许扬声器上面也会有一个音量控制杆。

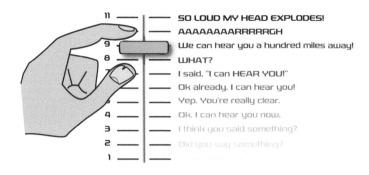

另外，我们还可以控制 Pygame 发送给计算机音频系统的音量。

比如一些视频游戏就有自己的音量控制开关。

好在我们可以单独控制每个声音文件的音量，比如让音乐的音量小一些，而让"啪"声更响一些。

设置音乐播放的音量需要用到 pygame.mixer. music.set_volume() 方法，对声音来说，每个声音对象都有一个 set_volume() 方法。在第一个例子中，声音对象名为 splat，所以我们用了 splat.set_volume() 来调节音量。这里的音量是介于 0 和 1 之间的浮点数，比如 0.5 就是最大音量的 50%（一半）。

现在试试看在同一个程序中同时播放音乐和声音。我们先来播放一首歌曲，最后以"啪"声结尾。另外，把声音的音量再调低一些。可以把音乐的音量设置为 30%，"啪"声的音量设置为 50%，如代码清单 19-3 所示。

代码清单 19-3　带音量调节的音乐和声音播放程序

```python
import pygame, sys
pygame.init()
screen = pygame.display.set_mode([640,480])
pygame.mixer.music.load("bg_music.mp3")
pygame.mixer.music.set_volume(0.30)          调节音乐的音量
pygame.mixer.music.play()
splat = pygame.mixer.Sound("splat.wav")
splat.set_volume(0.50)
splat.play()                                  调节音效的音量
running = True
while running:
    for event in pygame.event.get():
        if event.type == pygame.QUIT:
            running = False
pygame.quit()
```

试着运行这个程序，听听效果如何。

嘿，这个程序从一开始就有"啪"的声音！根本没有等歌曲播放完，它就响了。

怎么会这样呢？

　　卡特注意到了这样一个问题：一旦程序开始播放音乐，它紧接着就会做下一件事情，也就是播放"啪"声。为什么会出现这种情况呢？这是因为音乐通常是作为背景声音使用的，你肯定不希望程序什么也不做，直到整首歌曲播放完后才开始做下一件事情。在下一节中，我们就会让这个程序按我们想要的方式来运行。

19.5　播放背景音乐

　　背景音乐就是玩游戏时其内部播放的音乐。一旦开始播放背景音乐，Pygame 程序就要准备好做其他事情了，比如移动动画精灵，或者检查是否有鼠标和键盘输入的事件。程序不会一直等到音乐结束后才做这些事情。

　　但如果想知道音乐什么时候会结束，该怎么实现呢？或许你想等一首歌播放完就接着播放另一首歌或者另一种声音（就像我们现在要做的一样）。如何确定音乐结束的时间呢？Pygame 模块专门为此提供了一种方法，就是可以询问 mixer.music 模块当前是否正在播放歌曲。如果是，就说明歌曲还没有播放完，否则，就说明当前歌曲已经播放完了。下面我们就来试试看吧。

　　要知道 mixer.music 模块是否还在播放歌曲，可以用该模块中的 get_busy() 函数。如果它还在播放歌曲，函数就会返回 True，否则返回 False。我们这一次要让程序先播放完歌曲，然后再播放音效，最后自动结束程序。代码清单 19-4 中的程序可以实现这些功能。

代码清单 19-4　等待歌曲播放结束

```
import pygame, sys
pygame.init()

screen = pygame.display.set_mode([640,480])
```

```
pygame.mixer.music.load("bg_music.mp3")
pygame.mixer.music.set_volume(0.3)
pygame.mixer.music.play()
splat = pygame.mixer.Sound("splat.wav")
splat.set_volume(0.5)
running = True
while running:
    for event in pygame.event.get():
        if event.type == pygame.QUIT:
            running = False

    if not pygame.mixer.music.get_busy():        ◄──── 检查歌曲是否
        splat.play()                                   播放完毕
        pygame.time.delay(1000)
        running = False                          ◄──── 等待 1 秒让"啪"
pygame.quit()                                          声结束
```

这段代码会先播放一首歌曲，接下来再播放一个音效，最后结束程序。

19.6　重复播放音乐

如果要用一首歌曲作为游戏的背景音乐，你可能想在程序运行过程中一直播放这首歌曲。mixer.music 模块就可以实现这个功能，让音乐重复播放一定的次数，如下所示：

```
pygame.mixer.music.play(3)
```

上面的代码会让歌曲播放 3 次。

还可以传递特殊的参数值 -1，如下所示：

Pygame 文档提到，pygame.mixer.music.play(5) 会播放 6 次歌曲，即第一次播放再加上 5 次重复播放。这个信息是错误的，这行代码只会播放 5 次歌曲。

```
pygame.mixer.music.play(-1)
```

这样一来，歌曲就会一直重复播放，也就是说，只要 Pygame 程序还在运行，歌曲就会一直播放下去。（实际上这个参数不一定非得是 -1，只要是负数就可以。）

19.7　在 PyPong 游戏中添加声音

我们已经学习了播放声音的基本知识，下面就在 PyPong 游戏中添加一些声音吧。

首先要在球每次碰到球拍时添加一个声音。通过碰撞检测技术，我们已经知道球会在什么时候碰到球拍，而且当球碰到球拍时，球会反向移动。你应该还记得代码清单 18-5 中的以下代码：

```
if pygame.sprite.spritecollide(paddle, ballGroup, False):
    myBall.speed[1] = -myBall.speed[1]
```

我们要增加一段代码来播放声音，这就要创建声音对象了：

```
hit = pygame.mixer.Sound("hit_paddle.wav")
```

另外还要设置音量，使声音不至于太吵：

```
hit.set_volume(0.4)
```

当球碰到球拍时，播放"砰"声（hit）：

```
if pygame.sprite.spritecollide(paddle, ballGroup, False):
    myBall.speed[1] = -myBall.speed[1]
    hit.play()                                      ◀──── 播放声音
```

可以把上面这段代码添加到代码清单 18-5 的 PyPong 程序中，注意一定要把 hit_paddle.wav 声音文件复制到 PyPong 程序所在的文件夹中。运行这个程序，当球每次碰到球拍时，你就会听到声音了，界面效果如图 19-1 所示。

图 19-1　当球碰到球拍时发出声音

更多声音

现在，当球碰到球拍时，就会发出"砰"声，接下来还要添加另外一些声音，涉及下面这些场景。

❑ 球碰到左右边界。
❑ 球碰到上边界，而且玩家得分。

❑ 玩家漏接球，球掉到下边界。

❑ 新的一条命开始（复活）。

❑ 游戏结束。

首先我们要给这些场景创建声音对象。可以把下面这些代码放在 `pygame.init()`
方法之后，但在 while 循环之前。

```
hit_wall = pygame.mixer.Sound("hit_wall.wav")
hit_wall.set_volume(0.4)
get_point = pygame.mixer.Sound("get_point.wav")
get_point.set_volume(0.2)
splat = pygame.mixer.Sound("splat.wav")
splat.set_volume(0.6)
new_life = pygame.mixer.Sound("new_life.wav")
new_life.set_volume(0.5)
bye = pygame.mixer.Sound("game_over.wav")
bye.set_volume(0.6)
```

我针对不同的声音尝试了不同的音量，这里选择了我认为相对合适的音量。当然，
你可以按照自己的喜好进行调整，但要记住，这些声音文件都要复制到 PyPong 程序
所在的文件夹中。这些声音文件都可以在 examples\sounds 文件夹中或者本书网站上
找到。

接下来要在这些事件的对应代码中增加 `play()` 方法，比如只要球碰到窗口左
右边界，就发出 hit_wall 声音。我们会在 Ball 类的 `move()` 方法中检测这个事件，
同时让球的 x-speed 反向（让球在窗口的两边"反弹"），即代码清单 18-5 中的第 14
行代码：

```
if self.rect.left < 0 or self.rect.right > screen.get_width():
```

所以当让球反向运动时，也可以播放声音，代码如下：

```
if self.rect.left < 0 or self.rect.right > screen.get_width():
    self.speed[0] = -self.speed[0]
    hit_wall.play()
```

当球碰到窗口左右边
界时播放声音

我们可以对 get_point 声音做同样的处理。在 `move()` 方法下面，我们检测球
是否碰到了窗口的上边界，是的话要让球反弹，并给玩家加 1 分，此外还要播放一
个声音，新代码如下所示：

```
if self.rect.top <= 0 :
    self.speed[1] = -self.speed[1]
    points = points + 1
    score_text = font.render(str(points), 1, (0, 0, 0))
    get_point.play()
```

当玩家得分时播放声音

加入上面这些代码后，试着运行这个程序，看看效果怎么样。

接下来还要添加新的功能，那就是当玩家漏接球而少了一条命时，要播放另一个声音。这个事件可以在 while 主循环中检测，也就是代码清单 18-5 中的第 63 行（if myBall.rect.top >= screen.get_rect().bottom:）。这里只要再增加以下代码就可以了：

```
if myBall.rect.top >= screen.get_rect().bottom:
    splat.play()          ◄—————— 当漏接球而少了一条
    # 如果球掉落到窗口下边界，玩家就少了一条命      命时，播放声音
    lives = lives - 1
```

我们还要在新的一条命开始时播放一个声音，这个事件在代码清单 18-5 最后的 else 语句块中发生。这一次我们要在新的一条命开始之前留出一点时间来播放音效：

```
else:
    pygame.time.delay(1000)
    new_life.play()
    myBall.rect.topleft = [50, 50]
    screen.blit(myBall.image, myBall.rect)
    pygame.display.flip()
    pygame.time.delay(1000)
```

跟原先的程序不同，现在不是等待 2 秒才播放声音，而是只等待 1 秒（1000 毫秒），然后在开始下一轮之前再等待 1 秒。你可以试试看，听听效果如何吧。

这里还要增加一个功能，那就是当游戏结束时要播放一个声音，这个事件在代码清单 18-5 中的第 65 行发生（if lives == 0:）。加入下面这段代码，程序就会播放"拜"（bye）的声音：

```
if lives == 0:
    bye.play()
```

试试看效果如何吧。

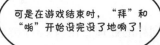

可是在游戏结束时，"拜"和"啪"开始没完没了地响了！

哎呀！我们忘了一件事情。播放这两种声音的代码都放在了 while 主循环中，这样的话，除非 Pygame 窗口关闭，否则声音是不会停止的。也就是说，只要 while 循环还在运行，这些声音就会反复播放！我们需要添加一些代码来确保这些声音只会播放一次。

这就要用到 done 变量了，它会告诉我们游戏什么时候结束。你可以按照下面的样子来修改代码：

```
if myBall.rect.top >= screen.get_rect().bottom:
    if not done:
        splat.play()
    lives = lives - 1          确保声音只会
    if lives == 0:             播放一次
        if not done:
            bye.play()
```

试试看，效果是不是好多了？

我注意到了另外一个问题。

尽管游戏已经结束了，但是听起来球好像还在墙上不停地反弹！？

嗯……这个问题可能要好好考虑一下。上面的程序通过 done 变量来告诉我们游戏什么时候结束，这样我们就能知道什么时候播放"拜"，以及什么时候显示玩家最后的分数。不过这个时候球在做什么呢？

这个时候，球虽然已经到达窗口下边界了，但它仍然在不停地移动！球在一直向下走，越走越远，毫无阻碍，所以球的 y 坐标值会越来越大。虽然球已经在屏幕底边的"下面"了，我们看不到它，但是仍然能听到球的声音！由于球仍然在向下移动，因此当球的 x 坐标值变得足够大或者足够小时，这个球还会在窗口"左右两边"上反弹。球的移动是在 move() 方法中实现的，只要 while 循环还在运行，这个方法就会一直运行下去。

这个问题怎么解决呢？可以参考下面 3 种方法。

❑ 当游戏结束时，把球的速度设置为 [0,0]，阻止球继续移动。
❑ 检查球是否在窗口下边界以下，如果是，就不再播放 hit_wall 声音。
❑ 检查 done 变量，如果游戏已经结束，就不再播放 hit_wall 声音。

这里我选择了第 2 种方法，不过上面 3 种方法都是可行的。你可以选择上面任意一种方法，修改相应的代码来解决这个问题。

19.8　在 PyPong 游戏中添加音乐

我们还有一件事情要做，那就是给游戏添加背景音乐。这需要加载音乐文件，设置音量，然后就开始播放音乐。在玩游戏期间，背景音乐要一直反复播放，所以这里要用特殊的参数值 –1，如下所示：

```
pygame.mixer.music.load("bg_music.mp3")
pygame.mixer.music.set_volume(0.3)
pygame.mixer.music.play(-1)
```

上面这段代码可以放在 while 主循环前面的任意位置，音乐就开始播放了，但是在游戏结束的时候需要让音乐停下来，这一点可以通过一种很好的方法来实现。pygame.mixer.music 中的 fadeout() 方法可以让音乐渐渐淡出，就是以一种温和的方式让音量逐渐减弱直到消失。我们只要告诉它要用多长时间来淡出音乐就可以了，如下所示：

```
pygame.mixer.music.fadeout(2000)
```

上面的代码将淡出时长设置为 2000 毫秒，也就是 2 秒。这一行可以和 done = True 这一行代码放在同一个位置，出现先后顺序均可。

现在我们的程序已经增加了音效和背景音乐。试试看听起来效果怎么样吧！可能你想看看怎样把上面所有的代码都整合到一起，下面就给出这个程序的最终版本，如代码清单 19-5 所示。另外记得一定要把 wackyball.bmp 和所有的声音文件都放在 PyPong 程序所在的文件夹中。

代码清单 19-5　带音效和背景音乐的 PyPong 游戏

```
import pygame, sys

class Ball(pygame.sprite.Sprite):
    def __init__(self, image_file, speed, location = [0,0]):
        pygame.sprite.Sprite.__init__(self)
        self.image = pygame.image.load(image_file)
        self.rect = self.image.get_rect()
        self.rect.left, self.rect.top = location
        self.speed = speed

    def move(self):
        global points, score_text
        self.rect = self.rect.move(self.speed)
        if self.rect.left < 0 or self.rect.right > screen.get_width():
            self.speed[0] = -self.speed[0]
            if self.rect.top < screen.get_height():
                hit_wall.play()          ◄──────  当球碰到窗口左右
                                                  边界时播放声音
```

```
            if self.rect.top <= 0 :
                self.speed[1] = -self.speed[1]
                points = points + 1
                score_text = font.render(str(points), 1, (0, 0, 0))
                get_point.play()
```
← 当球碰到上边界（玩家得分）时播放声音
```
class Paddle(pygame.sprite.Sprite):
    def __init__(self, location = [0,0]):
        pygame.sprite.Sprite.__init__(self)
        image_surface = pygame.surface.Surface([100, 20])
        image_surface.fill([0,0,0])
        self.image = image_surface.convert()
        self.rect = self.image.get_rect()
        self.rect.left, self.rect.top = location
pygame.init()
pygame.mixer.init()
```
← 初始化 Pygame 的 **Sound** 模块

加载音乐文件
```
pygame.mixer.music.load("bg_music.mp3")
pygame.mixer.music.set_volume(0.3)
pygame.mixer.music.play(-1)
hit = pygame.mixer.Sound("hit_paddle.wav")
hit.set_volume(0.4)
new_life = pygame.mixer.Sound("new_life.wav")
new_life.set_volume(0.5)
splat = pygame.mixer.Sound("splat.wav")
splat.set_volume(0.6)
hit_wall = pygame.mixer.Sound("hit_wall.wav")
hit_wall.set_volume(0.4)

get_point = pygame.mixer.Sound("get_point.wav")
get_point.set_volume(0.2)
bye = pygame.mixer.Sound("game_over.wav")
bye.set_volume(0.6)
screen = pygame.display.set_mode([640,480])
clock = pygame.time.Clock()
myBall = Ball('wackyball.bmp', [12,6], [50, 50])
ballGroup = pygame.sprite.Group(myBall)
paddle = Paddle([270, 400])
lives = 3
points = 0

font = pygame.font.Font(None, 50)
score_text = font.render(str(points), 1, (0, 0, 0))
textpos = [10, 10]
done = False

running = True
while running:
    clock.tick(30)
    screen.fill([255, 255, 255])
    for event in pygame.event.get():
        if event.type == pygame.QUIT:
            running = False
        elif event.type == pygame.MOUSEMOTION:
```
← 设置音乐的音量

开始播放音乐，一直重复播放

创建声音对象，加载声音文件，并设置每个声音的音量

```
            paddle.rect.centerx = event.pos[0]

    if pygame.sprite.spritecollide(paddle, ballGroup, False):
        hit.play()
        myBall.speed[1] = -myBall.speed[1]
```

当球碰到球拍时
播放声音

```
    myBall.move()

    if not done:
        screen.blit(myBall.image, myBall.rect)
        screen.blit(paddle.image, paddle.rect)
        screen.blit(score_text, textpos)
        for i in range (lives):
            width = screen.get_width()
            screen.blit(myBall.image, [width - 40 * i, 20])
        pygame.display.flip()

    if myBall.rect.top >= screen.get_rect().bottom:
        if not done:
            splat.play()
        lives = lives - 1
        if lives <= 0:
            if not done:
                pygame.time.delay(1000)
                bye.play()
```

当玩家漏接球时
播放声音

等待1秒，然后播放游
戏结束的声音

```
            final_text1 = "Game Over"
            final_text2 = "Your final score is: " + str(points)
            ft1_font = pygame.font.Font(None, 70)
            ft1_surf = font.render(final_text1, 1, (0, 0, 0))
            ft2_font = pygame.font.Font(None, 50)
            ft2_surf = font.render(final_text2, 1, (0, 0, 0))
            screen.blit(ft1_surf, [screen.get_width()/2 - \
                        ft1_surf.get_width()/2, 100])
            screen.blit(ft2_surf, [screen.get_width()/2 - \
                        ft2_surf.get_width()/2, 200])
            pygame.display.flip()
            done = True
            pygame.mixer.music.fadeout(2000)
        else:
            pygame.time.delay(1000)
            new_life.play()
            myBall.rect.topleft = [50, 50]
            screen.blit(myBall.image, myBall.rect)
            pygame.display.flip()
            pygame.time.delay(1000)
pygame.quit()
```

音乐淡出

当开始新的一条命
时，播放声音

　　上面的代码太长了！（大约有100行，其中还有一些空行。）这个程序完全可以写得简短一些，不过那样的话，阅读和理解代码会更困难一些。其实这几章一直都在逐步完善这个程序，每章都补充了一点新内容，所以你根本不用一次键入这么多代码。

如果你是按照目录顺序来阅读本书的，现在应该理解了这个程序中各个部分的作用以及这些部分是怎样组织到一起的。不过如果你真的需要这个程序的完整代码，也可以在本书安装目录的 examples 文件夹中或本书网站上浏览。

在第 20 章中，我们要编写一个跟现在不一样的图形程序：一个有按钮和菜单的程序，也就是一个 GUI 程序。

你学到了什么

在本章中，你学到了以下内容。

❑ 在程序中添加声音。
❑ 播放声音片段（通常是 .wav 文件）。
❑ 播放音乐文件（通常是 .mp3 文件）。
❑ 确定声音文件已经播放完毕。
❑ 控制音效和音乐的音量。
❑ 让音乐重复播放。
❑ 让音乐渐渐淡出。

测试题

1. 声音文件有哪几种存储类型？
2. 在 Pygame 模块中，哪个模块可以用来播放音乐？
3. 如何在 Pygame 程序中设置声音对象的音量？
4. 如何设置背景音乐的音量？
5. 如何让音乐渐渐淡出？

扫码查看
习题答案

动手试一试

尝试给第 1 章中的猜数游戏添加声音效果。虽然那个游戏采用了文本模式，但它和本章中的例子一样，也需要添加 Pygame 窗口。可以用本书安装目录下的 examples\sounds 文件夹中的一些声音文件，也可以在本书网站上搜索以下文件：

❑ Ahoy.wav
❑ TooLow.wav
❑ TooHigh.wav
❑ WhatsYerGuess.wav

❑ AvastGotIt.wav

❑ NoMore.wav

你也可以自己录制声音，这可能会更有意思。你可以用一个录音工具，比如 Windows 系统中的 Voice Recorder，或者也可以从 Audacity 网站上下载免费的程序，这些程序适用于多种操作系统。

第 20 章

更多 GUI

在第 6 章中，我们编写过一些比较简单的 GUI 程序。那时，我们是用 EasyGUI 来创建对话框的，不过 GUI 程序需要的可不只是对话框。对大多数现代程序而言，其整个程序是在 GUI 环境中运行的。本章将介绍如何使用 PyQt 模块来创建 GUI 程序，从而让程序编写起来更为灵活，也可以更好地控制程序的外观。

PyQt 模块可以用来创建 GUI 程序，下面先来用这个模块编写一个新的温度转换程序。

20.1 使用 PyQt 模块

在使用 PyQt 模块之前，必须确保计算机上已经安装了这个模块。如果你使用了本书的安装程序安装 Python，那么 PyQt 模块就已经安装好了。否则，你需要单独下载并安装该模块，可以登录 Riverbank Computing 网站进行下载。你需要根据当前的操作系统和 Python 版本，选用正确的 PyQt 版本。本书安装程序的版本为 Python 3.7.3，因此这里选用了 PyQt 5.12。

编写 GUI 程序通常可以分为两个主要步骤：首先创建用户界面，然后编写代码让该用户界面实现预期功能。在创建用户界面时，需要在窗口上放置一些东西，比如按钮、文本框、选择框等。然后编写代码，让程序在一些情况下能够做出响应，比如用户单击了按钮，在文本框中输入了内容或选中了选择框中的某项内容。

如果你用 PyQt 模块来设计用户界面，可以用 Qt Designer（Qt 设计器）来创建。下面就来看一下 Qt Designer 是怎样工作的吧。

20.2　Qt Designer

在安装 PyQt 模块时，计算机会同时安装 Qt Designer 程序。找到 Qt Designer 的图标（如果你使用的是 Windows 系统，可以在开始菜单中找一找），启动这个程序，然后就可以看到它的窗口打开了。窗口中间还有一个 New Form（新窗口）对话框，如图 20-1 所示。

Form 是编程术语，意指 GUI 窗口。这里要创建一个新的 GUI 窗口，所以要选择 Main Window（主窗口）选项，然后单击 Create（创建）按钮。现在我们来看一下 Qt Designer 程序界面的其他部分，如图 20-2 所示。

图 20-1　New Form 对话框

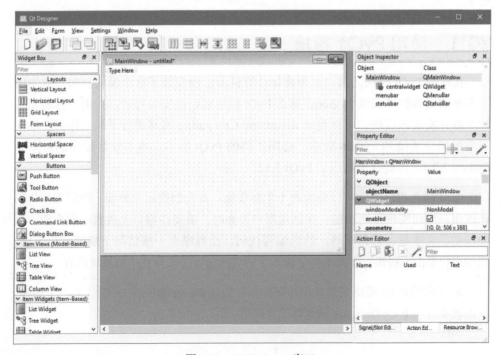

图 20-2　Qt Designer 窗口

可以看到，窗口的左边是 Widget Box（组件列表），其中包含可以在 GUI 程序中使用的各种图形元素，这些元素可以被分为不同的类别。

窗口的右边是 Object Inspector（对象检视器）和 Property Editor（属性编辑器），可以在这里查看和修改各个组件的属性。另外，窗口的右边还有一个面板，其底部包含 3 个标签，它们分别为 Signal/Slot Editor（Signal/Slot 编辑器）、Action Editor（动作编辑器）和 Resource Browser（资源浏览器），每个标签都有自己的功能。

窗口的中间就是刚刚创建的空白窗口。这个空白窗口的顶部写着 MainWindow - untitled，这是因为你还没有给这个新窗口命名。窗口中间的空白区域就是用来放置各种组件并制作用户界面的地方。在 macOS 系统中，你需要在 Qt Designer ▶ Preferences 菜单中将 user interface mode（用户界面模式）从 Multiple Top-Level Windows（浮动窗口）改为 Docked Window（集成窗口）才能看到这个界面。不然的话，所有的面板都会浮动成独立的窗口。

20.2.1 添加按钮

接下来在 GUI 窗口中添加一个按钮。在 Qt Designer 窗口的左边，找到 Buttons 部分（按钮组），然后找到 Push Button 组件，如图 20-3 所示。

可以用鼠标将 Push Button 拖动到窗口的空白区域中，然后松开鼠标，将按钮放在窗口中的某个地方。现在这个窗口中就有了一个按钮，上面的文字是 PushButton，如图 20-4 所示。

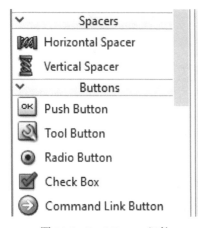

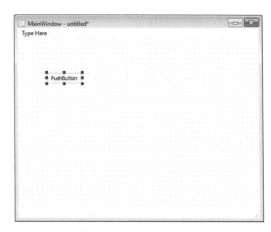

图 20-3　Push Button 组件　　　　　　图 20-4　PushButton 按钮

注意窗口右边的 Property Editor。如果这个新的按钮仍然处于选中状态（按钮周围有蓝色小方块包围），就能在 Property Editor 中看到按钮的属性，比如按钮的名字是 PushButton。向下滚动属性列表还会看到按钮的其他属性，比如 X（横坐标）、Y（纵坐标）、Width（宽度）和 Height（高度）。

20.2.2　修改按钮的属性

要修改按钮的大小或者按钮在窗口中的位置，有两种方法：第一，使用鼠标；第二，修改按钮的大小属性值和位置属性值。如果要用鼠标来改变按钮大小，可以单击按钮四周任意蓝色小方块，即**操作点**（handle），然后拖动按钮的某一条边或者某一个角来缩放按钮。如果要用鼠标来移动按钮，单击按钮的任意部分，然后把它拖动到新的位置即可。如果要通过属性来实现，则可以单击并展开 geometry（几何）属性旁边的小三角形，就可以看到 X、Y、Width 和 Height 等属性，如图 20-5 所示。修改这些属性的值就可以调整按钮大小或者移动按钮位置了。尝试用这两种方法来调整按钮的大小和位置，看看是否能达到预期效果。

此外，还可以修改按钮上显示的文字。现在按钮上显示的文字和按钮的名字是一样的，但这只是默认的文字，下面我们看一下如何将按钮上的文字变为"I'm a Button!"。第一种方法是向下滚动 Property Editor，找到 text（文本）属性，然后把它的值改为"I'm a Button!"。第二种方法是在按钮上双击鼠标，然后直接修改文字，如图 20-6 所示。

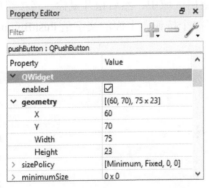

图 20-5　通过修改属性值来调整按钮大小或移动按钮

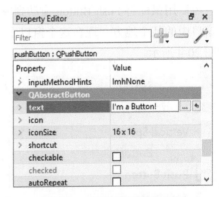

图 20-6　修改按钮上的文字

现在按钮上的文字已经变成了"I'm a Button!"，但是 objectName（对象名）属性没有变化，这个按钮组件的名字仍然是 PushButton。如果你要在代码中操作这个按钮，就可以用这个名字来引用它。

20.3 保存 GUI

下面我们要把刚才创建的 GUI 保存起来。在 PyQt 模块中，GUI 的描述信息都保存在后缀为 .ui 的文件中，这个文件包含了窗口、菜单和相关组件的所有信息，也就是 Qt Designer 右侧的属性窗口中显示的信息。现在我们就要把这些信息都保存到一个文件中，这样 PyQt 程序运行时就可以读取这些信息了。

在保存 GUI 时，需要打开 File（文件）菜单，选择 Save As（另存为），然后给这个文件指定一个文件名。下面我们把刚才创建的 GUI 命名为 MyFirstGui，注意，文件的扩展名自动设置成了 .ui，也就是说，该 GUI 会被保存为 MyFirstGui.ui 文件。另外，需要确保这个文件保存在了你想要保存的文件夹中。因为在默认情况下，Qt Designer 会将文件保存到其本身所在的文件夹中，而这两个文件夹可能并不统一，所以在单击 Save 按钮之前，要切换到保存 Python 程序的文件夹。

你可以在任何文本编辑器（包括 IDLE）中打开这个文件，打开后会看到下面这样的内容：

```
<?xml version="1.0" encoding="UTF-8"?>
<ui version="4.0">
 <class>MainWindow</class>
 <widget class="QMainWindow" name="MainWindow">
  <property name="geometry">
   <rect>
    <x>0</x>
    <y>0</y>
    <width>576</width>
    <height>425</height>
   </rect>
  </property>
  <property name="windowTitle">
   <string>MainWindow</string>
  </property>
  <widget class="QWidget" name="centralwidget">
   <widget class="QPushButton" name="pushButton">
    <property name="geometry">
     <rect>
      <x>60</x>
      <y>70</y>
      <width>121</width>
      <height>41</height>
     </rect>
    </property>
    <property name="toolTip">
     <string/>
    </property>
    <property name="text">
     <string>I'm a Button!</string>
```

定义窗口（背景）

定义按钮

```
      </property>
    </widget>
  </widget>
  <widget class="QMenuBar" name="menubar">
    <property name="geometry">
     <rect>
      <x>0</x>
      <y>0</y>
      <width>576</width>
      <height>21</height>
     </rect>
    </property>
  </widget>
  <widget class="QStatusBar" name="statusbar"/>
 </widget>
 <resources/>
 <connections/>
</ui>
```

定义按钮

上面的内容看起来有点费解，但是如果你再仔细看看，就可以看到描述窗口的部分、描述按钮的部分以及目前还没有讨论到的其他部分（比如菜单和状态栏）。

20.4 让 GUI 做点事情

我们现在有了一个非常简单的 GUI，其中包含一个按钮。可是这个按钮还没有任何功能，这是因为，我们还没有编写代码来告诉程序当有人单击按钮时要执行什么处理。这就像你有一辆汽车，虽然这辆汽车有车身和 4 个轮子，但是没有发动机。尽管汽车看起来很不错，但是哪里也去不了。

接下来，我们要编写一段代码让程序运行起来，代码清单 20-1 展示了最基础的代码：

代码清单 20-1　PyQt 程序运行所需的最基础的代码

```
import sys
from PyQt5 import QtWidgets, uic          ← 导入需要的 PyQt 库

form_class = uic.loadUiType("MyFirstGui.ui")[0]   ← ❶ 加载在 Qt Designer
                                                      中创建的用户界面
```

```
class MyFirstWindow(QtWidgets.QMainWindow, form_class):
    def __init__(self, parent=None):
        QtWidgets.QMainWindow.__init__(self, parent)
        self.setupUi(self)

app = QtWidgets.QApplication(sys.argv)
myWindow = MyFirstWindow()
myWindow.show()
app.exec_()
```

为主窗口定义一个类

运行事件循环的 PyQt 对象

创建窗口类的实例

启动程序并显示 GUI 窗口

如果你想知道以上代码中❶行结尾处的 [0] 是什么含义，请看右面的解释。

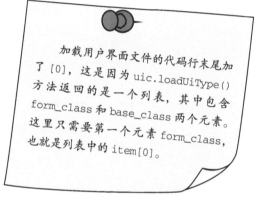

加载用户界面文件的代码行末尾加了 [0]，这是因为 uic.loadUiType() 方法返回的是一个列表，其中包含 form_class 和 base_class 两个元素。这里只需要第一个元素 form_class，也就是列表中的 item[0]。

你大概已经猜到了，跟 Python 一样，PyQt 模块中的一切都是对象。每个窗口也都是对象，要用 class 关键字来定义。这个程序以及其他所有用 PyQt 模块编写的程序都有一个类，这个类会继承 PyQt 模块中的 QMainWindow 类。在代码清单 20-1 中，我们调用了 MyFirstWindow 类（第 6 行），其实这个类也可以用其他名字来命名。记住，类的定义只是一个蓝图，我们还要根据这个蓝图把程序构建出来，也就是创建类的实例。这里通过 myWindow = MyFirstWindow() 创建了一个实例，也就是说，myWindow 是 MyFirstWindow 类的一个实例。

可以把上面的代码键入到 IDLE 窗口中，并将其保存为 MyFirstGui.py 文件。

❑ 主程序：MyFirstGui.py
❑ 用户界面文件：MyFirstGui.ui

上面这两个文件需要保存在同一个文件夹中，这样主程序才能找到 GUI 文件并在程序启动时进行加载。

现在可以直接在 IDLE 中运行这个程序。在程序运行时，窗口会打开，这时可以单击按钮，但是屏幕没有什么变化。虽然程序已经运行起来了，但是我们还没有为按钮编写任何事件响应代码。单击窗口标题栏中的叉号"×"，就可以关闭这个程序。

现在来实现一个非常简单的功能，就是当单击按钮时，把按钮移动到窗口中的另一个位置。在代码清单 20-1 中增加部分代码，如代码清单 20-2 所示（第 10 ~ 17 行）。

代码清单 20-2　为按钮添加事件处理器

```
import sys
from PyQt5 import QtWidgets, uic

form_class = uic.loadUiType("MyFirstGui.ui")[0]

class MyFirstWindow(QtWidgets.QMainWindow, form_class):
    def __init__(self, parent=None):
        QtWidgets.QMainWindow.__init__(self, parent)
        self.setupUi(self)
        self.pushButton.clicked.connect(self.button_clicked)

    def button_clicked(self):
        x = self.pushButton.x()
        y = self.pushButton.y()
        x += 50
        y += 50
        self.pushButton.move(x, y)

app = QtWidgets.QApplication(sys.argv)
myWindow = MyFirstWindow()
myWindow.show()
app.exec_()
```

将事件处理器与
事件关联起来

增加这几行代
码，每次单击
鼠标时让按钮
移动起来

事件处理器

在单击按钮时，
移动按钮

这里一定要让整个 def 块相对 class 语句缩进 4 个空格，如代码清单 20-2 所示。这是因为，所有的用户界面组件都在窗口中，也就是说，它们是窗口的一部分，所以按钮事件处理器的代码也应该放在这个类的定义中。

运行上面这个程序，看看单击按钮时会发生什么。下一节将详细分析上面这段代码。

20.5　重温事件处理器

在前几章的 Pygame 程序中，我们已经学习了事件处理器，以及如何用事件处理器来查找键盘和鼠标的活动，也就是事件，这在 PyQt 程序中同样适用。

我们在 MyFirstWindow 类中给窗口定义了事件处理器。由于按钮在主窗口中，因此按钮的事件处理器也要放在这个类中。

首先要告诉主窗口，我们是在给一个特定的用户界面组件编写事件处理器，也就是代码清单 20-2 中的第 10 行：

```
self.pushButton.clicked.connect(self.button_clicked)
```

上面的代码将事件（self.pushButton.clicked）及其事件处理器（self.button_clicked）进行了关联（绑定）。事件处理器 button_clicked 的定义是从第

12 行开始的，`clicked` 事件是 `button` 类可以触发的一个事件，另外还有 `pressed` 事件（按下鼠标）和 `released` 事件（松开鼠标）。

像 Python 程序员一样思考

将按钮事件和事件处理器关联起来的过程称为事件绑定，这是将不同事物关联在一起的编程术语。在 PyQt 和其他许多事件驱动编程体系中，你经常会听到"绑定"这个词，通常是将一个事件或者其他信号量（signal）与用来处理该事件或信号量的代码进行绑定。信号量又是一个编程术语，通常用于将信息从代码中的一个地方传递到另外一个地方。

20.5.1　`self`

`button_clicked()` 事件处理器中有一个参数 `self`，第 14 章在刚开始讨论对象的时候提到过，`self` 指的是当前方法所属的对象实例。这里的事件都是由背景或主窗口对象来触发的，也就是说，是这个窗口对象在调用事件处理器。`self` 就是指主窗口对象，你可能会认为 `self` 指的是当前被单击的用户界面组件，其实并不是，它指的是包含用户界面组件的窗口对象。

20.5.2　移动按钮

如果要对按钮执行某些操作，我们该怎么访问这个按钮呢？ PyQt 可以自动管理窗口中所有组件的状态，你已经知道 `self` 指向窗口对象，`pushButton` 就是这个组件的名字，因此我们可以用 `self.pushButton` 来访问这个组件。

在代码清单 20-2 所示的例子中，每当单击按钮时，它都会移动。按钮在窗口中的位置取决于 `geometry` 属性，该属性包含横坐标、纵坐标、宽度和高度（如图 20-5 所示）。有两种方法可以改变这些属性，一种方法是用 `setGeometry()` 方法来

修改按钮的几何属性，另一种方法是用 move() 方法，如代码清单 20-2 所示。但是
move() 方法只改变横坐标和纵坐标，不改变按钮的宽度和高度。横坐标表示按钮与
窗口左边界的距离，纵坐标表示按钮与窗口上边界的距离。窗口左上角的位置就是
[0, 0]，这与 Pygame 中一样。

运行上面这个程序，你会看到按钮被单击几次后就从窗口右下角消失了。如果
还想看到按钮，可以调整窗口的大小（拖动窗口的某条边或者某个角），让窗口变得
更大，这样就能再次看到按钮了。要关闭窗口的话，可以单击窗口标题栏中的叉号
"×"，或者用操作系统中的相关功能来关闭这个程序。

注意，与 Pygame 程序不同的是，现在无须考虑怎么把按钮从原先的位置上"擦
除"，然后在新位置上重新绘制按钮。我们只需要移动按钮，至于擦除和重绘按钮，
PyQt 程序会自动完成。

20.6 更多实用的 GUI 程序

虽然我们的第一个 PyQt GUI 程序有助于学习如何使用 PyQt 模块编写 GUI 程序，
但是这个程序不太实用，而且也没有什么意思。因此，在本章的后续内容和第 22 章中，
我们打算再开发两个项目，首先开发一个小项目，然后开发一个稍大的项目。通过
这两个项目，我们就会更深入地了解 PyQt 模块的用法了。

第一个项目是 PyQt 版本的温度转换程序。在第 22 章中，我们要用 PyQt 模块来
编写 Hangman 游戏的 GUI 版本。本书在后面还会介绍如何用 PyQt 编写一个电子宠
物程序。

20.7 TempGUI 程序

在第 3 章的"动手试一试"中，你已经编写了第一个温度转换程序。在第 5 章中，
我们又给这个程序增加了用户输入功能，这样一来，需要转换的温度就无须硬编码了。
在第 6 章中，我们用 EasyGUI 来获取用户输入并将输出显示到屏幕上。现在，我们
要用 PyQt 模块来编写这个温度转换程序的图形化版本。

TempGUI 组件

我们的温度转换 GUI 程序相当简单，只需实现以下元素即可。

❑ 输入温度的文本框（摄氏度或华氏度）。

　　❑ 完成温度转换的按钮。

　　❑ 向用户显示相关信息的一些标签。

　　现在对摄氏度和华氏度分别采用两种输入组件，这里只是为了好玩而已，在真实的程序中千万不要这么做，否则只会把人搞糊涂，现在只是为了学习如何使用这些用户界面组件！

　　创建好 GUI 的布局后，可以看到类似图 20-7 中的效果。

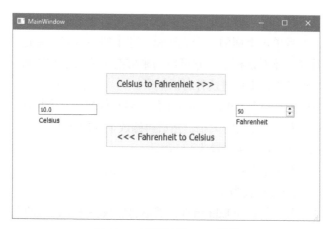

图 20-7　温度转换 GUI 程序

　　也许你可以独立完成这个程序，因为 Qt Designer 对用户非常友好，使用起来很方便，不过为了以防万一，我还是要对某些步骤给出相应的解释。这样也可以确保我们用同样的名字来命名用户界面组件，从而更好地理解后面的代码。

　　这里并不要求所有的用户界面组件都完全对齐，也不一定要完全按照图 20-7 中的布局来摆放用户界面组件，只要看起来大致相同就可以了。

20.8　创建新的 GUI 程序

　　第一步就是要创建新的 PyQt 项目。如果你关闭当前的 GUI（MyFirstGui.ui），Qt Designer 会重新打开 New Form 窗口，这时，在确保 Main Window 被选中的情况下，单击 Create 按钮即可创建新项目。

　　下面在新窗口中添加组件：Celsius（摄氏度）的输入框是 Line Edit（行编辑）组件，Fahrenheit（华氏度）的输入框是 Spin Box（滚动框）组件，每个温度输入框下面的标签都是 Label（标签）组件，另外还有两个 Push Button 组件。在 Widget Box 栏中向下滚动，就可以找到这些组件，下面是创建这个 GUI 的具体步骤。

1. 在 Widget Box 中找到 Push Button 组件，并将它拖曳到窗口中，这时在窗口中就会出现一个新按钮，然后进行下面的操作。
   - ❏ 拖动按钮四周的操作点，或者在 geometry 属性中，输入新的 Width 值和 Height 值（如图 20-5 所示），将按钮设置成你想要的大小。
   - ❏ 将 objectName 属性设置为 btnFtoC。
   - ❏ 将 text 属性设置为 <<< Fahrenheit to Celsius。
   - ❏ 将 font size（字体大小）设置为 12。可以在 Property Editor 中找到 font 属性，然后单击上面的三个点按钮，这个按钮看起来像这样：⬚。接着你就能看到字体对话框了，它可以用来修改字体大小和风格，你可能已经在其他文本编辑器中见过这种对话框了。

2. 向窗口中再拖入一个 Push Button 组件，将它放在第一个按钮的上方，并把按钮的尺寸设置为你想要的大小，然后再修改下面的设置。
   - ❏ 将 objectName 属性设置为 btnCtoF。
   - ❏ 将 text 属性设置为 Celsius to Fahrenheit >>>。
   - ❏ 将 font size 设置为 12。

3. 向窗口中拖入一个 Line Edit 组件，然后将它放在两个按钮的左边。
   - ❏ 将该组件的 objectName 属性设置为 editCel。

4. 向窗口中拖入一个 Spin Box 组件，然后将它放在两个按钮的右边。
   - ❏ 将该组件的 objectName 属性设置为 spinFahr。

5. 向窗口中拖入一个 Label 组件，然后将它放在 Line Edit 组件的下方。
   - ❏ 将该组件的 text 属性设置为 Celsius。
   - ❏ 将该组件的 font size 设置为 10。

6. 再向窗口中拖入一个 Label 组件，然后将它放在 Spin Box 组件的下方。
   - ❏ 将该组件的 text 属性设置为 Fahrenheit。
   - ❏ 将该组件的 font size 设置为 10。

到目前为止，所有的 GUI 组件都已经放置完毕，并且设置了相应的名字和标签。你可以把这个用户界面保存为 tempconv.ui 文件，就是在 Qt Designer 中选择 File ➤ Save As，输入名称并保存即可。记得要把这个文件的保存路径改为存有 Python 程序的目录。

接下来在 IDLE 中新建一个文件，然后键入一些必要的 PyQt 代码，或者从第一个程序中复制过来。

```
import sys
from PyQt5 import QtWidgets, uic

form_class = uic.loadUiType("tempconv.ui")[0]

class TemperatureConverterWindow(QtWidgets.QMainWindow, form_class):
    def __init__(self, parent=None):
        QtWidgets.QMainWindow.__init__(self, parent)
        self.setupUi(self)

app = QtWidgets.QApplication(sys.argv)
myWindow = TemperatureConverterWindow()
myWindow.show()
app.exec_()
```

20.8.1　将摄氏度转换为华氏度

首先实现从摄氏度到华氏度的转换。将摄氏度转换为华氏度的公式如下：

```
fahr = cel * 9 / 5 + 32
```

我们要从 editCel 组件中获取摄氏度，然后进行相应的计算，再把计算结果放到 spinFahr 组件中。这些事件都应当在用户单击 Celsius to Fahrenheit 按钮时发生，因此要把相应的代码放在该按钮的事件处理器中。

首先将按钮的 clicked 事件关联到事件处理器：

```
self.btnCtoF.clicked.connect(self.btnCtoF_clicked)
```

就像第一个程序那样，我们要将这段代码放在 TemperatureConverterWindow 类的 __init__() 方法中。

然后定义事件处理器。这里可以用 self.editCel.text() 从 Celsius 输入框（名为 editCel 的 Line Edit 组件）中读取摄氏度。由于读取的温度值为字符串，因此我们要将它转换为浮点数，如下所示：

```
cel = float(self.editCel.text())
```

接着进行单位转换：

```
fahr = cel * 9 / 5 + 32
```

要将计算结果放到华氏度的输入框中，也就是名为 spinFahr 的 Spin Box 组件。这里要注意一点：Spin Box 组件中的值只能是整数，不能是浮点数。因此，在放入 Spin Box 组件之前，要先将计算结果转换为整数。Spin Box 组件中的数字就是它的

value 属性值，所以可以这样编写代码：

```
self.spinFahr.setValue(int(fahr))
```

另外还要给计算结果加上 0.5，这样在用 int() 函数将浮点数转换为整数时，才会用四舍五入的方法得到最接近计算结果的整数值，而不是向下取整。将上面这些代码组织到一起就会得到下面的结果。

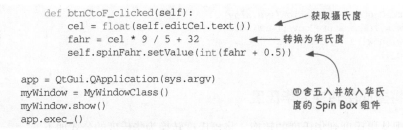

```
def btnCtoF_clicked(self):                          获取摄氏度
    cel = float(self.editCel.text())
    fahr = cel * 9 / 5 + 32                          转换为华氏度
    self.spinFahr.setValue(int(fahr + 0.5))

app = QtGui.QApplication(sys.argv)                   四舍五入并放入华氏
myWindow = MyWindowClass()                           度的 Spin Box 组件
myWindow.show()
app.exec_()
```

20.8.2 将华氏度转换为摄氏度

将华氏度转换为摄氏度的代码与上面的很类似，它的公式是：

```
cel = (fahr - 32) * 5 / 9
```

同样，要将代码放在 <<< Fahrenheit to Celsius 按钮的事件处理器中。我们可以将事件处理器关联到这个按钮上（在窗口的 __init__() 方法中）：

```
self.btnFtoC.clicked.connect(self.btnFtoC_clicked)
```

然后，在事件处理器中从 Spin Box 组件上获取华氏度：

```
fahr = self.spinFahr.value()
```

由于这个温度已经是整数了，因此不需要做类型转换。接下来应用下面的公式：

```
cel = (fahr - 32) * 5 / 9
```

最后把计算结果转换为一个字符串，放到摄氏度的文本框中：

```
self.editCel.setText(str(cel))
```

整个程序如代码清单 20-3 所示。

代码清单 20-3 温度转换程序

```
import sys
from PyQt5 import QtWidgets, uic

form_class = uic.loadUiType("tempconv.ui")[0]            加载用户界面定义
class TemperatureConverterWindow(QtWidgets.QMainWindow, form_class):
    def __init__(self, parent=None):
        QtWidgets.QMainWindow.__init__(self, parent)
        self.setupUi(self)
        self.btnCtoF.clicked.connect(self.btnCtoF_clicked)     绑定按钮的
        self.btnFtoC.clicked.connect(self.btnFtoC_clicked)     事件处理器

    def btnCtoF_clicked(self):
        cel = float(self.editCel.text())                     CtoF 按钮的
        fahr = cel * 9 / 5.0 + 32                            事件处理器
        self.spinFahr.setValue(int(fahr + 0.5))

    def btnFtoC_clicked(self):
        fahr = self.spinFahr.value()
        cel = (fahr - 32) * 5 / 9.0                          FtoC 按钮的
        self.editCel.setText(str(cel))                      事件处理器

app = QtWidgets.QApplication(sys.argv)
myWindow = TemperatureConverterWindow(None)
myWindow.show()
app.exec_()
```

可以把这个程序保存为 TempGui.py 文件。运行程序就可以测试温度转换功能了。

20.8.3 一点小小的改进

注意，当使用这个程序将华氏度转换为摄氏度时，转换后的温度带了很多个小数位，而文本框中的某些小数位应该是可以去掉的。我们可以用**打印格式化**（print formatting）的技术解决这个问题，目前还没有讨论这个技术，如果你想深入了解它，可以直接跳到第 21 章。当然，如果暂时不想了解，也可以先键入这里给出的代码，也就是用下面这两行代码替换 btnFtoC_clicked 事件处理器中的最后一行。

```
cel_text = '%.2f' % cel
self.editCel.setText(cel_text)
```

这样显示温度时，就只有两位小数了。

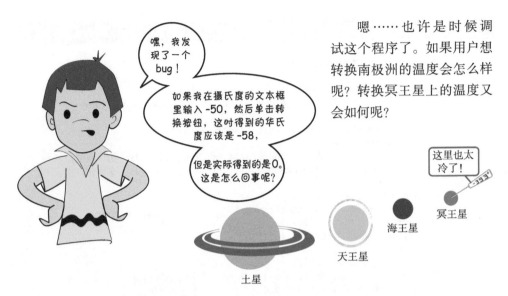

20.9 消灭 bug

之前我们提到过，想要知道程序中发生了什么事情，有一个很好的方法就是在程序运行时把某些变量的值打印出来。下面我们就来试试看吧。

20.8.3 节提到的问题看起来是程序不能将摄氏度成功转换为华氏度，我们来着手解决这个问题吧。把下面这行代码添加到代码清单 20-3 中 `btnCtoF_clicked` 事件处理器的最后一行之后：

```
print('cel = ', cel, ' fahr = ', fahr)
```

现在，当单击 `Celsius to Fahrenheit >>>` 按钮时，就可以看到 IDLE 窗口中打印出了 `cel` 变量和 `fahr` 变量的值。我们取几个不同的 `cel` 值进行转换，看看会发生什么。我得到了下面的结果：

```
>>>
RESTART: C:/Users/Carter/Programs/TempGui.py
cel =  50.0   fahr =  122.0
cel =  0.0   fahr =  32.0
cel =  -10.0   fahr =  14.0
cel =  -50.0   fahr =  -58.0
```

从上面的结果来看，`fahr` 值计算得很正确。可是为什么华氏度的文本框不能显示小于 0 或大于 99 的数呢？

再回到 Qt Designer，单击那个用来显示和输入华氏度的 **spinFahr** 组件，滚动右边的 Property Editor 可以看到不同的属性。在靠下的部分，你注意到 minimum（最小值）和 maximum（最大值）了吗？它们的值分别是什么？现在你能猜出这个问题出在哪里了吗？

20.10　菜单上是什么

我们的温度转换 GUI 窗口中有一些按钮，可以用来转换温度。此外，很多 GUI 程序还会提供一些菜单来实现某些功能，这些功能有时候也可以通过单击按钮的方式来操作，那为什么要采用两种方式来实现同样的功能呢？

其实，有些用户习惯用菜单来操作，而不喜欢单击按钮。复杂的程序可能会有很多功能，如果不用菜单，就要用到很多按钮，这样的话，界面就会变得杂乱无章。另外，菜单还可以通过键盘来操作。有人发现，当手离开键盘再用鼠标操作的话会很慢，而直接用菜单操作的速度会快得多。

下面我们就来添加一些菜单项，给用户提供另外一种转换温度的途径。另外也可以添加一个 File ➤ Exit（退出）菜单项，大多数的程序会有这个菜单项。

PyQt 提供了一种创建和编辑菜单的方式。如果你在 Qt Designer 的左上角找一下，就会看到 Type Here（在此输入），这就是创建菜单的地方。在大多数程序中，第一个菜单项通常是 File 菜单，因此我们也从这个文件菜单开始吧。单击写有 Type Here 的区域，输入 File，然后按回车键（Enter）。这时你应该能看到 File 菜单已经出现了，在这个菜单的旁边和下面还有可以输入更多菜单的区域，如图 20-8 所示。

图 20-8　File 菜单

20.10.1 添加菜单项

在 File 菜单下，我们还要添加 Exit 菜单项。在 File 菜单下方写有 Type Here 的区域中输入 Exit，然后按回车键即可。

接下来添加用于转换温度的菜单项（假设用户不想使用按钮）。在 File 菜单右侧写有 Type Here 的区域，输入 Convert（转换），然后在其下方再分别创建两个子菜单项：C to F（摄氏度转华氏度）和 F to C（华氏度转摄氏度）。完成上述操作之后的界面如图 20-9 所示。

现在 Qt Designer 窗口右上角的 Object Inspector 将如图 20-10 所示。

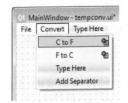

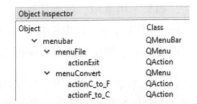

图 20-9　添加 Convert 菜单项　　　　图 20-10　已添加菜单项的 Object Inspector

你可以看到 File 菜单和 Convert 菜单，以及 Exit 菜单项、C to F 菜单项和 F to C 菜单项。在 PyQt 的术语中，菜单项是 `QAction` 类的实例。这样命名是有一定含义的，那就是当选中菜单项时，程序会执行一些“动作”（action）。

可以把刚才修改过的 Qt Designer 文件保存为 tempconv_menu.ui 文件。

有了菜单项（或者说动作）后，就要将这些菜单项的事件绑定到各自的事件处理器上。其实对 C to F 菜单项和 F to C 菜单项来说，事件处理器已经有了，也就是我们之前给按钮编写的事件处理器。当单击菜单项时，我们想让程序执行与单击按钮后同样的操作，因此只要将菜单项和之前的事件处理器绑定即可。

在 macOS 系统中，还需要取消选择 menubar（菜单栏）对象的 nativeMenuBar 属性，它应该是 Property Editor 中的最后一个属性。否则你的菜单会和 Python 的主菜单冲突，PyQt 程序的 File 菜单会消失。

对菜单项来说，我们要处理的不是 `clicked` 事件，而是 `triggered` 事件。我们要把 C to F 菜单项关联到事件处理器，而这个事件处理器就是按钮的事件处理器，也就是 `btnCtoF_clicked`。将菜单项和事件处理器关联起来的代码如下所示：

```
self.actionC_to_F.triggered.connect(self.btnCtoF_clicked)
```

同样，F to C 菜单项也需要关联事件处理器。

对 Exit 菜单项来说，我们要创建一个新的事件处理器来绑定退出事件。可以把事件处理器命名为 menuExit_selected，绑定事件的代码如下所示：

```
self.actionExit.triggered.connect(self.menuExit_selected)
```

Exit 菜单项的事件处理器函数体其实只有一行代码，就是关闭窗口：

```
def menuExit_selected(self):
    self.close()
```

最后要将已加载的 GUI 文件（第 3 行）改为前面保存的已添加菜单项的文件，即 tempconv_menu.ui 文件。

完成上面这些修改后，整个程序应该如代码清单 20-4 所示。

代码清单 20-4　含菜单的温度转换程序

```
import sys
from PyQt5 import QtWidgets, uic

form_class = uic.loadUiType("tempconv_menu.ui")[0]          加载含菜单的 GUI 文件

class TemperatureConverterWindow(QtWidgets.QMainWindow, form_class):
    def __init__(self, parent=None):
        QtWidgets.QMainWindow.__init__(self, parent)
        self.setupUi(self)
        self.btnCtoF.clicked.connect(self.btnCtoF_clicked)      关联 Convert
        self.btnFtoC.clicked.connect(self.btnFtoC_clicked)      菜单项和事件处理器
        self.actionC_to_F.triggered.connect(self.btnCtoF_clicked)
        self.actionF_to_C.triggered.connect(self.btnFtoC_clicked)
        self.actionExit.triggered.connect(self.menuExit_selected)

    def btnCtoF_clicked(self):                                  关联 Exit 菜单项
        cel = float(self.editCel.text())                        和事件处理器
        fahr = cel * 9 / 5 + 32
        self.spinFahr.setValue(int(fahr + 0.5))

    def btnFtoC_clicked(self):
        fahr = self.spinFahr.value()
        cel = (fahr - 32) * 5 / 9
        self.editCel.setText(str(cel))

    def menuExit_selected(self):                                Exit 菜单项的事件处理器
        self.close()

app = QtWidgets.QApplication(sys.argv)
myWindow = TemperatureConverterWindow(None)
myWindow.show()
app.exec_()
```

20.10.2 菜单项的热键

我们在前面说过，有些人喜欢用菜单而不喜欢用按钮，其中一个原因就是有菜单的话，他们可以在不用鼠标的情况下直接用键盘来操作。现在我们的菜单都已经可以用鼠标来操作了，但还不能用键盘来操作。接下来要为菜单设置热键。

热键（hotkey）又称快捷键，可以让你用键盘来操作菜单项。在 Windows 系统和 Linux 系统中，我们可以用 Alt 键来激活菜单系统（稍后会讲到 macOS 系统）。当按下 Alt 键时，你会看到这些菜单项中某个字母变成高亮显示了，而且字母下面还会显示一条下划线。带下划线的字母就是用来激活菜单的热键，比如要进入 File 菜单，就可以按下 Alt-F。也就是先按住 Alt 键，再按下 F 键，这时候就可以看到 File 菜单中的每个子菜单项了，同时也能看到每个菜单项的热键是什么，如图 20-11 所示。在 IDLE 窗口中试试看吧。

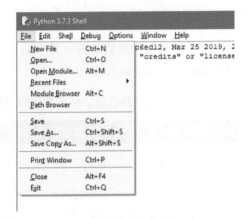

打开新窗口可以用 Alt-F-N（先按住 Alt 键，再按住 F 键，最后按下 N 键）。

图 20-11　菜单项的热键

现在就给温度转换 GUI 程序定义菜单项的热键。定义热键只要在热键字母前加上字符 & 即可。你可以在菜单（比如 File）的 `title`（标题）属性或者菜单项（比如 Exit）的 `text` 属性中定义热键字母。File 菜单一般采用字母 F 作为热键，Exit 菜单项一般采用字母 X 作为热键。因此，图 20-12 中将 File 改成了 `&File`，图 20-13 中将 Exit 改成了 `E&xit`。

menuFile : QMenu	
Property	Value
> title	&File
> icon	

图 20-12　定义菜单项热键（一）

actionExit : QAction	
Property	Value
> text	E&xit
> iconText	Exit

图 20-13　定义菜单项热键（二）

另外，我们还要给 Convert 菜单项指定一个热键。可以给 Convert 菜单项指定热键 C，给 C to F 菜单项指定热键 C，给 F to C 菜单项指定热键 F，因此要将相应的菜单标题分别改为 `&Convert`、`&C to F` 和 `&F to C`。这里的热键组合分别是 Alt-C-C 和 Alt-C-F。

在 Qt Designer 中定义好热键后，就不需要再编写新的代码了。PyQt 模块和操作系统会自动处理带下划线的热键字母和键盘输入。这时候只要把用户界面文件保存起来就可以了，你也可以把它另存为新的文件名，比如 tempconv_menu_hotkeys.ui 文件。注意，如果你用了其他名字来保存用户界面文件，那么要修改代码清单 20-4 中的第 4 行代码，从而根据新的文件名来加载用户界面：

```
form_class = uic.loadUiType("tempconv_menu_hotkeys.ui")[0]
```

我在 Mac 上试过了，按下 Option 键（相当于 Alt 键），并没有看到菜单栏中有下划线，也没有看到高亮字母。

macOS 系统中的菜单有热键吗？

答案是"没有"。因为所有的 Mac 计算机自诞生之日起就有鼠标（或者触摸板），所以 macOS 系统都假设你会用鼠标来操作菜单。在 macOS 系统中，菜单项没有键盘快捷键。虽然 macOS 系统中的很多功能有快捷键，而且其中有些快捷键的功能就对应着某些菜单项，但是不能像 Windows 系统那样直接用热键来操作菜单。

以上就是温度转换 GUI 程序的全部内容。在第 22 章中，我们要用 PyQt 模块来实现 Hangman 游戏。

你学到了什么

在本章中，你学到了以下内容。

❑ PyQt 模块。
❑ Qt Designer。
❑ 构成 GUI 的组件，如按钮和文本框等。
❑ 事件处理器，让组件执行具体的动作。
❑ 菜单项和热键。

测试题

扫码查看
习题答案

1. 构成 GUI 程序的按钮、文本框等界面元素有哪 3 种叫法？
2. 在激活菜单时，与 Alt 键同时按下的字母还可以称作什么？
3. Qt Designer 文件的文件名末尾必须加上什么后缀？
4. 使用 PyQt 模块设计的 GUI 程序可以包含哪些类型的组件？
5. 如果要让组件（如按钮）执行某个动作，那么这个组件必须要有一个_____。
6. 菜单使用哪个特殊字符来定义热键？
7. 在 PyQt 模块中，Spin Box 组件的内容是一个_____。

动手试一试

1. 我们在第 1 章中编写了一个基于文本模式的猜数程序，然后在第 6 章中用 EasyGUI 为这个猜数程序编写了简单的 GUI 版本。请尝试用 PyQt 模块编写 这个猜数程序的 GUI 版本。
2. 还记得之前出现的 Spin Box 组件无法显示小于 0 的数值这个问题吗？卡特在 代码清单 20-3 中找出了这个 bug。修改 Spin Box 组件中的属性就可以解决这 个问题。请你修改其中数值范围的上下界（最大值和最小值），使程序不仅能 显示很高的温度，也能显示很低的温度。（也许你的用户除了想转换冥王星上 的温度，还想转换水星和金星上的温度呢！）

第 21 章
打印格式化与字符串

早在第 1 章中，我们就学习了 print 语句，这是我们写的第一条 Python 语句。在第 5 章中，我们了解了 print 语句后面可以加上 , end='' ，从而让 Python 在同一行中打印后续的内容。我们还用这个功能实现了 input() 函数的提示信息，不过后来我们又接触了一种更好、更快捷的方法，那就是把输入提示信息直接放在 input() 函数中。

本章介绍打印格式化，用这些格式化方法可以让程序的输出以预期的方式呈现，主要涉及下面几项内容。

- ❑ 换行及其具体时间。
- ❑ 水平间隔以及按列对齐。
- ❑ 在字符串中间打印变量。
- ❑ 以整数、小数或 E 记法格式打印数字，并且设置小数位的个数。

我们还会学习 Python 内置的一些字符串处理方法，这些方法可以实现下面的功能。

- ❑ 将字符串分割为较小的部分。
- ❑ 将字符串连接在一起。
- ❑ 搜索字符串。
- ❑ 在字符串内搜索。
- ❑ 删除字符串中的某些部分。
- ❑ 改变大小写。

这些功能对于文本模式（非 GUI）的程序非常有用，而且其中大部分在 GUI 和游戏程序中同样适用。在打印格式化方面，Python 还有许多其他功能，不过上面提到的这些功能应该可以基本满足编程需求。

21.1 换行

我们已经多次接触 print 语句了，现在思考一下，如果连续多次使用这条语句，会发生什么呢？试试看下面这段代码：

```
print("Hi")
print("There")
```

上面这段代码的输出是：

```
>>>
RESTART: C:/Users/Carter/Programs/HiThere.py
Hi
There
```

为什么上面这两个单词会显示在两行中呢？为什么输出不是下面这样的呢？

```
HiThere
```

在默认情况下，每当执行 print 时，Python 都会在新一行中开始打印。所以在打印 Hi 之后，Python 会下移一行，然后回到第一列再打印 There。Python 会在这两个单词之间插入一个**换行符**（newline），这相当于在文本编辑器中按下回车键。

像程序员一样思考

还记得吧？第 5 章曾提到，CR（回车）和 LF（换行）可以表示文本行的结束。另外我还提到过，有些系统可能只使用其中任意字符来表示换行，有些系统则要同时用两个字符来表示。换行是所有系统表示一行结束的通用叫法。在 Windows 中，换行就是 CR+LF。在 Linux 和 macOS 中，换行就是 LF。所以无须担心当前使用的是哪个系统，在换行时只需加入换行符即可。

21.1.1 print 和 , end=''

除非明确告诉 Python 不要换行，否则 print 语句会在其打印内容的末尾自动加上一个换行符。怎么告诉 Python 不要换行呢？就像第 5 章中一样，可以加上 , end='':

```
print('Hi', end='')
print('There')
>>>
RESTART: C:/Users/Carter/Programs/HiThere2.py
HiThere
```

注意，在上面的输出结果中，Hi 和 There 之间没有空格，而是直接打印到一起了。也可以将多个参数一起传给 print 函数，这些参数都会打印在同一行中，而且 Python 会在每个参数之间添加一个空格：

```
print('Hi', 'There')
>>>
RESTART: C:/Users/Carter/Programs/HiThere3.py
Hi There
```

还可以用**拼接**（concatenation）操作将字符串连接在一起：

```
print('Hi' + 'There')
>>>
RESTART: C:/Users/Carter/Programs/HiThere4.py
HiThere
```

记住，拼接就像把字符串加在一起一样，这里之所以用这个特殊的叫法，是因为"相加"只适用于数字。

21.1.2 自定义的换行方式

如果想自己换行，比如在 Hi 和 There 之间空一行，应该如何操作呢？最简单的办法就是直接增加 print 语句：

```
print("Hi")
print()
print("There")
```

运行上面这段代码，会看到下面的输出。

```
>>>
RESTART: C:/Users/Carter/Programs/HiThere5.py
Hi

There
```

21.1.3 特殊的打印代码

还有一种方法增加换行符。Python 提供了一些特殊的打印代码，把这些打印代码加入到需要打印的字符串中，可以让它们以不同的方式来打印。这些特殊的打印代码都以反斜杠（\）字符开头。

换行符对应的打印代码是 \n，可以在交互模式中试一下：

```
>>> print("Hello World")
Hello World
>>> print("Hello \nWorld")
Hello
World
```

可以看到，由于 Hello 和 World 两个字符串之间增加了换行符 \n，因此它们打印在了两行中。

21.2 水平间隔——制表符

我们已经知道了如何控制垂直间距，也就是通过添加换行或者用逗号来避免换行。现在我们来看看如何利用制表符控制字符的水平间距。

制表符（Tab）在按列对齐方面非常有用。关于制表符的原理，可以想象屏幕上的每一行都被划分为很多个大小相同的方块。下面假设每一个方块为 8 个字符宽度，当插入一个制表符时，光标就会移到下一个方块开始的位置。

想知道具体要怎么做，最好的办法就是实际操作。制表符对应的特殊打印代码是 \t，可以在交互模式中先试试看：

```
>>> print('ABC\tXYZ')
ABC     XYZ
```

注意，XYZ 与 ABC 之间有几个字符的间隔。实际上，XYZ 距离这一行的起始位置正好是 8 个字符。这是因为上面提到的方块大小就是 8 个字符。也可以这样说：每 8 个字符后就有一个**制表点**（tab stop）。

下面的例子执行了不同的 print 语句，这里增加了一些阴影来显示制表点的位置：

```
>>> print('ABC\tXYZ')
ABC     XYZ
>>> print('ABCDE\tXYZ')
ABCDE   XYZ
>>> print('ABCDEF\tXYZ')
ABCDEF  XYZ
>>> print('ABCDEFG\tXYZ')
ABCDEFG XYZ
>>> print('ABCDEFGHI\tXYZ')
ABCDEFGHI       XYZ
```

你可以将屏幕（或者每一行）看成是由方块排列出来的，其中每个方块都包含 8 个空格。注意，尽管 ABC 序列越来越长，但是 XYZ 仍然保持在原来的位置上。\t 告诉 Python 让 XYZ 从下一个制表点开始打印，也就是从下一个空白的方块开始打印。但是，一旦 ABC 序列填满第一个方块时，Python 就会把 XYZ 移到下一个制表点。

在按列来组织内容时，制表符很有用，它可以让所有内容都对齐。下面就用制表符和我们之前学到的关于循环的知识，打印出一个显示平方数和立方数的表格。在 IDLE 中打开一个新窗口，键入代码清单 21-1 中的小程序，保存这个程序并运行。（我把这个程序命名为 squbes.py，这是 squares and cubes 的简写。）

代码清单 21-1　打印平方数和立方数的程序

```
print("Number\t Square\t Cube")
for i in range(1, 11):
    print(i, '\t', i**2, '\t', i**3)
```

当运行上面这个程序时，应该可以看到下面这样整齐的输出结果。

```
>>>
RESTART: C:/HelloWorld/examples/Listing_21-1.py
Number  Square  Cube
1       1       1
2       4       8
3       9       27
4       16      64
5       25      125
6       36      216
7       49      343
8       64      512
9       81      729
10      100     1000
```

如何打印反斜杠

反斜杠字符（\）用来表示特殊的打印代码，但如果我们只想打印一个 \ 字符，而不是将其作为代码的一部分打印，如何告诉 Python 呢？这时有个技巧，那就是把两个反斜杠放在一起：

```
>>> print('hi\\there')
hi\there
```

第一个 \ 告诉 Python 接下来是一些特殊的字符，第二个 \ 告诉 Python，特殊的字符就是 \ 字符。

术语箱

当用两个反斜杠来打印反斜杠字符时，第一个反斜杠叫作转义字符（escape character）。我们说第一个反斜杠会将第二个反斜杠"转义"，这样 Python 在输出时就会把第二个反斜杠当作普通字符，而不是特殊字符。

21.3 在字符串中插入变量

如果要在字符串中间加入变量，我们之前都是这样做的：

```
name = 'Warren Sande'
print('My name is', name, 'and I wrote this book.')
```

运行这段代码，输出如下：

```
My name is Warren Sande and I wrote this book.
```

不过在字符串中插入变量还有另外一种方法，这种方法可以更好地控制变量（特别是数字）的显示。我们要用到**格式化字符串**（format string），它用百分号（%）表示。和前面一样，下面假设要在 print 语句中插入字符串变量，如果用格式化字符串，可以这样做：

```
name = 'Warren Sande'
print('My name is %s and I wrote this book' % name)
```

这里有两处用到了 % 符号。先是用在字符串中间，表示变量要放置的位置，然后在字符串后面再次用到了 % 符号，告诉 Python 接下来就是要在字符串中插入的变量。

%s 表示要插入字符串变量。如果想插入整数，可以用 %i。如果想插入浮点数，则要用 %f。

下面再给出几个例子：

```
age = 13
print('I am %i years old.' % age)
```

运行代码，会看到下面的输出：

```
I am 13 years old.
```

再看一个例子：

```
average = 75.6
print('The average on our math test was %f percent.' % average)
```

运行代码，可以看到下面的输出：

```
The average on our math test was 75.600000 percent.
```

%s、%f 和 %i 都称为格式字符串，用来告诉 Python 如何显示变量。

　　还可以在格式化字符串中增加一些其他内容，从而完全按照你想要的方式来打印数字。另外，第 3 章介绍了 E 记法，你也可以用一些不同的格式化字符串得到类似 E 记法的结果。我们将在后面几节中学习这些内容。

21.4　数字格式化

　　在打印数字时，我们想控制数字的显示方式，比如以下几个方面。

- ❑ 显示多少小数位？
- ❑ 用常规记法还是 E 记法？
- ❑ 是否增加前导或末尾的 0？
- ❑ 是否在数字前面显示正负号（＋或 －）？

　　Python 给我们提供了充分的灵活性，格式化字符串不仅可以实现上面这些功能，甚至还可以实现更多的功能！

　　假设你在用一个天气预报程序，你想看到下面哪一种结果呢？

```
Today's High: 72.45672132, Low 45.4985756
```

```
Today's High: 72, Low: 45
```

　　恰当地显示数字对很多程序来说颇为重要。

　　下面来看一个例子。假设要打印一个带两位小数的浮点数，试着在交互模式中执行以下命令：

```
>>> dec_number = 12.3456
>>> print('It is %.2f degrees today.' % dec_number)
It is 12.35 degrees today.
```

　　在上面的代码中，print 语句包含一个格式化字符串。不过这一次没有直接用 %f，而是用了 %.2f。这就告诉 Python 要采用浮点数格式，而且小数点后面要显示两位。注意，Python 非常聪明，它会准确地把这个数字四舍五入为两位小数，而不是直接去掉多余的小数位。

　　这个字符串后面的第 2 个 % 字符告诉 Python 接下来就是要打印的数字了，而且这个数字要用格式化字符串中描述的格式来打印。再看几个例子就能明白。

我以为 % 符号是
取模运算符呢!

你的记性不错啊,卡特! % 符号确实可以用作取
模运算符(整数除法中的取模运算符),这是我们在第
3 章中学过的,不过它也可以用于表示格式化字符串,
Python 能判断出它是指取模还是格式化字符串。

21.4.1 整数: %d 或 %i

使用 %d 或 %i 可以把某个数字打印成整数。我不清楚为什么会有两个格式化字
符串,不过随便用哪个都可以。

```
>>> number = 12.67
>>> print('%i' % number)
12
```

注意,在打印时,上面的数字并没有四舍五入,而是被截断了(去掉了小数位)。
如果是四舍五入,我们会看到 13 而不是 12。因此,当用整数格式化时,数字会被截
断,但是当用浮点数格式化时,数字则会四舍五入。这里需要注意以下 3 点。

□ 字符串中不一定要有其他文字,可以只包含格式化字符串。

□ 即便数字是浮点数,也可以通过格式化字符串打印成整数。

□ Python 会把数字截断为小于该数字的最大整数。不过这与第 4 章中的 int()
函数不同,格式化字符串不会像 int() 函数那样创建新的数字,只会改变数
字的显示方式。

刚才我们用整数格式打印 12.67,结果 Python 打印出了 12,但变量 number 的值
并没有因此改变。可以检查一下:

```
>>> print(number)
12.67
```

可以看到,number 的值并没有改变。我们只是用格式化字符串以不同的方式打
印了这个数字。

21.4.2 浮点数：%f 或 %F

在打印小数时，可以在格式化字符串中使用小写的 f 或大写的 F（%f 或 %F）：

```
>>> number = 12.3456
>>> print('%f' % number)
12.345600
```

如果只用 %f，那么结果会带 6 位小数。如果在 f 前面加上 .n，这里 n 可以是任意整数，Python 就会把这个数字四舍五入为指定的小数位数：

```
>>> print('%.2f' % number)
12.35
```

可以看到，上面的代码把数字 12.3456 四舍五入到小数点后两位，即 12.35。

如果指定的小数位比这个数中实际的小数位还要多，Python 就会用 0 来填充不足的位数：

```
>>> print('%.8f' % number)
12.34560000
```

上面这个数只有 4 位小数，而我们要求显示 8 位小数，所以另外 4 位就会用 0 来填充了。

如果要显示负数，%f 就会显示负号 –。如果你希望在显示数字时始终带着数学符号，如在显示正数时显示正号，那么可以在 % 后面添加正号 +。如果要显示的一系列数字中既有正数又有负数，那么显示正负号有助于对齐这一列数字：

```
>>> print('%+f' % number)
+12.345600
```

如果要将包含正负数的一列数字对齐显示，但是正数前不带 +，可以在 % 后面用一个空格代替 +：

```
>>> number2 = -98.76
>>> print('% .2f' % number2)
-98.76
>>> print('% .2f' % number)
 12.35
```

注意，以上输出中的 12.35 前面有一个空格，这样一来，尽管 98.76 前面有负号而 12.35 前面没有正负号，这两个数字也能对齐显示。

21.4.3 E 记法: %e 和 %E

第 3 章已经讨论论过 E 记法了, 现在来看一下如何使用 E 记法打印数字, 示例代码如下所示:

```
>>> number = 12.3456
>>> print('%e' % number)
1.234560e+01
```

可以用 %e 格式化字符串来打印 E 记法, 而且这样每次都会打印 6 位小数, 除非指定其他小数位数。

如果要打印更多或更少的小数位, 可以在 % 后面使用 .n, 就像在打印浮点数时一样:

```
>>> number = 12.3456
>>> print('%.3e' % number)
1.235e+01
>>> print('%.8e' % number)
1.23456000e+01
```

%.3e 四舍五入为 3 位小数, %.8e 增加了一些 0 来填充不足的小数位。

用小写的 e 和大写的 E 都是可以的, 但是格式化字符串中使用了什么样的形式, 输出中也会显示同样的形式。

```
>>> print('%E' % number)
1.234560E+01
```

21.4.4 自动浮点数或 E 记法: %g 和 %G

如果想让 Python 自动选择浮点数记法或 E 记法, 那么可以用 %g 格式化字符串。同样, 如果用了小写, 输出中也应是小写的 e:

```
>>> number1 = 12.3
>>> number2 = 456712345.6
>>> print('%g' % number1)
12.3
>>> print('%g' % number2)
4.56712e+08
```

你注意到了吗? Python 会自动为较大的数选择 E 记法, 对于较小的数则会用浮点数记法。

21.4.5　如何打印百分号

你可能会问，既然百分号（%）对格式化字符串来说是特殊的符号，那么如何打印这个符号呢？当然，Python 有时候很聪明，它能判断 % 符号何时用于格式化字符串，何时用于打印百分号。可以试试下面这个命令：

```
>>> print('I got 90% on my math test!')
I got 90% on my math test!
```

在上面这个例子中，因为字符串外面没有第 2 个 %，也没有需要格式化的变量，所以 Python 认为这个 % 只是字符串中的一个普通字符而已。

但是，如果你想在打印格式化字符串时打印百分号，就要输入两个百分号，就像之前用两个反斜杠来打印一个反斜杠一样。我们说第 1 个百分号对第 2 个百分号进行了转义，就像在本章前面的术语箱中提到的一样：

```
>>> math = 75.4
>>> print('I got %.1f%% on my math test...' % math)
I got 75.4% on my math test...
```

上面的第 1 个百分号 % 表示格式化字符串。两个百分号合在一起就表示要打印出一个百分号，引号外面的百分号 % 表示要将后面的变量打印出来。

21.4.6　多个格式化字符串

如果要在一条 print 语句中放入多个格式化字符串，那该怎么写呢？可以这样写：

```
>>> math = 75.4
>>> science = 82.1
>>> print('I got %.1f in math and %.1f in science' % (math, science))
```

实际上，你可以在 print 语句中放入任意数量的格式化字符串，后面键入预期打印的变量**元组**。还记得元组吗？元组和列表很像，只不过元组用的是小括号而不是中括号，而且元组是不可变的。这里必须用元组，而不能用列表，这是 Python 语法中比较严格的一个地方。但有一种情况例外，那就是如果只有一个变量要格式化，那么可以不用元组，这种情况在前面的很多例子中较为常见。这里要确保引号内的格式化字符串的个数和引号外的变量个数相同，否则程序就会报错。

21.4.7　存储格式化数字

有时你可能并不想把格式化的数字直接打印出来，而是先把它存放在字符串中以备后用。这其实很容易实现，我们可以不把它打印出来，而是直接把它赋给一个变量，如下所示：

```
>>> my_string = '%.2f' % 12.3456
>>> print(my_string)
12.35
>>> print('The answer is', my_string)
The answer is 12.35
```

这里没有把格式化的数字直接打印出来，而是先把它赋给了变量 my_string，然后将 my_string 跟其他文本合并起来，最后打印出完整的句子。

对 GUI 和游戏等其他图形界面程序来说，将格式化的数字存放到字符串中是非常有用的。定义好格式化字符串对应的变量名后，就可以用不同的方式来显示格式化字符串，比如在文本框中、在按钮中、在对话框中或者在游戏屏幕上。

21.5　新的格式化方法

上面介绍的格式化字符串语法在 Python 的所有版本中都是可以正常工作的，另外，在 Python 3.6 及之后的版本中有一种新的格式化方法，本书使用的版本是 Python 3.7，因此可以进行简单了解。这样一来，当在其他 Python 代码中碰到这种方法时，至少可以知道它的含义，而且在格式化字符串方面，也可以自己决定是选择新的语法还是旧的语法。

以 f 为首的格式化字符串

在 Python 3.6 及其后续版本中，Python 有一种用于格式化字符串的特殊语法，只要在引号前面加上 f 就可以，工作原理和之前的格式化字符串 % 很类似。其实格式化描述符 f、g、e 等都是大同小异的，只不过用法稍有不同，最好来看一个例子。

以下是旧的格式化方法：

```
print('I got %.1f in math, %.1f in science' % (math, science))
```

以下是新的格式化方法：

```
print(f'I got {math:.1f} in math, {science:.1f} in science')
```

在新的格式化方法中，格式化描述符不是以百分号 % 开头，而是写在了大括号中。在这个大括号中可以先写上变量名或其他表达式的名字，然后加一个冒号，最后才是格式化描述符（如 .1f），其中格式化描述符的用法和旧的格式化方法一样。

以上就是新的格式化方法。就像在旧格式化方法中用 % 来格式化一样，可以将格式化后的字符串存放在一个变量中：

```
distance = 149597870700
myString = f'The sun is {distance:.4e} meters from the earth'
```

由于这里不再用 % 来区分格式化字符串了，因此如果要打印 %，也就不再需要做任何特殊的处理了：

```
>>> print(f'I got {math:.1f}% in math')
I got 87% in math
```

以 f 为首的格式化字符串和 % 格式化字符串之间还有另外一个区别，那就是前者可以不用任何格式化描述符而直接把要打印的表达式写出来，后者则需要使用 i 格式化描述符。

```
>>> print(f'The sun is {distance} meters from the earth')
The sun is 149597870700 meters from the earth
```

Python 程序员可能更倾向于使用以 f 为首的格式化字符串实现格式化，尤其是在 Python 3 中，但是也可以自由选择不同的格式化方法。本书中的示例都使用了 % 格式化语法。

像 Python 程序员一样思考

事实上，有些 Python 程序员还喜欢使用另外一种格式化字符串的方法。字符串有一个 format() 方法，用起来和以 f 为首的格式化字符串类似，但是不需要直接将变量名包含在字符串中。可以用索引把要插入字符串的值传给 format() 方法，类似下面这样。

```
>> print("I got {0:.1f} in math, {1:.1f} in
       science".format(math, science))
```

在本书出版时，Python 的新版本很可能又引入了一些酷炫的格式化方法，可以把变量值直接插入到字符串中！

21.6 更多的字符串处理方法

在第 2 章中学习字符串时，我们已经看到，用 + 号可以把两个字符串拼接起来，就像下面这样：

```
>>> print('cat' + 'dog')
catdog
```

接下来看看对字符串还可以做哪些处理。

在 Python 中，一切都是对象，字符串实际上就是对象。字符串有自己的方法来实现搜索、分离和拼接之类的操作，这些方法都称为**字符串方法**，刚刚提到的 format() 方法就是一种字符串方法。

21.6.1 分离字符串

有时需要把一个长字符串分解为几个短字符串，通常是在字符串的某些特定位置，类似某个字符出现的地方。比如在文本文件中存储数据时，常见的做法就是将其中各项用逗号分隔。你可能会看到类似下面这样的名字字符串：

```
>>> name_string = 'Sam,Brad,Alex,Cameron,Toby,Gwen,Jenn,Connor'
```

假设要把这些名字都放到一个列表中，其中每一项都是一个名字，那么就要在每个逗号出现的地方将字符串分离出来。分离字符串的 Python 方法叫作 split() 方法，用法如下：

```
>>> names = name_string.split(',')
```

上面的代码指定了用哪个字符（这里是逗号）作为字符串的分解标记，这个方法会返回一个字符串列表，其中包括由原来的字符串分解成的几个不同的部分。如果把这个例子的输出打印出来，那么这个名字字符串将会分解为字符串列表中的单个列表项：

```
>>> print(names)
['Sam','Brad','Alex','Cameron','Toby','Gwen','Jenn','Connor']
>>> for name in names:
        print(name)

Sam
Brad
Alex
Cameron
Toby
Gwen
Jenn
Connor
```

我们还可以用多个字符作为字符串的分解标记。比如 `'Toby,'`，用它作为分解标记的话，就会得到下面的列表：

```
>>> parts = name_string.split('Toby,')
>>> print(parts)
['Sam,Brad,Alex,Cameron', 'Gwen,Jenn,Connor']
>>> for part in parts:
        print(part)

Sam,Brad,Alex,Cameron
Gwen,Jenn,Connor
```

这一次，这个长长的字符串就会以 `'Toby,'` 为界，分解为左右两部分：`'Toby,'` 左侧的所有内容和 `'Toby,'` 右侧的所有内容。注意，`'Toby,'` 并没有出现在列表中，这是因为这个方法会丢掉分解标记。

此外，还有一点要注意。如果在分解字符串时没有指定任何分解标记，那么 Python 会默认在**空白字符**（whitespace）处分解字符串，也就是所有的空格、制表符和换行符出现的地方。

```
>>> names = name_string.split()
```

21.6.2 拼接字符串

我们学习了如何把一个长字符串分解为多个短字符串，那么怎么才能把两个或多个字符串拼接成一个长字符串呢？第 2 章提到过，可以使用 + 运算符把几个字符串拼接在一起，就像把它们相加一样，只不过这在 Python 中称为**字符串拼接**（concatenating）。

拼接字符串还有一种方法，那就是用 `join()` 函数。当使用这个函数时，要指出需要拼接哪些字符串，另外如果需要，还可以指定在各个字符串拼接处插入什么样的字符，这跟 `split()` 方法正好是相反的操作。在交互模式中试试这个例子：

```
>>> word_list = ['My', 'name', 'is', 'Warren']
>>> long_string = ' '.join(word_list)
>>> long_string
'My name is Warren'
```

上面的代码看起来确实有些怪异，在拼接各个字符串时插入的字符居然放在了 join() 函数的前面。我们要在每个单词之间插入一个空格，所以用了 ' '.join()。可能很多人没有看明白，不过 Python 中的 join() 方法确实要这样写。

来看下面这个例子，如果这样发声，人们会觉得这是一只小狗：

```
>>> long_string = ' WOOF WOOF '.join(word_list)
>>> long_string
'My WOOF WOOF name WOOF WOOF is WOOF WOOF Warren'
```

换句话说，join() 前面的字符串可以看作黏合剂，用来把其他几个字符串拼接在一起。

21.6.3　搜索字符串

假设现在要给妈妈编写一个程序，用来获取食谱信息并在 GUI 中显示出来。你想让屏幕上的一处显示配料信息，另一处显示具体做法。假设食谱是这样的：

```
Chocolate Cake
Ingredients:
2 eggs
1/2 cup flour
1 tsp baking soda
1 lb chocolate

Instructions:
Preheat oven to 350F
Mix all ingredients together
Bake for 30 minutes
```

假设食谱中的每一行都放在一个列表中，而且每一行在列表中都是单独的元素。如何才能找到 Instructions（做法）部分呢？ Python 提供了两种方法，对完成搜索很有帮助。

startswith() 方法可以判断字符串是否以某个字符或某几个字符开头。这种情况看例子的话最为简单，在交互模式中试试下面的例子：

```
>>> name = "Frankenstein"
>>> name.startswith('F')
True
>>> name.startswith("Frank")
True
>>> name.startswith("Flop")
False
```

因为 Frankenstein 这个名字确实是以字母 F 开头的，所以第 1 个结果是 True；又因为它也是以 Frank 开头的，所以第 2 个结果也是 True；但是因为它不是以 Flop

开头的，所以最后一个结果就是 False。

由于 startswith() 方法返回的是 True 或 False，因此我们可以在比较语句或 if 语句中用这个方法，如下所示：

```
>>> if name.startswith("Frank"):
        print("Can I call you Frank?")
```

还有一个类似的方法叫作 endswith()，从这个方法的名字就可以联想到它的用法。

```
>>> name = "Frankenstein"
>>> name.endswith('n')
True
>>> name.endswith('stein')
True
>>> name.endswith('stone')
False
```

现在回到我们之前的问题……如果要找到食谱中的 Instructions 部分是从哪里开始的，可以这样做：

```
i = 0
while not lines[i].startswith("Instructions"):
    i = i + 1
```

上面这段代码会一直循环下去，直到找到以 Instructions 开头的那一行为止。你应该还记得，在 lines[i] 中，i 表示 lines 列表中的索引，所以程序会从 lines[0]（第 1 行）开始，然后是 lines[1]（第 2 行），以此类推。直到 while 循环结束时，i 值就等于以 Instructions 开头的那一行在列表中的索引值，这个索引值正是我们要寻找的位置。

21.6.4　在字符串中搜索：in 和 index()

用 startswith() 方法和 endswith() 方法可以轻松地查找到位于字符串开头或末尾处的内容。但是如果要在字符串中间查找某些内容，该怎么做呢？

下面假设你有一些表示街道地址的字符串，如下所示：

```
657 Maple Lane
47 Birch Street
95 Maple Drive
```

你可能想找出所有包含 Maple 的地址，这里的字符串都不是以 Maple 开头或结尾的，但是其中确实有两个字符串包含 Maple 这个单词。那怎么才能找到这个单词呢？

　　其实我们已经知道该怎么做了。第 12 章讨论列表时提到，如果要检查列表中是否包含某个元素，可以采用以下方法：

```
if someItem in my_list:
    print("Found it!")
```

　　在检查列表是否包含某个元素时，这里用了关键字 in。其实关键字 in 同样适用于字符串，实际上字符串就是一个字符列表，因此我们可以采用如下写法：

```
>>> addr1 = '657 Maple Lane'
>>> if 'Maple' in addr1:
        print("That address has 'Maple' in it.")
```

　　关键字 in 只能判断正在检查的字符串是否包含特定子串，并不能指明子串的具体位置。如果要知道具体位置，就要用到 index() 方法。与列表搜索类似，index()方法会指出较短的字符串是从较长字符串中的哪个位置开始出现的。来看下面的例子：

> **术语箱**
>
> 在较长的字符串中（如 657 Maple Lane）查找较短的字符串时（如 Maple），这个较短的字符串就称为子串（substring）。

```
>>> addr1 = '657 Maple Lane'
>>> if 'Maple' in addr1:
        position = addr1.index('Maple')
        print("found 'Maple' at index", position)
```

　　运行上面的这段代码，会得到如下输出：

```
found 'Maple' at index 4
```

　　可以看到，Maple 是从字符串 657 Maple Lane 中的第 5 个字符的位置开始出现的。跟列表一样，字符串中字母的索引（或位置）都是从 0 开始的，因此，字母 M 在索引 4 的位置。

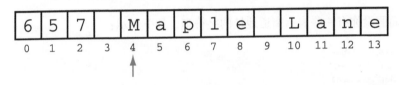

　　注意，在调用 index() 方法之前，我们先用关键字 in 检查这个长字符串是否包

含子串 Maple。这样做的原因是，在调用 index() 方法时，如果字符串中没有要查找的内容，系统就会返回一条错误消息，而先用关键字 in 来检查则可以避免这种情况。第 12 章在判断列表是否包含某个元素时也采用了这种方法。

21.6.5　删除字符串的一部分

你可能经常要删除字符串中的某一部分，通常是字符串的末尾部分，比如换行符或一些多余的空格等。Python 提供了一个字符串方法，即 strip()，只要告诉这个方法需要删除的部分，它就可以将该部分删除，如下所示：

```
>>> name = 'Warren Sande'
>>> short_name = name.strip('de')
>>> short_name
'Warren San'
```

上面的代码删除了我的姓氏末尾的 de。如果姓氏末尾根本没有 de，那什么也不会删除：

```
>>> name = 'Bart Simpson'
>>> short_name = name.strip('de')
>>> short_name
'Bart Simpson'
```

如果你没有告诉 strip() 方法需要删除哪一部分字符串，那么它就会删除字符串末尾所有的空白字符。前面提到过，空白字符包括空格、制表符和换行符。因此，如果要删除字符串中的一些多余的空格，就可以这样写：

```
>>> name = "Warren Sande          "  ◄
>>> short_name = name.strip()
>>> short_name
'Warren Sande'
```

看到我的姓名末尾多余的空格了吗？

注意，我的姓名后面多余的空格都被删除了。这里有一点值得注意，那就是无须告诉 strip() 方法具体要删除多少个空格，它会自动删除字符串末尾的所有空白字符。

21.6.6　改变大小写

还有另外两个有关字符串的方法，这两个方法用于字符串大写和小写之间的转换。有时你可能想比较两个字符串，比如 Hello 和 hello，看看它们是不是包含相同的字母（尽管字母的大小写可能不完全一样）。一种方法是把这两个字符串中的所有字母都变成小写，然后再进行比较。

为此，Python 提供了一个叫作 `lower()` 的字符串方法，可以在交互模式中试试下面的命令：

```
>>> string1 = "Hello"
>>> string2 = string1.lower()
>>> print(string2)
hello
```

此外，还有类似的叫作 `upper()` 的方法：

```
>>> string3 = string1.upper()
>>> print(string3)
HELLO
```

借助上面的两个方法，我们可以创建出原字符串的全小写（或全大写）副本，然后比较这两个副本，检查它们是否包含相同的字母（忽略大小写）。

你学到了什么

在本章中，你学到了以下内容。

- ❑ 调整垂直间距（添加或删除换行符）。
- ❑ 用制表符设置水平间距。
- ❑ 用格式化字符串显示不同格式的数字。
- ❑ 格式化字符串的 3 种用法：百分号 `%`、以 f 为首的格式化字符串、`format()` 方法。
- ❑ 用 `split()` 方法分离字符串以及用 `join()` 方法拼接字符串。
- ❑ 使用 `startswith()` 方法、`endswith()` 方法、关键字 `in` 和 `index()` 方法搜索字符串。
- ❑ 用 `strip()` 方法删除字符串末尾部分的字符串。
- ❑ 用 `upper()` 方法和 `lower()` 方法分别将字符串转换为全大写和全小写。

测试题

扫码查看
习题答案

1. 如下所示，有两条独立的 print 语句：

```
print("What is")
print("your name?")
```

如何把这两条语句中的内容都打印到同一行中呢？

2. 如何在打印时加入额外的空行？

3. 如果要把内容按列对齐，需要用到什么特殊打印代码？

4. 通过哪个格式化字符串可以强制使用 E 记法来打印数字？

动手试一试

1. 编写一个程序，要求用户输入姓名、年龄和最喜欢的颜色，然后用一句话打印出这些信息。在运行这个程序时，可以看到类似下面的输出。

```
>>>
RESTART: C:/Users/Sam/Programs/sentence.py
What is your name? Sam
How old are you? 12
What is your favorite color? green
Your name is Sam you are 12 years old and you like the color green
```

2. 还记得代码清单 8-5 中的乘法表程序吗？现在改进这个程序，用制表符把乘法表中的内容按列对齐打印出来。

3. 编写一个程序，计算分母为 8 的一些分数的值（例如 1/8、2/8、3/8……8/8），要求显示 3 位小数。

第 22 章
文件的输入和输出

有没有想过为什么自己喜欢的计算机游戏能记住游戏得分，甚至在重新开机之后，它也能显示之前的得分？浏览器是如何记住经常访问的网站的呢？本章就来探讨这些操作如何实现。

前面已经提到过很多次了，一个程序通常包括 3 个主要方面：输入、处理、输出。到目前为止，我们的输入主要直接来自于用户，也就是用户通过键盘和鼠标提供输入，而输出都直接发送至屏幕，如果输出的是声音，则会发送至扬声器。不过，有时候还需要用到其他输入源。通常，程序不是在运行时才让用户提供输入，而是会事先将输入存储在某个地方。当然，有些程序需要从计算机硬盘上的文件中获取输入。

如果要编写 Hangman 游戏，那么程序就需要一张单词表，这样程序才可以从这张单词表中选择一个神秘单词。这张单词表必须事先存储在某个地方，可能是保存在随程序一起安装的"单词表"文件中。程序可以打开这个单词表文件，读取单词表，并选择其中一个单词显示出来。

程序的输出也是一样的。有时候要把程序的输出保存起来，程序中用到的所有变量都是临时的，也就是说，程序一旦停止运行，这些变量就会丢失。如果你想把程序中的某些信息保存起来以备后用，就必须把它们存储在可以永久保存的地方，比如存储在硬盘上。如果你想维护某个游戏的高分榜，就可以把这些得分都存储在一个文件中，这样在下次程序运行时，就可以读取这个文件并显示之前的分数。

本章介绍如何打开和读写文件（从文件中获取信息以及在文件中存储信息）。

22.1　文件

在学习打开和读写文件之前，先来看看什么是文件吧。

前面提到过，计算机按照二进制格式来存储信息，即只用 1 和 0 来表示信息。每个 1 或 0 称为 1 位（bit），每 8 位成一组，称为 1 字节（byte）。文件就是带名字的字节集合，可以存储在硬盘、CD、DVD、闪存驱动器或其他存储介质上。

文件可以存储很多不同类型的信息，比如文本、图片、音乐、计算机程序、电话簿等内容。计算机硬盘上的所有内容均以文件的形式存储，程序就是由一个或多个文件构成的，计算机操作系统则需要大量的文件才能运行起来，比如 Windows、macOS、Linux 等操作系统。

文件具有以下 4 个属性。

❑ 名字
❑ 类型：表明文件包含什么类型的数据（如图片、音乐、文本）
❑ 位置（存储文件的地方）
❑ 大小（文件包含的字节数）

22.2　文件名

在包括 Windows 在内的大多数操作系统中，文件名中有一部分可以用来表示文件包含什么类型的数据。另外，文件名通常包含一个点（.），点号后面的部分就用来表示文件的类型，这一部分就是文件的**扩展名**（extension）。

接下来看几个例子。

❑ 在 my_letter.txt 中，文件的扩展名是 .txt，表示文本文件。
❑ 在 my_song.mp3 中，文件的扩展名是 .mp3，这是一种声音文件。
❑ 在 my_program.exe 中，文件的扩展名是 .exe，表示可执行文件。第 1 章提到过，"执行"就是运行的另一种说法，所以 .exe 文件往往表示可以运行的程序。
❑ 在 my_cool_game.py 中，文件的扩展名是 .py，通常表示这是一个 Python 程序。

　在 macOS 系统中，程序文件（文件包含可运行的程序）的扩展名是 .app，代表应用程序（application），这是"程序"的另一种叫法。

有一点很重要：可以根据自己的喜好来命名文件，而且可以用任意的扩展名。例如，你可以在 Notepad（记事本）中创建一个文本文件，但把它命名为 my_notes.mp3。文件并没有因此变成一个声音文件，其中仍然只包含文本信息，所以它实际上还是一个文本文件。你只是给了它一个特别的文件扩展名，让它看上去像是一个声音文件而已。但是这样做会让人很难理解，也会把计算机搞糊涂。因此在命名文件时，文件扩展名最好与文件类型一致。

22.3　文件位置

到目前为止，我们所处理的文件的位置都与程序存储的位置相同，因此无须担心如何查找文件。

这就像你在自己的房间里，不用担心找不到壁橱，如图 22-1 所示。但是如果你在另一个房间、另一幢房子或者另一个城市里，要找到壁橱就复杂多了！

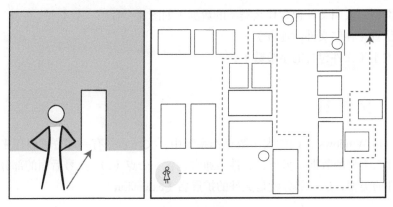

图 22-1　找壁橱

每个文件都有自己的存放位置。**文件夹**（folder）或**目录**（directory）是硬盘和其他存储介质的组织形式，它们是同一种形式的不同叫法，可以用于组织文件，其内在的组织方式称为**文件夹结构**或**目录结构**。

在 Windows 系统中，每个存储介质都由一个字母来表示，如 C 代表硬盘，E 代表闪存驱动器。在 macOS 系统和 Linux 系统中，每个存储介质都有一个名字，例如 hda 和 FLASH DRIVE。每个存储单元可以划分为多个文件夹，如 Music、Pictures 和 Programs。下面查看文件浏览器，以 Windows Explorer 为例，如图 22-2 所示。

在文件夹中还可以有子文件夹，这些子文件夹本身又可以包含另外的子文件夹，以此类推。图 22-3 中的这个例子就包含 3 层文件夹。

图 22-2　查看 Windows Explorer 中的文件夹　　图 22-3　子文件夹（以 3 层文件夹为例）

在上面的例子中，Music 文件夹在第 1
层，其下包含 New Music 文件夹和 Old Music
文件夹，Old Music 文件夹又包含 Kind of old
music 文件夹和 Really old music 文件夹。

术语箱

> 位于其他文件夹中的文件夹称为子文
> 件夹（subfolder）。如果用目录来描述，
> 可以把它们称为子目录（subdirectory）。

在 Windows Explorer（或其他文件浏览器）中查找文
件或文件夹时，文件夹就像树的分支。驱动器本身就是这棵
树的"根"，如 C: 盘或 E: 盘，每个主文件夹就像树干，主
文件夹中的每个子文件夹就像小树枝，以此类推。

不过，当从程序中访问文件时，这种树形表示法就
不再适用了。程序本身不能单击文件夹，也不能通过浏览
整个树形结构来查找某个具体的文件，它需要一种更直接的方法来查找文件，好在
还有一种方法可以表示这种树形结构。当单击不同的文件夹和子文件夹时，Windows
Explorer 的地址栏中会显示类似下面这样的地址：E:\Music\Old Music\Really old music\
my_song.mp3。

上面这种地址就称为**文件路径**（file path），描述文件在文件夹结构中的具体位置。
从这个文件路径中，可以读出下面几项信息。

❑ 从 E: 盘开始。

❑ 打开名为 Music 的文件夹。

❑ 在 Music 文件夹中，打开名为 Old Music 的子文件夹。

❑ 在 Old Music 子文件夹中，打开名为 Really old music 的子文件夹。

❑ 在 Really old music 子文件夹中，可以看到名为 my_song.mp3 的文件。

我们可以用类似这样的路径找到计算机上的任何文件，程序就是利用这种方法来查找和打开文件的，下面是一个示例：

```
image_file = "C:/program files/HelloWorld/examples/beachball.png"
```

用文件的完整路径就一定能找到该文件。完整路径包含从根驱动器（如 C: 盘）开始的这个路径上出现的所有文件夹，这里的文件名就是一个完整路径。

斜杠还是反斜杠

这里有一点很重要，那就是一定要正确使用斜杠和反斜杠（/ 和 \）。Windows 系统既可以接受斜杠（/），也可以接受反斜杠（\），但是如果在 Python 程序中使用类似 C:\test_results.txt 这样的路径，\t 部分就会出问题。注意，第 21 章介绍了一些用于打印格式化的特殊字符，比如 \t 就表示制表符。由于 Python 和 Windows 系统会把 \t 看作制表符，而不是像我们所希望的那样把它当作文件路径的一部分来处理，因此应当避免在文件路径中使用 \，而是应该使用 /。

另一种做法就是用双反斜杠，如下所示：

```
image_file = "C:\\program files\\HelloWorld\\images\\beachball.png"
```

记住，如果要打印 \ 符号，就必须在它前面再添加一个反斜杠。在文件路径中也是一样的，不过我还是建议你用 /。

有时候我们并不需要用完整的文件路径，下一节就来讨论如何通过部分路径名来查找文件。

22.3.1 当前所处位置

包括 Windows 系统在内的大多数操作系统有一个**工作目录**的概念，有时也称为**当前工作目录**，这是文件夹树形结构中你当前所在的目录。

假设你从根驱动器（C: 盘）开始，打开 Program Files 文件夹中的 Hello World 文件夹，那么当前位置（当前目录）就是 C:/Program Files/Hello World，如图 22-4 所示。

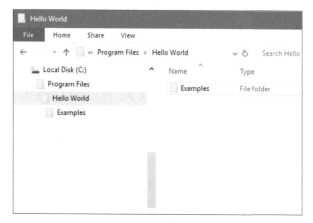

图 22-4　当前位置示例

现在如果你要找到 beachball.png 文件，就必须沿着 Examples 文件夹向下查找，所以这个文件的路径就是 Examples/beachball.png。由于你已经打开一部分路径了，因此只要完成剩下的路径就能找到 beachball.png 文件。

注意，在第 19 章关于声音的内容中，我们在打开声音文件时用了 splat.wav 之类的文件名，并没有使用文件路径，这是因为当时指出要把声音文件复制到程序所在的文件夹中。图 22-5 展示了在 Windows Explorer 中查看这个文件。

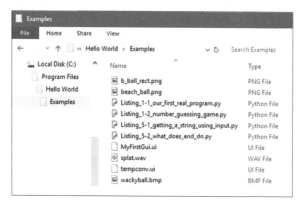

图 22-5　在 Windows Explorer 中查看 splat.wav 文件

注意，这里把 Python 文件（扩展名为 .py）与声音文件（扩展名为 .wav）放在了同一个文件夹中。当 Python 程序运行时，其工作目录就是存储 .py 文件的目录。

如果把程序保存在 E:/programs 目录下，在这个程序启动时，它就会把 E:/programs 目录作为工作目录。如果该目录下有声音文件，那么只需要键入文件名，程序就可以打开这个声音文件。在这种情况下，声音文件已经在当前的目录下了，无须指定文件路径就可以找到这个文件，因此可以直接这样写：

```
my_sound = pygame.mixer.Sound("splat.wav")
```

注意，这里不需要指定这个声音文件的完整路径（ E:/programs/splat.wav ）。因为这个文件与使用该文件的程序处在同一个目录下，所以可以直接指定文件名。

22.3.2　文件位置小结

以上就是本书关于文件路径和文件位置的所有内容。对于文件夹和目录、文件路径、工作目录等，整个话题会让一些人觉得很迷糊，这通常需要大量篇幅才能解释清楚。不过本书重点讨论的是编程，如果你还是不太理解操作系统、文件位置或文件路径，可以向爸爸妈妈、老师或者懂计算机的人寻求帮助。

本书中所有用到文件的例子都会把文件放在和程序相同的位置，因此不必担心文件路径或使用完整路径的问题。

22.4　打开文件

在打开文件之前，需要事先知道要对这个文件执行的操作。

❑ 如果要把这个文件用作输入，即只查看文件中的内容，而不对文件做任何改变，那么只需要打开文件完成读操作。

❑ 如果要创建全新的文件或者用某个全新的文件替换现有的文件，那么就要打开文件完成写操作。

❑ 如果要给现有的文件增加内容，就是要打开文件完成追加操作。（还记得第 12 章提到的追加就是要添加内容吧？ ）

在打开文件时，需要在 Python 中创建**文件对象**（ Python 中的很多东西称为对象）。创建文件对象要用到 open() 函数，并提供文件名，就像下面这样：

```
my_file = open('my_filename.txt', 'r')
```

因为文件名就是字符串，所以两边要加引号。参数 'r' 表示正在打开这个文件并完成读操作。下一节会介绍更多的文件操作。

理解文件对象和文件名之间的区别很重要。在程序中，需要使用文件对象来访问文件，而文件名则是 Windows 系统、Linux 系统和 macOS 系统对文件的一种叫法。

其实在生活中也是这样的，我们在不同的场合下会用不同的名字。如果你的老师名叫 Fred Weasley，你可能会叫他 Weasley 老师，他的朋友可能叫他 Fred，而他的计算机用户名可能是 fweasley。对文件来说，它会有一个专门的名字供操作系统使用，操作系统用这个名字（文件名）在磁盘上存储该文件，另外还有一个专门的名字供程序使用，程序在处理文件时需要用到这个名字（文件对象）。

文件对象和文件名不一定要完全相同，可以把文件对象命名为任意的名字。如果有一个包含一些说明文字的文本文件，名为 notes.txt，就可以这样做：

```
notes = open('notes.txt', 'r')
```
文件对象　　　　　　文件名

也可以这样做：

```
some_crazy_stuff = open("notes.txt", 'r')
```
文件对象　　　　　　　文件名

一旦打开文件并创建了文件对象，就不再需要文件名了，在程序中可以用文件对象来完成所有操作。

22.5　读文件

上一节提到，可以用 open() 函数打开文件并创建文件对象，这是 Python 的一个内置函数。要打开文件并完成读操作，需要用 'r' 作为第 2 个参数，如下所示：

```
my_file = open('notes.txt', 'r')
```

如果要打开一个文件并完成读操作，而这个文件根本不存在，就会得到一条错误消息。（毕竟你无法打开一个根本不存在的文件，对不对？）

Python 还提供了一些内置函数，一旦打开文件，程序就可以通过这些函数获取文件中的信息。可以使用 readlines() 方法从文件中读取文本信息，如下所示：

```
lines = my_file.readlines()
```

上面的代码会读取整个文件并创建一个列表，文件中的每个文本行都会成为列表中单独的一项。下面假设 notes.txt 文件包含一份小小的清单，其中列出了每天要完成的事情：

```
Wash the car
Make my bed
Collect allowance
```

可以用 Notepad 之类的程序来创建这个文件。其实你现在就可以动手了，用 Notepad（或者你喜欢的其他文本编辑器）创建这样的一个文件，并把它命名为 notes.txt，然后保存在 Python 程序所在的位置，最后关闭 Notepad。

用一小段 Python 程序打开并读取这个文件，代码清单 22-1 展示了示例代码。

代码清单 22-1　打开并读取文件

```
my_file = open('notes.txt', 'r')
lines = my_file.readlines()
print(lines)
```

上面这段代码的输出可能是这样的（具体取决于你在文件中写入的内容）：

```
>>>
RESTART: C:\HelloWorld\Examples\Listing_22-1.py
['Wash the car\n', 'Make my bed\n', 'Collect allowance']
```

上面的代码从文件中读取了所有的文本行，并将这些文本行放入名为 lines 的列表中。列表中的每一项都是字符串，对应从文件中读取的每个文本行，注意前两行末尾的 \n，这些是分隔文件中文本行的换行符，也就是说，当创建文件时，我们在每一行末尾都按下了回车键。如果你在键入最后一行后也按了回车键，那么在这个列表的第 3 项后面也会有一个 \n。

代码清单 22-1 还要补充一行代码，那就是在处理完文件时，一定要关闭文件。

```
my_file.close()
```

> 为什么一定要关闭文件呢？为什么不能一直打开文件？以后要使用这个文件该怎么办？

卡特，假如另外一个程序也要使用这个文件，而我们的程序又还没有关闭这个文件，那个程序可能就无法访问这个文件了。通常在使用完毕后，关闭文件会比较好。

一旦把文件的内容读取到程序中的字符串列表中后，接下来就可以随意处理这个字符串列表了。这个字符串列表与其他 Python 列表是一样的，因此也可以对它进行循环处理、排序、追加元素、删除元素等操作。这些字符串也像其他字符串一样，可以打印、转换为 int 或 float（前提是字符串中包含数字）、用作 GUI 中的标签，或者完成其他有关字符串的操作。

22.5.1 一次读取一行

readlines() 方法会读取文件中所有的文本行，直到文件的末尾。如果你想一次只读取一行，就可以用 readline() 方法，如下所示：

```
first_line = my_file.readline()
```

上面的代码只会读取文件中的第 1 行。如果继续在这个程序中调用 readline() 方法，Python 就会记住当前读取的位置。因此，在第 2 次调用时，程序就会读到文件中的第 2 行，如代码清单 22-2 所示。

代码清单 22-2　多次使用 readline() 方法

```
my_file = open('notes.txt', 'r')
first_line = my_file.readline()
second_line = my_file.readline()
print("first line = ", first_line)
print("second line = ", second_line)
my_file.close()
```

上面这个程序的输出是这样的：

```
>>>
RESTART: C:\HelloWorld\Examples\Listing_22-2.py
first line =  Wash the car

second line =  Make my bed
```

由于 readline() 方法每次只读取一行文本，因此它不会把读取结果放入列表中。每当调用 readline() 方法时，都只读到一个字符串。

22.5.2 回到起始位置

如果你多次调用了 readline() 方法，现在又想退回到文件中的起始位置，那么可以用 seek() 方法，就像下面这样：

```
first_line = my_file.readline()
second_line = my_file.readline()
my_file.seek(0)

first_line_again = my_file.readline()
```

seek() 方法可以指定 Python 在文件中的位置。seek() 方法括号中的数字表示从文件起始位置开始计算的字节数。因此，如果把它设置为 0，程序就会退回到文件的起始位置。

22.6 文本文件和二进制文件

到目前为止，对于本书中打开文件和读取文本行的所有示例，其中都做了一个假设，那就是这些文件都包含文本信息。记住，在文件中可以存储任何内容，文本只是其中一种内容而已。程序员把其他类型的文件统称为**二进制文件**（binary file）。

可以在程序中打开的文件主要有以下两种类型。

❑ 文本文件：这些文件包含文本信息，包括字母、数字、标点符号和一些特殊字符等，如换行符。
❑ 二进制文件：这些文件不包含文本信息，但可能包含音乐、图片或其他类型的数据。不过由于它们不包含文本信息，其中根本没有换行符，因此这些文件也没有行的概念。

可见，不能对二进制文件使用 readline() 方法或 readlines() 方法。如果要从一个 .wav 文件中读取"一行"，那么根本无法预测会读到什么内容。在绝大多数情况下，你可能会读到一大堆稀奇古怪的内容，就像下面这样：

```
>>> f = open('splat.wav', 'r')
>>> print(f.readline())
RIFFö▲  WAVEfmt ▶  ☺ ☺ "V  "V   datap?
ÇÇÇÇÇÇÇÇüÇÇÇÇÇÇÇÇÇ?ÇÇ⌂⌂⌂⌂⌂Ç⌂⌂⌂⌂Ç
ÇÇÇ⌂⌂ÇÇÇÇÇÇÇÇÇÇÇÇÇÇ⌂ÇÇÇüÇÇÇÇÇÇÇÇÇÇÇÇÇÇ⌂ÇÇÇÇ⌂üüÇÇÇ⌂ÇÇ⌂⌂ÇÇÇÇ⌂⌂⌂ÇÇüééÇzv
vy{|Çâ¿ïê}trv|äëïîêâ~ut|⌂yrqrtxÇîÖ℞ääütvçÆÄ|mlfWR]jnmpxüêÅ °fârà⌂«↓Ö}`ORj⌂
{hZZgwäëy{äæá-¿ýézâ}èmWLISjÇàzrvÇüytv~üÇ}yrifjt}äêèêüÄöÉémSCFZlrtyéïö¥ñ-↕~ñ
¢ÆÄ¡Å⌂ôⰕÆÄÅæ|åÜ¬ⱠⱣ̈üpd\UME@;99:>EJMW]YTZfuçⱤⱣf-▓‖└─┴─┐┐-¢ôê~{|{yxzzuiZNGHLS
bs⌂~wrnf\TPQU]`jvàæÉ⌂osÇïôæä}üäⰣⱭ┼
```

在这个 .wav 文件中，最前面的部分看起来像是文本信息，不过后面的内容就很莫名其妙了。这是因为 .wav 文件中没有文本信息，只有声音信息，而 readline() 方法和 readlines() 方法只能用于读取文本文件。

在大多数情况下，如果需要用到二进制文件，就要通过 Pygame 模块或一些其他模块来加载该文件，就像在第 19 章中那样：

```
pygame.mixer.music.load('bg_music.mp3')
```

在上面的代码中，Pygame 模块会打开这个二进制文件并读取其中的数据（这里指音乐）。但是如果你想自己打开一个二进制文件，可以在文件模式中加上一个 b，就像下面这样：

```
my_music_file = open('bg_music.mp3', 'rb')
```

这里的参数 'rb' 就表示我们要打开文件并以二进制模式读取其中的内容。

在前几节中，我们已经学习了如何在程序中获取文件的信息，这种文件操作方式就称为**读文件**。接下来我们还要学习如何将程序的信息写入到文件中，这种操作就称为**写文件**。

22.7 写文件

如果想把程序中的信息永久地保存起来，那么你可以盯着屏幕，然后把这些信息抄下来。可是这样就根本无法体现计算机的作用了！

更好的办法是将信息保存在硬盘上，这样一来，即使程序不再运行了（甚至计算机关机），数据也能保留下来，之后也可以使用。其实你早就这样做过了，每当保存图片、歌曲、Python 程序或者学校的作业时，其实都是将它们存储在硬盘上。

从前的美好时光

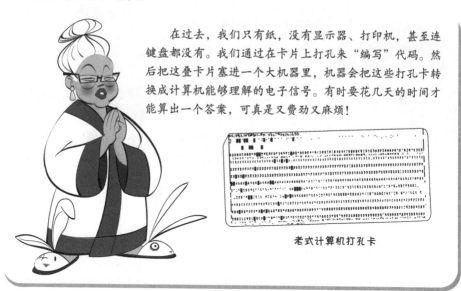

在过去，我们只有纸，没有显示器、打印机，甚至连键盘都没有。我们通过在卡片上打孔来"编写"代码。然后把这叠卡片塞进一个大机器里，机器会把这些打孔卡转换成计算机能够理解的电子信号。有时要花几天的时间才能算出一个答案，可真是又费劲又麻烦！

老式计算机打孔卡

前面已经提到过，在文件中添加内容有两种操作方法。

❑ 写操作：创建新的文件或覆盖原有的文件。

❑ 追加操作：在现有的文件中添加内容，并保留原来已有的内容。

要对文件执行写操作或追加操作，首先必须打开这个文件。和前面的例子一样，这里也要用到 open() 函数，只不过第 2 个参数会有所不同。

❑ 在读文件时，文件模式使用 'r'。

```
my_file = open('new_notes.txt', 'r')
```

❑ 在写文件时，文件模式使用 'w'。

```
my_file = open('new_notes.txt', 'w')
```

❑ 在追加文件内容时，文件模式使用 'a'。

```
my_file = open('notes.txt', 'a')
```

用 'a' 打开文件的话，就表示使用追加模式。因为追加操作是指将内容添加到一个现有的文件中，所以这里的文件名必须是硬盘上已经存在的某个文件的名字，否则就会得到一条错误消息。

更正一下！即使这个文件不存在，我们也可以打开这个文件并完成追加操作。只要创建一个新的空白文件就可以了！

卡特又说对了！当使用参数 'w' 表示写模式时，存在两种可能。

❑ 如果文件已经存在，那么文件中的所有内容都会丢失，并替换为现在写入的内容。

❑ 如果文件不存在，那么就会创建一个同名的新文件，新写的内容都会放入这个新文件中。

下面就来看一些例子吧。

22.7.1 在文件中追加内容

首先在之前创建的 notes.txt 文件的最后面追加一行 Spend allowance。如果你仔细观察上面的 readlines() 示例，就会注意到最后一行文本的末尾并没有 \n，也就是说没有换行符。所以现在我们要在最后一行增加一个换行符，然后再把新的字符串添加进去。要把字符串写入文件，就要使用 write() 方法，如代码清单 22-3 所示。

代码清单 22-3　使用追加模式

```
todo_list = open('notes.txt', 'a')          ◀━━━ 以追加模式打开文件
todo_list.write('\nSpend allowance')        ◀━━━ 在最后一行添加新的字符串
todo_list.close()     ◀━━━ 关闭文件
```

前面提到过，一旦读完文件，就要关闭该文件。这一点在写文件时更为重要，在写完文件后，一定要用 close() 关闭文件。只有用 close() 关闭文件后，所做的修改才会真正保存到文件中。

运行代码清单 22-3 中的程序之后，用 Notepad（或者其他文本编辑器）打开 notes.txt 文件，查看里面的内容。记住，看完后一定要关闭 Notepad。

22.7.2　用写模式写文件

现在来看一个用写模式写文件的示例，这次要打开硬盘上还不存在的一个文件，键入代码清单 22-4 中的程序并运行。

代码清单 22-4　对新文件使用写模式

```
new_file = open("my_new_notes.txt", 'w')
new_file.write("Eat supper\n")
new_file.write("Play soccer\n")
new_file.write("Go to bed")
new_file.close()
```

可是如何确定这个程序正常工作呢？这时可以检查一下保存代码清单 22-4 中的程序的文件夹，应该能看到一个名为 my_new_notes.txt 的文件。在 Notepad 中打开这个文件，查看其中的内容，大致如下：

```
Eat supper
Play soccer
Go to bed
```

上面的程序创建了一个文本文件，而且其中存储了一些文本。该文件存储在硬盘上，只要没被删除而且硬盘没有发生故障，它就会一直在那里。我们可以通过这种方法，永久地存储程序中的数据。现在这个程序就能在世界上（或者至少在你的硬盘上）留下永久的印记了。对于任何信息，只要需要在程序停止或计算机关机时永久保留，就都可以放到文件中。

接下来看一下如果对硬盘上现有的文件使用写模式会发生什么情况。还记得 notes.txt 文件吧？如果运行了代码清单 22-3 中的程序，那么这个文件的内容应该如下所示：

```
Wash the car
Make my bed
Collect allowance
Spend allowance
```

下面用写模式来打开这个文件，并写入一些内容，看看会发生什么。代码清单 22-5 给出了相应的代码。

代码清单 22-5　使用写模式打开现有的文件

```
the_file = open('notes.txt', 'w')
the_file.write("Wake up\n")
the_file.write("Watch cartoons")
the_file.close()
```

运行上面的代码，然后在 Notepad 中打开 notes.txt 文件，查看其中的内容。你应该会看到这样的文本：

```
Wake up
Watch cartoons
```

notes.txt 文件中原来的内容消失了，它们被代码清单 22-5 中的新内容取代了。

22.7.3　使用 `print()` 方法写文件

上一节使用了 `write()` 方法来写文件，另外，`print()` 方法也可以用来写文件。这次还是要以写模式或追加模式打开文件，不过在打开文件后用 `print()` 方法来写文件，就像这样：

```
my_file = open("new_file.txt", 'w')
print("Hello there, neighbor!", file=my_file)
my_file.close()
```

有时候 `print()` 方法用起来比 `write()` 方法更方便，因为 `print()` 方法还会完成一些额外的工作，比如把数字自动转换为字符串。总体来说，要在文件中写入文本的话，既可以用 `print()` 方法，也可以用 `write()` 方法。

22.8　在文件中保存内容：`pickle` 模块

本章的前面部分讨论了如何读写文本文件。但是在硬盘上存储信息有很多种方法，文本文件只是其中的一种而已。假设你想存储列表或对象之类的内容，该怎么做呢？有时列表中的元素可能是字符串，不过也不一定都是。另外，如何存储对象呢？也许你可以把对象的所有属性都转换为字符串，再写入文本文件中，但是后面还需要把这个转换过程反过来，也就是从文件内容中恢复对象，这就复杂了。

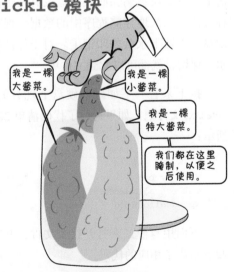

所幸的是，在存储类似列表和对象等内容方面，Python 提供了一种更为简便的方法，那就是利用其中叫作 pickle 的模块。这个名字很滑稽吧？但可以这样想：腌制（pickle）可以储藏食物，方便日后食用。在 Python 中，你也可以把数据"腌制起来"，即在硬盘上保存数据供日后使用。这听起来很有道理吧！

22.8.1　使用 pickle 模块

假设有一个列表，其中包含不同类型的内容，如下所示：

```
my_list = ['Fred', 73, 'Hello there', 81.9876e-13]
```

如果要用 pickle 模块，首先必须导入它：

```
import pickle
```

要"腌制"某个对象，比如列表，就要用到 dump() 函数。（想象把酱菜倒入罐子中，这样就很容易记住这个函数了[①]。）dump() 函数需要一个文件对象作为参数，我们已经知道如何创建文件对象了：

```
pickle_file = open('my_pickled_list.pkl', 'wb')
```

之所以用 'w' 模式来打开文件，是因为我们要在这个文件中保存一些内容，而且这里使用了 'b'，告诉 Python 要存储的是二进制数据，而不是文本数据。你可以选择任意的文件名和扩展名，我选择 .pkl 作为扩展名，它是 pickle 的简写。然后用 dump() 函数把列表"倒入" pickle 文件中：

```
pickle.dump(my_list, pickle_file)
```

整个过程如代码清单 22-6 所示。

代码清单 22-6　用 pickle 模块将列表存储到文件中

```
import pickle
my_list = ['Fred', 73, 'Hello there', 81.9876e-13]
pickle_file = open('my_pickled_list.pkl', 'wb')
pickle.dump(my_list, pickle_file)
pickle_file.close()
```

用上面这种方法可以在文件中存储任意类型的数据结构。但是如何还原这些数据结构呢？这就是下面要介绍的内容。

---

① dump 在英文中的含义就是"倾倒"。——译者注

22.8.2 还原

在现实生活中，只要经过了腌制，酱菜就一直都是酱菜，腌制过程是无法撤销的，也就是说我们不能把酱菜还原成新鲜的菜。不过在 Python 中，当用 pickle 模块"储藏"数据时，这个"储藏"过程是可以逆转的，也就是可以还原到最初的数据结构。

实现这种"还原"的函数就是 load() 函数。当向这个函数传递一个文件对象时（对应包含"腌制"数据的文件），它就会返回相应的原始数据结构。

下面就来试试看吧。如果你已经运行了代码清单 22-6 中的程序，那么在存储程序的位置上应该已经有一个名为 my_pickled_list.pkl 的文件了。现在可以试着运行代码清单 22-7 中的程序，观察能不能得到原来的列表。

代码清单 22-7　用 load() 函数还原对象

```
import pickle
pickle_file = open('my_pickled_list.pkl', 'rb')
recovered_list = pickle.load(pickle_file)
pickle_file.close()

print(recovered_list)
```

运行上面的程序，应该可以看到这样的输出：

```
['Fred', 73, 'Hello there', 8.19876e-12]
```

看起来真的还原了！我们又得到了"腌制"前的列表元素。虽然这里的 E 记法看起来有点不一样，但是仍为同一个数字。

在下一节中，我们要用前面学到的有关文件输入和输出方面的内容来编写一个新游戏。

22.9　又到了游戏时间——Hangman 游戏

既然本章讨论的是文件，为什么还要在这里编写一个游戏呢？嗯，Hangman 游戏之所以好玩，是因为它有一个庞大的词汇表，我们可以从其中选择题目。要做到这一点，最简单的办法就是从文件中读取这个词汇表。这里使用 PyQt 模块来编写这个游戏，正好也可以说明在编写图形化游戏时，Pygame 模块并不是唯一的途径。

22.9.1　Hangman GUI

图 22-6 展示了 Hangman 游戏的主界面。

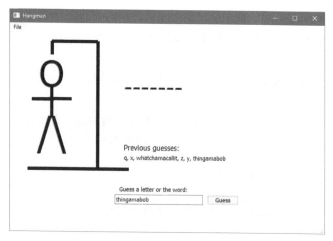

图 22-6 Hangman 游戏的主界面

虽然这里显示了游戏角色的全貌，但是当程序刚开始运行时，我们会隐藏这个角色。如果玩家猜错一个字母，屏幕就会显示角色的某一部分，以此类推。如果这个角色完整显示出来，那么游戏结束！

当玩家猜字母时，程序会查看玩家猜出的这个字母是否在事先选取的神秘单词中。如果确实是神秘单词中的字母，就把这个字母显示出来。在窗口的中间位置，玩家可以看到截至目前他猜过的所有字母。另外，玩家随时可以尝试猜测整个单词，无须每次逐个字母猜测。

下面先概括一下这个程序的工作原理，程序在开始执行时要完成以下几项操作。

❑ 从文件中加载词汇表。
❑ 去掉每行末尾的换行符。
❑ 隐藏游戏角色的所有部分。
❑ 从词汇表中随机选取一个单词。
❑ 根据神秘单词中的字母的个数显示相同数量的横线。

当玩家单击 Guess 按钮时，程序要完成以下操作。

❑ 检查玩家当前猜的是一个字母还是一个单词。
❑ 如果是一个字母，就完成以下 5 项操作。
  ▪ 检查神秘单词是否包含这个字母。
  ▪ 如果玩家猜对了，就用这个字母取代横线，并显示这个字母在单词中的位置。
  ▪ 如果玩家猜错了，就显示游戏角色的某部分。
  ▪ 把玩家猜出的字母添加到 Previous guesses 显示栏。

- 检查玩家是否已经猜出整个单词（猜出单词中的所有字母）。
□ 如果是一个单词，则完成以下 3 项操作。
  - 检查玩家猜的单词是否正确。
  - 如果正确，就弹出一个对话框，显示"You Won!"（"你赢了"），并开始新游戏。
  - 检查玩家是不是已经没有机会了，如果没有机会，就弹出一个对话框，显示"You Lost"（"你输了"），并显示这个神秘单词。

22.9.2 从词汇表中获取单词

因为本章讨论的是文件，所以下面就来看看程序中获取词汇表的那部分吧，相应的代码如下所示：

```
f = open("words.txt", 'r')
self.lines = f.readlines()
for line in self.lines:
    line.strip()          ◄──── 删除每行末尾的换行符
f.close()
```

由于 words.txt 是文本文件，因此可以用 readlines() 函数来读取文件中的内容。为了从词汇表中选取一个词，这里使用了 random.choice() 函数，如下所示。

```
self.currentword = random.choice(self.lines)
```

22.9.3 显示游戏角色

在游戏角色方面，若要记录当前已经显示的部分以及下一步将显示的部分，可以选择多种方式。这里用一个循环来实现，代码如下所示：

```
def wrong(self):
    self.pieces_shown += 1
    for i in range(self.pieces_shown):
        self.pieces[i].setHidden(False)
    if self.pieces_shown == len(self.pieces):
        message = "You lose. The word was " + self.currentword
        QtWidgets.QMessageBox.warning(self,"Hangman",message)
        self.new_game()
```

我们用 self.pieces_shown 来记录该角色目前显示的部分。如果全部显示出来，就弹出一个对话框来告诉玩家他输了。

22.9.4 判断玩家猜到的字母

这个程序中最难的部分就是判断玩家猜到的字母是否出现在神秘单词中。这项工作之所以困难，是因为那个字母可能在单词中出现多次。如果神秘单词是 lever，玩家猜到了 e，就必须在屏幕上把第 2 个字母和第 4 个字母都显示出来，因为它们都是 e。

我们用几个函数来完成这项工作。find_letters() 函数会查找某个字母在单词中出现的所有位置，并返回一个包含这些位置的列表。例如，对于字母 e 和单词 lever，这个函数会返回 [1, 3]，因为字母 e 同时出现在这个字符串的索引 1 和索引 3 的位置（列表中的索引从 0 开始）。代码如下：

```
def find_letters(letter, a_string):          检查字母在单词
    locations = []                            中出现的位置
    start = 0
    while a_string.find(letter, start, len(a_string)) != -1:
        location = a_string.find(letter, start, len(a_string))
        locations.append(location)           将这个位置加入
        start = location + 1                  到列表中
    return locations
```

replace_letters() 函数从 find_letters() 函数的返回值中得到一个列表，然后用正确的字母替换这些位置上的横线。在我们的例子中（lever 中的字母 e），它会用 -e-e- 替换 -----，也就是向玩家显示他猜对的字母出现在这个神秘单词的什么位置，其余部分仍然为横线。代码如下所示：

```
def replace_letters(string, locations, letter):
    new_string = ''
    for i in range(0, len(string)):
        if i in locations:
            new_string = new_string + letter
        else:
            new_string = new_string + string[i]
    return new_string
```

每当玩家猜一个字母时，我们就要调用刚才定义的 find_letters() 函数和 replace_letters() 函数：

```
if len(guess) == 1:                          检查字母是否        检查字母在单词
    if guess in self.currentword:            出现在单词中        中出现的位置
        locations = find_letters(guess, self.currentword)
        self.word.setText(replace_letters(str(self.word.text()),
                                          locations,guess))
        if str(self.word.text()) == self.currentword:   检查是不是已经没有横
            self.win()                                   线了（说明你赢了！）
    else:
        self.wrong()
```

当前猜的是一个字母吗？

用字母替换横线

整个程序大约有 95 行代码，另外我还加入了一些空行，让代码易于浏览。代码清单 22-8 给出了整个程序的代码，并对代码的各个部分做了解释。如果你使用了本

书的安装程序，那么 examples 文件夹中应该已经有这份代码了，此外本书的网站上也有这份代码，包括 hangman.py、hangman.ui 和 words.txt。切记，正如第 20 章提到的，如果你用的是 macOS 系统，那么就需要在 Qt Designer 中打开 hangman.ui 文件，并取消选择 menubar（菜单栏）对象的 nativeMenuBar 属性。

代码清单 22-8 完整的 hangman.py 程序

```python
import sys
from PyQt5 import QtWidgets, uic
import random
form_class = uic.loadUiType("hangman.ui")[0]
def find_letters(letter, a_string):
    locations = []
    start = 0
    while a_string.find(letter, start, len(a_string)) != -1:    # 查找字母
        location = a_string.find(letter, start, len(a_string))
        locations.append(location)
        start = location + 1
    return locations

def replace_letters(string, locations, letter):
    new_string = ''
    for i in range(0, len(string)):
        if i in locations:                      # 当玩家猜对字母时，
            new_string = new_string + letter    # 用字母替换横线
        else:
            new_string = new_string + string[i]
    return new_string

def dashes(word):
    letters = "abcdefghijklmnopqrstuvwxyz"
    new_string = ''
    for i in word:
        if i in letters:              # 当程序开始时，用横线
            new_string += "-"         # 替换相应的字母❶
        else:
            new_string += i
    return new_string
class HangmanGame(QtWidgets.QMainWindow, form_class):
    def __init__(self, parent=None):
        QtWidgets.QMainWindow.__init__(self, parent)
        self.setupUi(self)
        self.btn_guess.clicked.connect(self.btn_guess_clicked)      # 连接事件
        self.actionExit.triggered.connect(self.menuExit_selected)   # 处理器
        self.pieces = [self.head, self.body, self.leftarm, self.leftleg,    # 游戏角色部分
                       self.rightarm, self.rightleg]
        self.gallows = [self.line1, self.line2, self.line3, self.line4]     # 绞刑架部分
        self.pieces_shown = 0
        self.currentword = ""
        f=open("words.txt", 'r')
        self.lines = f.readlines()      # 得到词汇表
        f.close()
        self.new_game()
```

```
def new_game(self):
    self.guesses.setText("")
    self.currentword = random.choice(self.lines)          ← 从词汇表中随机
    self.currentword = self.currentword.strip()              选择一个单词
    for i in self.pieces:
        i.setFrameShadow(QtWidgets.QFrame.Plain)          隐藏游戏角色
        i.setHidden(True)
    for i in self.gallows:
        i.setFrameShadow(QtWidgets.QFrame.Plain)
    self.word.setText(dashes(self.currentword))          ← 调用函数，用横线
    self.pieces_shown = 0                                     替换字母
def btn_guess_clicked(self):
    guess = str(self.guessBox.text())
    if str(self.guesses.text()) != "":
        self.guesses.setText(str(self.guesses.text())+", "+guess)
    else:
        self.guesses.setText(guess)
    if len(guess) == 1:
        if guess in self.currentword:
            locations = find_letters(guess, self.currentword)
            self.word.setText(replace_letters(str(self.word.text()),
                                              locations,guess))
            if str(self.word.text()) == self.currentword:
                self.win()
            else:
                self.wrong()
    else:
        if guess == self.currentword:
            self.win()
        else:
            self.wrong()
    self.guessBox.setText("")
def win(self):
    QtWidgets.QMessageBox.information(self,"Hangman","You win!")
    self.new_game()
def wrong(self):
    self.pieces_shown += 1
    for i in range(self.pieces_shown):
        self.pieces[i].setHidden(False)
    if self.pieces_shown == len(self.pieces):
        message = "You lose. The word was " + self.currentword
        QtWidgets.QMessageBox.warning(self,"Hangman", message)
        self.new_game()
def menuExit_selected(self):
    self.close()

app = QtWidgets.QApplication(sys.argv)
myapp = HangmanGame(None)
myapp.show()
app.exec_()
```

标注（从上到下）：猜字母 · 让玩家猜字母或单词 · 猜单词 · 当玩家猜对时，显示对话框 · 显示游戏角色的另一部分 · 猜错的情况 · 玩家输了

为简单起见，这里的 Hangman 程序只用了小写字母。我们提供的词汇表中只有小写字母，用户也必须将其猜测的字母以小写形式输入。

在新游戏刚开始时，❶处的 dashes() 函数会用横线替换字母，但它并不会替换标点符号，比如撇号。所以，如果这个单词是 doesn't，玩家就会看到 -----'-。

建议你自己动手编写这个程序。可以用 Qt Designer 来构建 GUI，即使看上去跟上面的版本不太一样也没有关系。不过一定要仔细查看代码，看看界面中组件使用的名字。代码中组件的名字必须与 .ui 文件中组件的名字保持一致。

尽可能自己键入这些代码，然后运行这个程序，查看运行结果。如果你还想做些不同的尝试，那就放手去做吧！你可以充分尝试，大胆试验，并享受其中的乐趣。这正是编程最有意思也最有收获的地方，编程的大部分知识就是通过这种尝试获得的。

你学到了什么

在本章中，你学到了以下内容。

- 文件。
- 打开和关闭文件。
- 打开文件的不同方式：读模式、写模式和追加模式。
- 写文件的不同方式：write() 和 print()。
- 使用 pickle 模块在文件中保存列表和对象（以及其他 Python 数据结构）。
- 文件夹（目录）、文件位置和文件路径等相关内容。

我们还编写了 Hangman 游戏，该游戏使用文件中的数据来获得一个词汇表。

测试题

扫码查看
习题答案

1. Python 用来处理文件的对象称为_____。
2. 如何创建文件对象？
3. 文件对象和文件名之间有什么区别？
4. 在完成文件读写时应该对文件做什么操作？
5. 如果以追加模式打开文件，然后在文件中添加一些内容，那么结果会怎么样？
6. 如果以写模式打开文件，然后在文件中写入一些内容，那么结果会怎么样？
7. 当读取文件中的一部分内容后，如何返回到文件起始位置开始重新读取？
8. 将 Python 对象保存到文件中需要用到 pickle 模块的哪个函数？
9. 假如要"还原"Python 对象，也就是从 pickle 文件中获取对象，并放回到原先的 Python 变量中，应该用 pickle 模块中的哪个方法？

动手试一试

1. 编写一个程序，造一些滑稽的句子出来。每个句子至少有 4 个部分，像下面这样：

举例如下：

这个程序要随机选择一个形容词、一个名词、一个动词短语和一个副词短语来造句。这些单词都事先存储在了文件中，你可以用 Notepad 写下这些单词。要编写出这个程序，最简单的做法是给这 4 组单词分别创建一个文件，不过你也可以使用其他方式。下面是一些提示，不过我相信你也能提出自己的想法。

❑ 形容词：crazed、silly、shy、goofy、angry、lazy、obstinate、purple。
❑ 名词：monkey、elephant、cyclist、teacher、author、hockey player。
❑ 动词短语：played a ukulele、danced a jig、combed his hair、flapped her ears。
❑ 副词短语：on the table、at the grocery store、in the shower、after breakfast、with a broom。

再看一个示例输出，"The lazy author combed his hair with a broom."。

2. 编写一个程序，让用户输入姓名、年龄、最喜欢的颜色和最喜欢的食物。程序要把这 4 项信息都保存在一个文本文件中，每一项要分别放在单独的一行中。

3. 完成第 2 题的任务，不过这次得用 pickle 模块将数据存储到一个文件中。（提示：先把数据存储在列表中就很容易实现了。）

第 23 章
碰运气——随机性

游戏最好玩的地方就是你永远也不知道后面会发生什么，也就是说游戏是随机的、不可预测的，正是因为这种随机性，游戏才格外有趣。

我们已经看到，计算机可以模拟随机行为。第 1 章的猜数程序就用了 random 模块来生成一个随机整数让用户猜。另外，第 22 章在"动手试一试"中用 random 给造句程序选择了单词。

计算机还可以模拟洗牌或掷骰子之类的随机行为。正是因为这一点，我们才有可能编写出关于纸牌或骰子（或其他带随机行为的对象）的游戏。例如，绝大多数人玩过 Windows 上的 Solitaire，这是一个纸牌游戏，每次游戏开始前程序都会随机洗牌。另外，Computer Backgammon 游戏也很有名，其中就用到了两枚骰子。

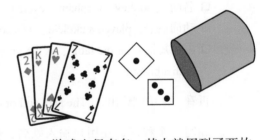

本章介绍如何用 random 模块编写掷骰子游戏和纸牌游戏，还会涉及如何用计算机生成的随机事件来研究**概率**（probability），即某件事情发生的可能性。

23.1 随机性

在讨论如何编写带随机行为的程序之前，首先要了解"随机"的定义。以抛硬币为例，如果把一枚硬币抛向空中，让它落地，那么它可能是正面朝上，也可能是背面朝上。一般来说，正面朝上和背面朝上的概率一样大。所以，你有时会看到正面，有时则看到背面。每次抛硬币的时候，你根本不知道会看到哪一面。这是因为抛一次的结果是无法预测的，我们称之为**随机**，抛硬币就是一个随机事件。

如果抛硬币的次数足够多，就可能会发现正面朝上的次数和背面朝上的次数基本是相同的。但这并不是绝对的，抛 4 次的话可能会得到 2 次正面 2 次背面，也可能会得到 3 次正面 1 次背面，或者 1 次正面 3 次背面，甚至连续 4 次都是正面（或 4 次都是背面）。如果抛 100 次，可能得到 50 次正面，但是也可能会得到 20 次、44 次或 67 次正面，甚至可能 100 次全都是正面！虽然全都是正面的可能性不大，但确实有可能发生。

这里的关键是，每次事件的发生都是随机的。虽然大量抛硬币可能会存在某种规律，但是每次抛硬币时正面朝上或背面朝上的可能性都是一样的。换句话说，硬币本身没有记忆，即使刚刚连续抛出了 99 次正面，你也可能会认为不太可能连续抛出 100 次正面，但当再次抛出硬币时，仍有 50% 的概率得到正面。这就是随机的含义。

随机事件就是可能会有两种或多种结果的事件，这些事件的结果无法提前预知，比如说一副牌中纸牌的顺序、掷骰子所得到的点数，或者硬币朝上的面。

23.2 掷骰子

大多数人玩过掷骰子游戏，比如 Monopoly、Yahtzee、Trouble、Backgammon 等。不论在哪个游戏中，掷骰子都是生成随机事件最常用的方式之一。

在程序中，骰子很容易模拟，Python 的 random 模块提供了两种方法来模拟掷骰子。一种方法是用 randint() 函数，它会随机选出一个整数。由于骰子每个面上的点数都是整数（1、2、3、4、5 和 6），因此可以这样模拟掷骰子：

```
import random
die_1 = random.randint(1, 6)
```

就像真正的骰子一样，上面的代码会给出一个在 1 和 6 之间的整数，每个数出现的概率都相同。

模拟掷骰子还有另外一种方法，那就是创建一个包含所有可能结果的列表，然后用 choice() 函数从列表中随机选取一项。具体做法如下所示：

```
import random
sides = [1, 2, 3, 4, 5, 6]
die_1 = random.choice(sides)
```

这跟前面一个例子的原理完全相同，choice() 函数从列表中随机选取了一项。

这里的列表包含从 1 到 6 的整数。

23.2.1 多枚骰子

如果要模拟同时掷下两枚骰子，该如何编写代码呢？假设你只想把两枚骰子的结果相加得到总和，可能会像下面这样做：

```
two_dice = random.randint(2, 12)
```

毕竟两枚骰子的点数总和可能是 2 ~ 12 的某个数，对不对？嗯，这点不完全正确。你的确会得到一个在 2 和 12 之间的随机数，但你不能只是将两个在 1 和 6 之间的随机数相加来得到这个总和。这行代码就像是在掷一枚 11 面的大骰子，而不是在掷两枚 6 面的骰子。可是这有什么区别呢？这就引入了**概率**这个主题。要了解这二者之间的区别，最简单的办法就是试一试。

下面我们要掷很多次骰子，并记录每个面出现的总次数。这里用到了一个循环和一个列表，循环用来掷骰子，列表用来记录每个面出现的次数。下面先来看 11 面的骰子，如代码清单 23-1 所示。

代码清单 23-1　将一枚 11 面的骰子掷 1000 次

```
import random

totals = [0, 0, 0, 0, 0, 0, 0, 0, 0, 0, 0, 0, 0]    ← ❶ 列表包含 13 项，索
for i in range(1000):                                      引在 0 和 12 之间
    dice_total = random.randint(2, 12)
    totals[dice_total] += 1        ← ❷ 将总和加 1

for i in range(2, 13):
    print("total", i, "came up", totals[i], "times")
```

❶ 列表的索引是 0 ~ 12，不过这里不会用到前两个索引，因为我们并不关心总和为 0 和 1 的情况，这是不可能发生的。

❷ 当得到总和后，我们要将相应的列表项加 1。如果总和为 7，就要将 `totals[7]` 加 1。因此 `totals[2]` 就表示得到总和为 2 的次数，`totals[3]` 就表示得到总和为 3 的次数，以此类推。

运行上面这段代码，会得到如下结果：

```
total 2 came up 95 times
total 3 came up 81 times
total 4 came up 85 times
total 5 came up 86 times
total 6 came up 100 times
```

```
total 7 came up 85 times
total 8 came up 94 times
total 9 came up 98 times
total 10 came up 93 times
total 11 came up 84 times
total 12 came up 99 times
```

如果只看总和，可以看到不同的总和出现的次数大致相同，都在 80 和 100 之间。它们都是随机的，虽然出现的次数并不完全一样，但是都很接近，至于哪些总和出现得更为频繁，这并没有明显的规律。可以多运行几次这个程序，这样就可以确认这一点了。也可以把循环次数增加到 10 000 或 100 000，试试看吧。

接下来用两枚 6 面的骰子执行同样的操作，如代码清单 23-2 所示。

代码清单 23-2　将两枚 6 面的骰子掷 1000 次

```python
import random

totals = [0, 0, 0, 0, 0, 0, 0, 0, 0, 0, 0, 0, 0]
for i in range(1000):
    die_1 = random.randint(1, 6)
    die_2 = random.randint(1, 6)
    dice_total = die_1 + die_2
    totals[dice_total] += 1

for i in range (2, 13):
    print("total", i, "came up", totals[i], "times")
```

运行上面这个程序，可以得到类似下面的输出：

```
total 2 came up 22 times
total 3 came up 61 times
total 4 came up 93 times
total 5 came up 111 times
total 6 came up 141 times
total 7 came up 163 times
total 8 came up 134 times
total 9 came up 117 times
total 10 came up 74 times
total 11 came up 62 times
total 12 came up 22 times
```

表 23-1　不同总和出现次数所占百分比

总　　和	一枚 11 面的骰子	两枚 6 面的骰子
2	9.1%	2.8%
3	9.1%	5.6%
4	9.1%	8.3%
5	9.1%	11.1%
6	9.1%	13.9%
7	9.1%	16.7%
8	9.1%	13.9%
9	9.1%	11.1%
10	9.1%	8.3%
11	9.1%	5.6%
12	9.1%	2.8%

从上面的结果可以看出，最大数和最小数出现得都比较少，而中间的数字（如 6 和 7）出现得更为频繁。这一点跟一枚 11 面的骰子有所不同。可以多运行几次，计算某个总和出现次数所占的百分比，就会得到表 23-1 中的结果。

把上面这些数字用图展示出来，如图 23-1 所示。

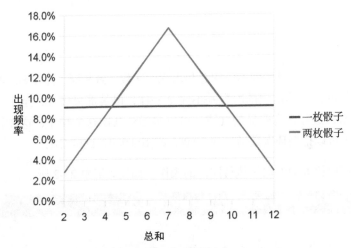

图 23-1 不同总和出现次数所占百分比

为什么会出现这么大的差别呢？这就是概率的影响。概率这一主题涉及的内容较多，基本上对于两枚骰子的情况，靠中间的数值出现的频率更高一些，这是因为在掷两枚骰子时，有更多的途径得到中间这几个数字。

当你在掷两枚骰子时，可能会遇到许多组合。以下列出这些组合以及相应的总和：

1+1 = 2	1+2 = 3	1+3 = 4	1+4 = 5	1+5 = 6	1+6 = 7
2+1 = 3	2+2 = 4	2+3 = 5	2+4 = 6	2+5 = 7	2+6 = 8
3+1 = 4	3+2 = 5	3+3 = 6	3+4 = 7	3+5 = 8	3+6 = 9
4+1 = 5	4+2 = 6	4+3 = 7	4+4 = 8	4+5 = 9	4+6 = 10
5+1 = 6	5+2 = 7	5+3 = 8	5+4 = 9	5+5 = 10	5+6 = 11
6+1 = 7	6+2 = 8	6+3 = 9	6+4 = 10	6+5 = 11	6+6 = 12

上面一共有 36 种组合，现在来看看不同总和分别出现的次数。

❑ 2 出现 1 次。

❑ 3 出现 2 次。

❑ 4 出现 3 次。

❑ 5 出现 4 次。

❑ 6 出现 5 次。

❑ 7 出现 6 次。

❑ 8 出现 5 次。

❑ 9 出现 4 次。

❑ 10 出现 3 次。

❑ 11 出现 2 次。

❑ 12 出现 1 次。

这说明，满足总和为 7 的情况多于总和为 2 的情况。因为 1+6、2+5、3+4、4+3、5+2 和 6+1 的总和都为 7，而只有 1+1 的总和为 2，所以这听起来很合理，如果把这两枚骰子掷出很多次，那么总和为 7 的次数应该会超过总和为 2 的次数。这也是两枚骰子的程序中表明的结果。

用计算机程序生成随机事件是研究概率的一种好方法，可以通过大量的尝试，查看不同事件的结果。如果真的把两枚骰子掷 1000 次并把结果记录下来，这会花费相当长的时间，但是计算机程序不到 1 秒就可以完成！

23.2.2　连续 10 次

在继续学习下面的内容之前，再来做一个概率实验。前面讨论过抛硬币，并提到了连续得到多次正面的可能性。为什么不试一下呢？观察连续 10 次正面朝上出现的频率。由于这种情况不常发生，因此我们必须抛足够多的次数，才能看到这种情况。那就抛 1 000 000 次吧！如果这是一枚真的硬币，可能就要花……总之要花相当长的时间。

> 唉，我还得抛多少次呀？

如果每 5 秒抛一次硬币，那么每分钟就可以抛 12 次，每小时就可以抛 720 次。如果排除睡觉和吃饭的时间，一天抛 12 小时的硬币，那么每天就可以抛 8640 次。按这样计算，抛 1 000 000 次硬币需要 116 天（约 4 个月）。不过，计算机在几秒内就可以完成这项工作（也许是几分钟，因为还要先编写这个程序）。

在这个程序中，除了抛硬币，我们还需要记录连续 10 次正面朝上的次数。一种办法就是利用一个变量来做统计，也就是**计数器**（counter）。

本例需要两个计数器。一个用于统计连续抛出正面朝上的次数，叫作 heads_in_row。另一个用于统计连续抛出 10 次正面的次数，叫作 ten_heads_in_row。下面是这个程序的处理过程。

❑ 当正面朝上时，heads_in_row 计数器加 1。

- 当正面朝下时，heads_in_row 计数器还原为 0。
- 当 heads_in_row 计数器达到 10 时，将 ten_heads_in_row 计数器加 1，并将 heads_in_row 计数器还原为 0，重新开始统计。
- 最后打印一条消息，显示连续 10 次正面朝上出现的次数。

代码清单 23-3 给出了以上处理过程对应的代码。

代码清单 23-3　统计连续 10 次正面朝上的次数

```python
from random import *
coin = ["Heads", "Tails"]
heads_in_row = 0
ten_heads_in_row = 0
for i in range (1000000):
    if choice(coin) == "Heads":          ◄──── 抛硬币
        heads_in_row += 1
    else:
        heads_in_row = 0
    if heads_in_row == 10:               ◄──── 当连续 10 次正面朝上时，
        ten_heads_in_row += 1                    计数器加 1
        heads_in_row = 0

print("We got 10 heads in a row", ten_heads_in_row, "times.")
```

运行上面这个程序，可以得到如下结果：

```
We got 10 heads in a row 510 times.
```

我运行了好几次程序，结果总是在 500 左右。这说明，每抛 1 000 000 次硬币，大约会有 500 次连续 10 次正面朝上，换句话说，每抛 2000 次硬币可能会出现 1 次连续 10 次正面朝上（1 000 000 / 500 = 2000）。

23.3　抽牌

在游戏中经常用到的另一种随机事件是抽牌。由于在抽牌前会洗牌，因此抽出的牌是随机的，你根本不知道下一张是什么牌。每次洗牌时，牌的顺序都不同。

对于掷骰子和抛硬币，骰子或硬币本身都没有记忆，因此每次得到不同结果的概率都是相同的。不过纸牌就不同了，当从一副牌中抽牌时，剩下的牌会越来越少（在大多数游戏中是这样的），这样继续抽出某张牌的概率就会改变。

例如，在游戏开始时是一整副牌[①]，其中只有一张红桃 4，所以第一次就抽出红桃 4 的概率是 1/52（约 2%）。如果没有抽到红桃 4，则继续抽牌，当整副牌只剩下一半时，

[①] 本书说的整副指 52 张牌，不包括 JOKER 牌。——编者注

抽出红桃 4 的概率就会变为 1/26（约 4%）。而当剩下最后一张牌时，如果在此之前一直没有抽到红桃 4，那么此时抽出红桃 4 的概率就是 1/1（100%）。这时可以肯定下一次一定会抽到红桃 4，因为只剩下这一张牌了。

我只想通过这个例子说明，如果要在计算机上编写一个纸牌游戏，就要在整个过程中记录已经抽走了哪些牌。要实现这一点，有一个很好的办法，那就是利用列表。当游戏开始时，列表包含所有的 52 张牌，我们可以用 random.choice() 函数从这个列表中随机抽牌。每抽出一张牌，就用 remove() 方法把它从列表（这副牌）中删除。

23.3.1 洗牌

在实际的纸牌游戏中，洗牌是必需的，也就是说要打乱这些牌，让它们保持随机顺序。这样的话，我们就可以只取最上面的那张牌，因为这张牌也是随机的。不过 random.choice() 函数总是会从列表中随机选取一项，因此无须每次都取"最上面"的那张牌，"洗牌"也没有必要了，任意选取就可以。这就像把一副牌摊开，然后说："选一张牌，随便哪张都行！"在一个纸牌游戏中，如果每位玩家都这么做会很耗费时间，不过对计算机程序来说非常简单。

23.3.2 纸牌对象

我们可以用一个列表来表示"一副牌"。可是每张牌本身怎么表示呢？怎么存储每张牌呢？是存储为字符串还是整数呢？每张牌都需要知道哪些信息呢？

在纸牌游戏中，通常需要知道某张牌以下 3 个方面的信息。

❑ 花色：方块、红桃、黑桃或梅花[①]。
❑ 点数：A、2、3……10、J、Q、K[②]。
❑ 分值：用数字编号的牌（2 ~ 10），通常分值就等于牌的点数。对 J、Q 和 K 来说，分值通常是 10。A 的分值可能是 1、11 或者其他数字，这要根据具体的游戏规则而定，如表 23-2 所示。

---

① 这 4 种花色对应的英文分别是 Diamonds、Hearts、Spades、Clubs。——编者注
② J、Q、K 分别对应代码中的 Jack、Queen、King。——编者注

我们要跟踪每张牌的这3方面信息，而且要用某个容器把它们组织在一起。可以用列表来实现，不过我们还需要记住每一项具体的意义。另一种做法就是创建一个包含下面3个属性的纸牌对象：

表23-2 不同点数的分值

点 数	分 值	点 数	分 值
A	1或11	8	8
2	2	9	9
3	3	10	10
4	4	J	10
5	5	Q	10
6	6	K	10
7	7		

```
card.suit
card.rank
card.value
```

下面就用这种创建纸牌对象的做法，不过还得增加另外两个属性，分别是 suit_id 和 rank_id。

❑ suit_id 表示花色，取值范围是1 ~ 4，其中1 = 方块、2 = 红桃、3 = 黑桃、4 = 梅花。

❑ rank_id 表示点数，取值范围是1 ~ 13，具体如下。

1 = A

2 = 2

3 = 3

…

10 = 10

11 = J

12 = Q

13 = K

在增加这两个属性后，我们就可以很容易地用一个嵌套 for 循环来创建一副牌。我们可以用一个内循环对应点数（1 ~ 13），另外再用一个外循环对应花色（1 ~ 4）。纸牌对象的 __init__() 方法会根据 suit_id 属性和 rank_id 属性来创建其他属性（花色、点数和分值）。这样做还可以很容易地比较两张牌的点数，看看哪一张牌的点数更大。

此外，还应当增加两个属性，便于在程序中调用这个纸牌对象。当程序需要打印纸牌时，可以打印出类似 4H 或 4 of Hearts（红桃4）。对于人头牌，程序可以打印成 JD 或 Jack of Diamonds（方块 J）。因此我们要再增加 short_name 属性和 long_name 属性，这样程序很容易就可以打印出纸牌的不同描述（比如简称或全称）。

下面就给纸牌对象定义 Card 类，如代码清单23-4所示。

代码清单 23-4　Card 类

```
class Card:
    def __init__(self, suit_id, rank_id):
        self.rank_id = rank_id
        self.suit_id = suit_id

        if self.rank_id == 1:
            self.rank = "Ace"
            self.value = 1
        elif self.rank_id == 11:
            self.rank = "Jack"
            self.value = 10
        elif self.rank_id == 12:
            self.rank = "Queen"
            self.value = 10
        elif self.rank_id == 13:
            self.rank = "King"
            self.value = 10
        elif 2 <= self.rank_id <= 10:
            self.rank = str(self.rank_id)
            self.value = self.rank_id
        else:
            self.rank = "RankError"
            self.value = -1

        if self.suit_id == 1:
            self.suit = "Diamonds"
        elif self.suit_id == 2:
            self.suit = "Hearts"
        elif self.suit_id == 3:
            self.suit = "Spades"
        elif self.suit_id == 4:
            self.suit = "Clubs"
        else:
            self.suit = "SuitError"
        self.short_name = self.rank[0] + self.suit[0]
        if self.rank == '10':
            self.short_name = self.rank + self.suit[0]
        self.long_name = self.rank + " of " + self.suit
```

定义 **rank** 属性和 **value** 属性

定义 **suit** 属性

❶ 完成一些错误检查

❶代码中的错误检查确保了 `rank_id` 和 `suit_id` 在正常范围内，而且是整数。否则，当程序显示纸牌信息时，你可能就会看到 7 of SuitError 或 RankError of Clubs 之类的错误结果。

这里只是取了纸牌点数（6 或者 J）以及花色的第一个字母（Diamonds 中的 D），然后将两者拼接在一起，从而形成 `short_name` 属性。比如 King of Hearts（红桃 K），其 `short_name` 就是 KH。再比如 6 of Spades（黑桃 6），其 `short_name` 就是 6S。

代码清单 23-4 并不是一个完整的程序，它只是 `Card` 类的定义。由于这个类可以在不同的程序中反复使用，因此最好把它定义在一个模块中。把代码清单 23-4 中的程序保存为 cards.py 文件。

接下来要创建 Card 类的一些实例，实际上，我们完全可以创建出一整副牌！要测试 Card 类就要编写一个程序，创建出一副牌，然后随机选取 5 张并显示这些牌的属性。代码清单 23-5 提供了相应的程序。

代码清单 23-5　创建一副牌

```
import random
from cards import Card          ◄──── 导入 cards 模块

deck = []
for suit_id in range(1, 5):
    for rank_id in range(1, 14):                    ❶ 使用嵌套 for 循环创建一副牌
        deck.append(Card(suit_id, rank_id))

hand = []
for cards in range(0, 5):
    a = random.choice(deck)        ❷ 从一副牌中选 5 张牌作为一手牌
    hand.append(a)
    deck.remove(a)

print()
for card in hand:
    print(card.short_name, '=' ,card.long_name, " Value:", card.value)
```

❶在上面的代码中，内循环处理同种花色中的每张牌，而外循环处理每张牌的花色（13 张牌 × 4 种花色＝52 张牌）。

❷然后，程序从这副牌中选出 5 张，形成一手牌。此外还要从原先的那副牌中删除已经选出的这 5 张牌。

运行代码清单 23-5 中的程序，应该可以看到类似下面的结果：

```
7D = 7 of Diamonds   Value: 7
9H = 9 of Hearts   Value: 9
KH = King of Hearts   Value: 10
6S = 6 of Spades   Value: 6
KC = King of Clubs   Value: 10
```

当你再次运行这个程序时，会得到 5 张不同的牌。不论你运行多少次，都不会同时抽到两张同样的牌。

现在我们可以创建一副牌，然后从中随机抽牌，放到自己手中。看起来已经万事俱备，马上就可以编写纸牌游戏了！在下一节中，我们就要编写一个纸牌游戏，然后就可以跟计算机一起玩纸牌游戏了。

23.4　Crazy Eights

或许你听说过一个叫作 Crazy Eights 的纸牌游戏，说不定你还玩过呢！

计算机纸牌游戏都有一个问题，那就是很难支持多位玩家。这是因为，大多数纸牌游戏不希望你看到其他玩家的牌。如果每个人都在看同一台计算机，就都能看到其他人的牌了。所以在计算

机上玩纸牌游戏时，最好只有两位玩家，也就是你和计算机。Crazy Eights 就是这种只适合两位玩家的游戏，下面我们就来编写 Crazy Eights 游戏，其中用户可以跟计算机对战。

以下是这个游戏的一些规则。在游戏过程中只有两位玩家，每位玩家各有 5 张牌，其他的牌都朝下扣着。玩家翻开一张牌后就开始出牌。只要在翻完所有牌之前，先于对方玩家出光手中的牌，游戏就结束了。

1. 在每一轮中，玩家必须做出下面的一个操作。
   - ❏ 出一张与翻开的牌花色相同的牌。
   - ❏ 出一张与翻开的牌点数相同的牌。
   - ❏ 出一张 8。
2. 如果玩家出了一张 8，他可以"叫花色"，也就是说，他可以选择花色，对方玩家要根据他选的花色出牌。
3. 如果玩家无法出牌，就必须从这副牌中再选出一张牌，加到自己手中。
4. 如果玩家出光了手中的牌，他就赢了，此时可以根据对方玩家手中剩余的牌计算游戏得分。
   - ❏ 每张 8 计 50 分。
   - ❏ 每张人头牌（J、Q 和 K）计 10 分。
   - ❏ 每张 A 计 1 分。
   - ❏ 其他牌按分值计分。
5. 如果在翻完所有的牌之后还没有人获胜，游戏就结束。在这种情况下，每位玩家可以根据对方玩家剩余的牌计算得分。
6. 你们可以一直玩到某个事先约定好的总分，或者玩到你累了不想玩了，这时得分较高的一方获胜。

我们要对纸牌对象稍微做点修改。Crazy Eights 中的分值与前面游戏的规则基本相同，只是 8 除外，这里 8 的分值是 50 分而不是 8 分。我们可以修改 Card 类中的 __init__() 方法，让 8 的分值从 8 变为 50，不过这样改可能会影响到使用 cards 模块的其他游戏。因此最好在主程序中修改，而类的定义保持不变。我们可以尝试下面这种做法：定义一个叫作 init_cards() 的函数，该函数会专门为 Crazy Eights 初始化一副牌，如代码清单 23-6 所示。

代码清单 23-6　在 Crazy Eights 中定义 init_cards() 函数

```
def init_cards():
    global deck, p_hand, c_hand, up_card, active_suit, active_rank
    deck = []
    for suit in range(1, 5):
        for rank in range(1, 14):
            new_card = Card(suit, rank)
            # 让 8 的分值变为 50
            if new_card.rank == 8:
                new_card.value = 50
            deck.append(new_card)
    p_hand = []
    c_hand = []
    for i in range(5):
        p_card = random.choice(deck)
        deck.remove(p_card)
        p_hand.append(p_card)
        c_card = random.choice(deck)
        deck.remove(c_card)
        c_hand.append(c_card)
    up_card = random.choice(deck)
    deck.remove(up_card)
    active_suit = up_card.suit
    active_rank = up_card.rank
```

可以看到，这里在将加入新牌之前，检查了它是否是 8。如果是，就要把它的分值设置为 50。注意，上面的代码清单还给玩家创建了一手牌，在游戏开始时玩家只有 5 张牌，然后玩家翻开其中一张牌，游戏就开始了。

现在我们已经做好准备，可以正式编写游戏程序了，主要完成以下几项工作。

❑ 记录翻开的那张牌。

❑ 获取玩家的下一步选择（出牌还是抽牌）。

❑ 如果玩家要出牌，那么确保所出的牌是有效的。

  ▪ 这张牌必须有效。

  ▪ 这张牌必须在玩家手中。

  ▪ 这张牌要与翻开的牌花色或点数一致，或者是一张 8。

❑ 如果玩家出了一张 8，就叫新的花色（这时要确保玩家叫的花色是有效的）。

❑ 轮到计算机选择（参见下文）。

❑ 确定游戏何时结束。

❑ 统计得分。

在本章剩下的内容中，我们会依次完成上面各项工作。其中一些工作只需一行或两行代码就可以完成，有些工作所需的代码则相对较长。对于后者，我们会定义函数，然后从主循环中调用。

23.4.1 主循环

在介绍具体的细节之前，首先要理解程序的主循环。简单地说，玩家和计算机必须轮流选择（出牌或抽牌），直到一方获胜或者双方都无法继续了，如代码清单23-7所示。

代码清单 23-7　Crazy Eights 程序的主循环

```
game_done = False
init_cards()
while not game_done:          轮到玩家选择
    blocked = 0
    player_turn()
    if len(p_hand) == 0:          因为 p_hand 已经没有牌
        game_done = True           了，所以玩家获胜
        print()
        print("You won!")      轮到计算机选择
    if not game_done:
        computer_turn()
    if len(c_hand) == 0:          因为 c_hand 已经没有牌了，
        game_done = True           所以计算机获胜
        print()
        print("Computer won!")
    if blocked >= 2:          ❶ 双方都无法继续了，游戏结束
        game_done = True
        print("Both players blocked.  GAME OVER.")
```

程序的主循环部分决定游戏何时结束，可能是在玩家或计算机出完手上的所有牌时，也可能是双方手上都还有牌但都无法继续时（双方都没有可出的牌）。当轮到玩家出牌时，如果玩家无法继续了，我们会在相应的代码中设置 blocked 变量，等轮到计算机出牌时，如果计算机无法继续了，我们同样也会在相应的代码中设置 blocked 变量。

❶我们会一直等到变量 blocked = 2，也就是玩家和计算机都无法继续了。

注意，代码清单23-7并不是一个完整的程序，如果你试图运行这个程序，就会得到一条错误消息。这只是程序中的一个主循环，我们还需要编写其他代码来构成一个完整的程序。

下面这段代码对应一次游戏。如果要继续玩很多次，就可以把这段代码放在另一个外部 while 循环中：

```
done = False p_total = c_total = 0
while not done:
    [play a game... see Listing 23.6]
    play_again = input("Play again (Y/N)? ")
    if play_again.lower().startswith('y'):
        done = False
    else:
        done = True
```

这样就得到了 Crazy Eights 程序的主体结构，接下来在这个主体结构中添加其他部分的代码，来实现游戏的功能。

像程序员一样思考

前面描述的方法称为"自顶向下"的编程方法。

这种方法先从需求大纲开始，然后填充具体细节。

另一种是叫作"自底向上"的编程方法。当采用这种方法时，首先要编写出程序的各个部分，如"轮到玩家出牌""轮到计算机出牌"等，然后把这些部分组合在一起，就像搭积木一样。

其实这两种方法各有千秋。本书不涉及具体如何选择哪种方法，只要了解可以通过不同的方法来构建程序即可。

23.4.2 明牌

在最先开始发牌时，要从一副牌中选取一张牌正面朝上，这是弃牌堆（已经出过的牌）中的第一张牌。当玩家出牌时，他出的这张牌也要正面朝上放在弃牌堆中。在弃牌堆中的牌叫作**明牌**（up card）。我们可以给弃牌堆创建一个列表来记录这些明牌，具体做法与代码清单 23-5 中的测试代码给"一手牌"创建列表的方式相同。不过我们并不关心弃牌堆中所有的牌，而只关心最后加入的那张牌。因此，可以用

Card 类的一个实例来记录这张牌。

当玩家或计算机出牌时，可以像这样编写代码。

```
hand.remove(chosen_card)
up_card = chosen_card
```

23.4.3　当前花色

一般来说，当前花色就是明牌的花色，玩家或计算机出的牌要与这个花色一致，不过也有例外。当玩家出一张 8 时，他就可以叫花色。比如说玩家出了一张方块 8，那么他叫的花色可能是梅花。也就是说，尽管当前花色是方块（方块 8），但下一张牌必须是梅花。

我们要记录当前花色，因为它可能跟现在显示的花色是不同的。我们可以用变量 active_suit 来记录当前花色：

```
active_suit = card.suit
```

每次玩家出一张牌，我们都要更新当前花色。当玩家出一张 8 时，他就会选出新的当前花色。

23.4.4　轮到玩家做出选择

当轮到玩家出牌时，我们首先要知道他选择出牌（如果可能的话）还是抽牌。如果要编写这个程序的 GUI 版本，我们会让玩家单击他想出的那张牌，或者单击这副牌来抽牌。不过我们还是先来编写这个程序的命令行版本吧。在命令行版本中，玩家必须键入他的选择，然后我们就可以根据所键入的内容来确定玩家的行动，此外还要检查玩家的输入是否有效。

在这个游戏中，玩家要输入什么呢？为了让你了解这种输入，下面来看一个示例游戏吧。在游戏中，玩家的输入是加粗显示的。

```
Crazy Eights
Your hand: 4S, 7D, KC, 10D, QS    Up Card: 6C
What would you like to do?  Type a card name or "Draw" to take a card: KC
You played the KC (King of Clubs)
Computer plays 8S  (8 of spades) and changes suit to Diamonds

Your hand: 4S, 7D, 10D, QS    Up Card: 8S    Suit: Diamonds
What would you like to do?  Type a card name or "Draw" to take a card: 10D
You played 10D (10 of Diamonds)
Computer plays QD (Queen of Diamonds)
```

```
Your hand: 4S, 7D QS     Up card: QD
What would you like to do?  Type a card name or "Draw" to take a card: 7D
You played 7D (7 of Diamonds)
Computer plays 9D (9 of Diamonds)

Your hand: 4S, QS     Up card: 9D
What would you like to do?  Type a card name or "Draw" to take a card: QM
That is not a valid card.  Try again: QD
You do not have that card in your hand.  Try again: QS
That is not a legal play.  You must match suit, match rank, play an 8, or
draw a card
Try again: Draw
You drew 3C
Computer draws a card

Your hand: 4S, QS, 3C     Up card: 9D
What would you like to do?  Type a card name or "Draw" to take a card: Draw
You drew 8C
Computer plays 2D

Your hand: 4S, QS, 3C, 8C     Up card: 2D
What would you like to do?  Type a card name or "Draw" to take a card: 8C
You played 8C (8 of Clubs)

Your hand: 4S, QS, 3C     Pick a suit: S
You picked spades
Computer draws a card

Your hand: 4S, QS, 3C     Up card: 8C     Suit: Spades
What would you like to do?  Type a card name or "Draw" to take a card: QS
You played QS (Queen of Spades)
...
```

尽管上面还不是一个完整的游戏，不过你应该大致了解了。在上面这个游戏
中，玩家必须键入 QS 或 Draw 之类的文本，这样可以把他的选择（输入）告诉程序。
这时程序要检查玩家键入的内容是否有效，这里就要用到字符串方法了（参见第
21 章）。

23.4.5　显示手中的牌

在获取玩家的下一步选择之前，我们应该显示他手中有哪些牌以及当前的明牌。
下面就是相关的代码：

```python
print("\nYour hand: ", end='')
for card in p_hand:
    print(card.short_name, end=' ')
print("  Up card: ", up_card.short_name)
```

如果玩家出了一张 8，我们还得告诉他当前花色。因此，还要再增加几行代码，
如代码清单 23-8 所示。

代码清单 23-8　显示玩家手中的牌

```
print("\nYour hand: ", end='')
for card in p_hand:
    print(card.short_name, end=' ')
print("    Up card: ", up_card.short_name)
if up_card.rank == '8':
    print("    Suit is", active_suit)
```

跟代码清单 23-7 一样，代码清单 23-8 也不是一个完整的程序，而只是程序的组成部分。不过当运行代码清单 23-8 中的程序时（作为完整程序的一部分），可以得到类似下面的输出：

```
Your hand: 4S, QS, 3C    Up card: 8C
    Suit is Spades
```

如果打印时用的是纸牌的全称而不是简称，输出就会像下面这样：

```
Your hand: 4 of Spades, Queen of Spades, 3 of Clubs
Up Card: 8 of Clubs    Suit is Spades
```

这里的例子用的是纸牌的简称。

23.4.6　获取玩家做出的选择

现在需要获取玩家的下一步选择，并根据他的选择做出相应的处理，这时他有两个选择。

❑ 出一张牌。
❑ 抽一张牌。

如果他决定出牌，我们就要确保当前操作是有效的。前面已经说过了，需要检查这张牌的以下信息。

❑ 这张牌有效吗？（他是不是想出一张"棉花糖"4？）
❑ 他手中现在有这张牌吗？
❑ 这样操作符合游戏规则吗？（是否与明牌的花色或点数一致，或者是不是一张 8？）

可是如果你再仔细想想，就会想到，玩家手中的牌一定都是有效的。因此，如果我们确定玩家手中的确有这张牌，就无须检查这张牌是否有效了。他手中不可能有"棉花糖"4 之类的牌，因为这样的牌一开始就不存在。

代码清单 23-9 可以获取并验证玩家的选择。

术语箱

> 验证（validate）是指确保某项内容是有效的，也就是符合规则或者有意义的。

代码清单 23-9 获取并验证玩家的选择

```
print("What would you like to do? ", end='')
response = input("Type a card to play or 'Draw' to take a card: " )
valid_play = False
while not valid_play:          ◄──── 在玩家键入有效的内容之前一直循环
    selected_card = None
    while selected_card == None:
        if response.lower() == 'draw':      获得玩家手中的一张牌，
            valid_play = True                或者玩家抽牌
            if len(deck) > 0:
                card = random.choice(deck)
                p_hand.append(card)                    如果玩家选择
                deck.remove(card)                      "抽牌"，那么
                print("You drew", card.short_name)   ❶ 就从这副牌中取
            else:                                       出一张牌，并放
                print("There are no cards left in the deck")   到玩家手中
                blocked += 1
            return
        else:
            for card in p_hand:                          检查玩家手中是否
                if response.upper() == card.short_name:   有所选的牌，有的
                    selected_card = card                  话即可继续，否则
            if selected_card == None:                     需要抽牌
                response = input("You don't have that card. Try again:")

    if selected_card.rank == '8':      ◄──── 任何时候都可以出一张8
        valid_play = True
        is_eight = True
    elif selected_card.suit == active_suit:       检查所选的牌是否与
        valid_play = True                          明牌花色一致
    elif selected_card.rank == up_card.rank:
        valid_play = True                          检查所选的牌是否与
                                                   明牌点数一致
    if not valid_play:
        response = input("That's not a legal play. Try again: ")
```

当抽完牌后，返回到主循环

（这也不是一个可运行的完整程序。）

❶这里要获取玩家的选择：玩家可能会抽牌，也可能会出一张有效牌。如果玩家选择抽牌，那么只要这副牌还没被抽完，就把抽出的这张牌放到玩家手中。

如果玩家选择出牌，那么就要从玩家手中删除这张牌，并让这张牌成为明牌：

```
p_hand.remove(selected_card)
up_card = selected_card
```

```
active_suit = up_card.suit
print("You played", selected_card.short_name)
```

如果玩家出了一张 8，那么他就要告诉我们下一步想叫什么花色。由于 player_turn() 函数稍微有点长，因此我们把获取新花色的代码放在一个单独的函数中。该函数叫作 get_new_suit()，代码清单 23-10 列出了这个函数的代码。

代码清单 23-10　当玩家出一张 8 时，获取新的花色

```
def get_new_suit():
    global active_suit
    got_suit = False                            在玩家键入有效的
    while not got_suit:                         花色之前一直循环
        suit = input("Pick a suit: ")
        if suit.lower() == 'd':
            active_suit = "Diamonds"
            got_suit = True
        elif suit.lower() == 's':
            active_suit = "Spades"
            got_suit = True
        elif suit.lower() == 'h':
            active_suit = "Hearts"
            got_suit = True
        elif suit.lower() == 'c':
            active_suit = "Clubs"
            got_suit = True
        else:
            print("Not a valid suit. Try again. ", end='')
    print("You picked", active_suit)
```

在游戏中轮到玩家出牌时要处理的就是这些情况了。在下一节中，我们要让计算机智能化，到时可以玩 Crazy Eights 游戏。

23.4.7　轮到计算机做出选择

在玩家做出选择之后，就轮到计算机做选择了，我们得告诉计算机如何玩 Crazy Eights 这个游戏。计算机必须与玩家遵循同样的规则，不过为了帮助计算机确定出哪一张牌，我们必须告诉计算机具体如何来处理所有可能出现的情况。

❑ 出一张 8（并挑选新的花色）。
❑ 出另一张牌。
❑ 抽一张牌。

为了简化这个程序，我们可以告诉计算机如果有 8 就出 8。虽然这可能并不是最佳策略，但是实现起来确实很简单。

如果计算机出了一张 8，那么就需要挑选出新的花色。这里最简单的做法就是统计计算机手中每种花色各有多少张牌，然后选择牌数最多的花色。跟前面一样，这也不是最佳策略，不过这样编写起来最简单。

如果计算机手中没有 8，那么程序就得检查所有的牌，看看哪张牌可以出。在这些牌中，它会选择出分值最大的那张牌。

如果计算机此时无牌可出，那么它就会选择抽牌。假如计算机要抽牌，而这副牌已经被抽完了，计算机就无法继续玩了，这和真人玩家的规则是一样的。

代码清单 23-11 列出了轮到计算机做出选择时对应的代码，这里也给出了相关代码的一些说明。

代码清单 23-11 轮到计算机做出选择

```
def computer_turn():
    global c_hand, deck, up_card, active_suit, blocked
    options = []
    for card in c_hand:
        if card.rank == '8':              ◀── 出一张 8
            c_hand.remove(card)
            up_card = card
            print(" Computer played ", card.short_name)
            # 花色牌数: [方块, 红桃, 黑桃, 梅花]
            suit_totals = [0, 0, 0, 0]
            for suit in range(1, 5):
                for card in c_hand:
                    if card.suit_id == suit:       统计每种花色的牌数, 牌
                        suit_totals[suit-1] += 1    数最多的花色叫作"长花
            long_suit = 0                           色"(long suit)
            for i in range (4):
                if suit_totals[i] > long_suit:
                    long_suit = i
            if long_suit == 0: active_suit = "Diamonds"
            if long_suit == 1: active_suit = "Hearts"      将长花色作
            if long_suit == 2: active_suit = "Spades"       为当前花色
            if long_suit == 3: active_suit = "Clubs"
            print(" Computer changed suit to ", active_suit)
            return                                   结束计算机的
        else:                                         选择, 回到主
            if card.suit == active_suit:              循环
                options.append(card)
            elif card.rank == up_card.rank:    检查可能出哪些牌
                options.append(card)

    if len(options) > 0:
        best_play = options[0]
        for card in options:                  判断哪个选择最佳
            if card.value > best_play.value:    (最高分值)
                best_play = card
```

```
        c_hand.remove(best_play)
        up_card = best_play                             出牌
        active_suit = up_card.suit
        print(" Computer played ", best_play.short_name)
    else:
        if len(deck) > 0:
            next_card = random.choice(deck)
            c_hand.append(next_card)                    抽牌，现在不能出其他牌了
            deck.remove(next_card)
            print(" Computer drew a card")
        else:
            print(" Computer is blocked")               这副牌中没有剩余的
            blocked += 1                                牌了——计算机无法
    print("Computer has %i cards left" % (len(c_hand)))  继续玩了
```

到这里为止，这个游戏程序已经基本完成了，只需再稍微完善一下即可。你可能已经注意到了，我们把轮到计算机做出选择时的处理过程定义为了一个函数，而且在这个函数中用到了一些全局变量。其实我们也可以把这些变量作为参数传递给这个函数，不过这里用全局变量也是完全可以的，而且用全局变量的话跟实际情况更吻合一些。这是因为，在游戏中这副牌是"全局"的——每位玩家都可以拿到这副牌并从中取出一张牌。

轮到玩家做出选择时的处理过程也是一个函数，不过上面并未列出这个函数定义的前面部分，这部分代码如下所示：

```
def player_turn():
    global deck, p_hand, blocked, up_card, active_suit
    valid_play = False
    is_eight = False
    print("\nYour hand: ", end='')
    for card in p_hand:
        print(card.short_name, end=' ')
    print("   Up card: ", up_card.short_name)
    if up_card.rank == '8':
        print("   Suit is", active_suit)
    print("What would you like to do?  ", end='')
    response = input("Type a card to play or 'Draw' to take a card: ")
```

还有最后一点，那就是我们必须记录最终谁获胜。

23.4.8　统计得分

完成这个游戏程序还有最后一点：统计得分。在游戏结束时，程序要根据输家手中剩余的牌，来计算赢家的最终得分。我们要在游戏中显示本轮游戏的得分以及所有游戏的总得分。在程序中加入这些功能后，就得到了代码清单 23-12 所示的主循环。

代码清单 23-12 增加了统计得分的主循环

```
done = False
p_total = c_total = 0
while not done:
    game_done = False
    blocked = 0
    init_cards()                              ❶ 创建一副牌，包括玩家和
    while not game_done:                        计算机手中的牌
        player_turn()
        if len(p_hand) == 0:            ◀——— 玩家获胜
            game_done = True
            print()
            print("You won!")
            # 显示游戏得分
            p_points = 0
            for card in c_hand:              根据计算机手中剩余的
                p_points += card.value        牌增加玩家的得分
            p_total += p_points
            print("You got %i points for computer's hand" % p_points)
        if not game_done:
            computer_turn()                           将本轮游戏的
            if len(c_hand) == 0:      ◀——— 计算机获胜   得分增加到总
                game_done = True                       得分中
                print()
                print("Computer won!")
                # 显示游戏得分
                c_points = 0                           将本轮游戏的
                for card in p_hand:      根据玩家手中剩余的牌  得分增加到总
                    c_points += card.value  增加计算机的得分     得分中
                c_total += c_points
                print("Computer got %i points for your hand" % c_points)
        if blocked >= 2:
            game_done = True
            print("Both players blocked.  GAME OVER.")
            player_points = 0
            for card in c_hand:
                p_points += card.value
            p_total += p_points               双方都无法继续
            c_points = 0                      玩了，此时双方
            for card in p_hand:               都得分
                c_points += card.value
            c_total += c_points
            print("You got %i points for computer's hand" % p_points)
            print("Computer got %i points for your hand" % c_points)   打印游
                                                                       戏得分
    play_again = input("Play again (Y/N)? ")
    if play_again.lower().startswith('y'):
        done = False
        print("\nSo far, you have %i points" % p_total)    打印目前为止
        print("and the computer has %i points.\n" % c_total)  的总得分
    else:
        done = True

print("\n Final Score:")                               打印最终的
print("You: %i     Computer: %i" % (p_total, c_total))  总得分
```

❶ init_cards() 函数（这里没有将具体的代码列出来）创建了一副牌、玩家的一手牌（5 张牌）、计算机的一手牌（5 张牌）和第一张明牌。

代码清单 23-12 仍然不是一个完整的程序。如果运行它，就会看到一条错误消息。但是如果你一直按照前面几节中的要求编写代码，那么现在在文本编辑器里差不多应该有整个程序的代码了。Crazy Eights 程序的完整代码太长了，无法全部显示（加上空行和注释大约有 200 行），不过你可以在本书的 examples 文件夹中找到这些代码（前提是使用本书的安装程序），另外在本书的网站上也可以找到这些代码，到时可以用 IDLE 来编辑和运行这个程序。

你学到了什么

在本章中，你学到了以下内容。

❏ 随机性和随机事件。
❏ 概率的含义。
❏ 用 random 模块在程序中生成随机事件。
❏ 模拟抛硬币或掷骰子。
❏ 模拟从一副洗过的牌中抽牌。
❏ Crazy Eights 的游戏规则。

测试题

扫码查看
习题答案

1. 说明什么是"随机事件"，并举出两个例子。
2. 为什么掷一枚 11 面的骰子（各面上的数字取值范围是 2 ~ 12）与掷两枚 6 面的骰子（总和的取值范围也是 2 ~ 12）不一样？
3. Python 中的哪两种方法可以模拟掷骰子？
4. Python 中的哪种变量可以表示一张牌？
5. Python 中的哪种变量可以表示一副牌？
6. 哪种方法可以从一副牌中删除已抽出的那张牌，或者从玩家手中删除出过的那张牌？

动手试一试

用代码清单 23-3 中的程序试验"连续 10 次正面朝上"的情况，也可以试试不同的连续次数。记录连续 5 次正面朝上的概率，然后连续 6 次、连续 7 次、连续 8 次……你发现这里的规律了吗？

第 24 章
计算机仿真

你见过"电子宠物"吧？这是一种小游戏，有一块小小的显示屏，还有一些按钮。如果宠物饿了，可以给它喂食；如果宠物累了，可以让它睡觉；如果宠物无聊了，可以跟它一起做游戏。电子宠物与真实宠物有一些共同点，可以将电子宠物当作一个计算机仿真示例，电子宠物设备就是一台微型计算机。

在第 23 章中，我们学习了随机事件以及如何在程序中生成随机事件。从某种角度讲，这就是一种仿真（或称模拟）。**仿真**（simulation）就是为现实中的某物创建计算机模型，前面已经创建了硬币、骰子和扑克牌的计算机模型。

本章介绍如何使用计算机程序模拟现实世界。

24.1　现实世界建模

利用计算机实现对现实世界的仿真或建模有很多原因，比如时间、距离、危险性等，这时想具体做实验是不实际的。例如，我们在第 23 章中模拟了抛 1 000 000 次硬币。要是把真正的硬币抛这么多次，相信大多数人没有那么多时间，不过计算机仿真程序只需几秒就能完成。

有时科学家想知道"如果……会怎么样"。如果小行星撞到月球会怎么样？我们不能让真正的小行星撞月球，但是计算机仿真程序可以告诉我们这会有什么后果。比如，月球会不会被撞向外太空？会不会被撞向地球？会不会改变轨道？

当飞行员和宇航员学习驾驶飞机和飞船时，他们不能总在真正的飞机和飞船上练习，这样做的成本太昂贵了！（另外，如果飞行员只是一名"学员"，你真的愿意做他的乘客吗？）因此，他们要使用模拟器，模拟器能提供真实的飞机或飞船拥有的控制功能，让学员进行实践练习。

通过仿真，可以实现很多事情。

- 做实验或者练习某项技能，无须借助除计算机以外的其他设备，也不会给任何人带来危险。
- 让时间加速或减慢。
- 同时做多个实验。
- 尝试一些可能代价很高、很危险或者在现实世界中不可能实现的事情。

接下来要做的第一个仿真程序与重力有关。我们想让一艘飞船在月球上着陆，不过只有定量的燃料，所以在操作反推发动机时必须特别当心。这是多年前非常受欢迎的 Lunar Lander 游戏（月球着陆器）的简化版本。

24.2　Lunar Lander

在游戏开始时，飞船离月球表面有一定的距离。月球的重力开始把它向下拉，我们必须使用反推发动机减缓降落速度，让它平缓着陆。

图 24-1 展示了这个游戏的界面。

左边的小灰条表示反推发动机，用鼠标上下拖动可以控制发动机的推力。燃料表显示当前剩余的燃料，上面的文本给出了速度、加速度、高度和推力的相关信息。

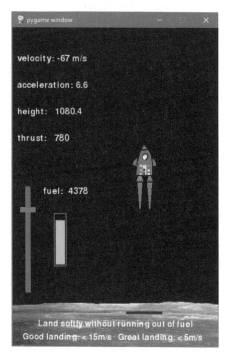

图 24-1　Lunar Lander 游戏界面

24.2.1　模拟着陆

为了模拟飞船着陆，必须理解重力和飞船发动机作用力相互之间如何平衡。

在这个仿真程序中，我们假设重力是恒定的。事实上并不是这样，不过只要飞船离月球不太远，重力几乎是恒定的（对我们的仿真程序来说非常接近恒定）。

术语箱

> 速度（velocity）与速率（speed）的含义几乎是一样的，不过速度还包括方向，而速率不包括方向。例如，"每小时 50 千米"描述的是速率，而"每小时向北 50 千米"描述的就是速度。很多人可能会使用"速率"，但实际上他们所指的是"速度"，反之亦然，有些人在谈到"速度"时所指的其实是"速率"。在这个程序中，因为我们需要知道飞船是向上还是向下，所以会使用速度。
>
> 加速度（acceleration）指速度变化的快慢。当加速度为正数时，表示速度正在增加；当加速度为负数时，表示速度正在减少。

发动机的作用力取决于燃烧了多少燃料，有时这个作用力会大于重力，有时则会小于重力。当发动机关闭时，作用力就为 0，此时只剩下重力。

要得到对飞船的总作用力或净作用力，只需把两个作用力相加。因为它们的方向相反，所以在表示速度时，可以一个为正数一个为负数。一旦得到飞船所受的净作用力，就可以利用一个公式得出它的速度和位置。

仿真程序必须跟踪以下几点。

- 飞船相对于月球的高度，以及飞船的速度和加速度。
- 飞船的质量（随着燃料的消耗，质量会变化）。
- 发动机的推力。使用的推力越大，燃料燃烧得就越快。
- 飞船上有多少燃料。当反推发动机消耗燃料时，飞船会变轻，但是如果所有燃料都耗光，就不再有推力。
- 飞船所受的重力。这取决于月球的大小、飞船的质量、燃料的消耗情况。

24.2.2 又是 Pygame 模块

这里再次使用 Pygame 模块构建这个仿真程序，用其中单次时钟"嘀嗒"作为时间单位。每"嘀嗒"一次，程序就要检查飞船当前所受的净作用力，并更新高度、速度、加速度和剩余燃料等信息，然后根据这些信息更新图片和文本。

由于飞船的动画非常简单，因此这里不再使用动画精灵来代替，不过对于反推发动机还是会使用动画精灵（小灰条），这样就能很容易地用鼠标拖动。燃料表是用 Pygame 模块中的 draw.rect() 方法画的两个矩形。文本用 pygame.font 对象建立，就像在前面的 PyPong 程序中的做法一样。代码需要完成以下几项工作。

- 初始化游戏：创建 Pygame 窗口，加载图像，并为变量设置一些初始值。

❑ 为反推发动机定义 Sprite 类。

❑ 计算高度、速度、加速度和燃料消耗。

❑ 显示相关信息。

❑ 更新燃料表。

❑ 显示火箭尾焰（尾焰大小会随推力变化而变化）。

❑ Pygame 程序主事件循环：把所有内容"块移"到屏幕，检查鼠标事件，更新反推发动机位置，并检查飞船是否着陆。

❑ 显示 Game Over（游戏结束）和最终统计信息。

代码清单 24-1 显示了 Lunar Lander 的代码，对应的文件是 Listing_24-1.py，可以在 examples 文件夹中浏览，其中还有相关的图片（飞船和月球）。查看代码和说明，确保能够理解所有内容。无须担心看不懂高度、速度和加速度的公式，高中老师在物理课上会介绍这些知识，不过等你考完试后可能很快就不记得了（除非专业或工作需要）。也许这个程序能帮你记住这些公式！

代码清单 24-1　Lunar Lander

```
import pygame, sys

pygame.init()
screen = pygame.display.set_mode([400,600])
screen.fill([0, 0, 0])
ship = pygame.image.load('lunarlander.png')
moon = pygame.image.load('moonsurface.png')
ground = 540

start = 90
clock = pygame.time.Clock()
ship_mass = 5000.0
fuel = 5000.0
velocity = -100.0
gravity = 10
height = 2000
thrust = 0
delta_v = 0
y_pos = 90
held_down = False

class ThrottleClass(pygame.sprite.Sprite):
    def __init__(self, location = [0,0]):
        pygame.sprite.Sprite.__init__(self)
        image_surface = pygame.surface.Surface([30, 10])
        image_surface.fill([128,128,128])
        self.image = image_surface.convert()
        self.rect = self.image.get_rect()
        self.rect.left, self.rect.centery = location
```

降落点是 $y=540$

初始化程序

反推发动机的 **Sprite** 类

```
def calculate_velocity():
    global thrust, fuel, velocity, delta_v, height, y_pos
    delta_t = 1/fps                    ← "嘀嗒" 对应 Pygame 循环的一帧
    thrust = (500 - myThrottle.rect.centery) * 5.0
    fuel -= thrust /(10 * fps)          根据推力减少燃料
    if fuel < 0: fuel = 0.0
    if fuel < 0.1: thrust = 0.0
    delta_v = delta_t * (-gravity + 200 * thrust / (ship_mass + fuel))
    velocity = velocity + delta_v
    delta_h = velocity * delta_t
    height = height + delta_h
    y_pos = ground - (height * (ground - start) / 2000) - 90
```

计算高度、速度、
加速度和燃料

将反推发动机精灵的
y 坐标转换为推力

物理公式

将高度转换
为 Pygame
的 y 坐标

```
def display_stats():
    v_str = "velocity: %i m/s" % velocity
    h_str = "height:    %.1f" % height
    t_str = "thrust:    %i" % thrust
    a_str = "acceleration: %.1f" % (delta_v * fps)
    f_str = "fuel: %i" % fuel
    v_font = pygame.font.Font(None, 26)
    v_surf = v_font.render(v_str, 1, (255, 255, 255))
    screen.blit(v_surf, [10, 50])
    a_font = pygame.font.Font(None, 26)
    a_surf = a_font.render(a_str, 1, (255, 255, 255))
    screen.blit(a_surf, [10, 100])
    h_font = pygame.font.Font(None, 26)
    h_surf = h_font.render(h_str, 1, (255, 255, 255))
    screen.blit(h_surf, [10, 150])
    t_font = pygame.font.Font(None, 26)
    t_surf = t_font.render(t_str, 1, (255, 255, 255))
    screen.blit(t_surf, [10, 200])
    f_font = pygame.font.Font(None, 26)
    f_surf = f_font.render(f_str, 1, (255, 255, 255))
    screen.blit(f_surf, [60, 300])
```

使用字体对象显示
统计信息

```
def display_flames():
    flame_size = thrust / 15
    for i in range (2):
        startx = 252 - 10 + i * 19
        starty = y_pos + 83
        pygame.draw.polygon(screen, [255, 109, 14], [(startx, starty),
                            (startx + 4, starty + flame_size),
                            (startx + 8, starty)], 0)
```

画出尾焰
三角形

使用两个三角形
显示火箭尾焰

```
def display_final():
    final1 = "Game over"
    final2 = "You landed at %.1f m/s" % velocity
    if velocity > -5:
        final3 = "Nice landing!"
        final4 = "I hear NASA is hiring!"
    elif velocity > -15:
        final3 = "Ouch! A bit rough, but you survived."
        final4 = "You'll do better next time."
    else:
```

当游戏结束
时显示最终
统计信息

```
        final3 = "Yikes! You crashed a 30 Billion dollar ship."
        final4 = "How are you getting home?"
    pygame.draw.rect(screen, [0, 0, 0], [5, 5, 350, 280],0)
    f1_font = pygame.font.Font(None, 70)
    f1_surf = f1_font.render(final1, 1, (255, 255, 255))
    screen.blit(f1_surf, [20, 50])
    f2_font = pygame.font.Font(None, 40)
    f2_surf = f2_font.render(final2, 1, (255, 255, 255))
    screen.blit(f2_surf, [20, 110])
    f3_font = pygame.font.Font(None, 26)
    f3_surf = f3_font.render(final3, 1, (255, 255, 255))
    screen.blit(f3_surf, [20, 150])
    f4_font = pygame.font.Font(None, 26)
    f4_surf = f4_font.render(final4, 1, (255, 255, 255))
    screen.blit(f4_surf, [20, 180])
    pygame.display.flip()
```

当游戏结束时显示最终统计信息

```
myThrottle = ThrottleClass([15, 500])        ←—— 创建反推发动机对象
running = True
while running:
    clock.tick(30)
    fps = clock.get_fps()                 Pygame 程序主事件
    if fps < 1: fps = 30                  循环的开始
    if height > 0.01:
        calculate_velocity()
        screen.fill([0, 0, 0])                                       画出燃料表轮廓
        display_stats()
        pygame.draw.rect(screen, [0, 0, 255], [80, 350, 24, 100], 2) ←
        fuelbar = 96 * fuel / 5000
        pygame.draw.rect(screen, [0,255,0],                 燃料量
            [84,448-fuelbar,18, fuelbar], 0)
        pygame.draw.rect(screen, [255, 0, 0],               画出反推发动机滑块
            [25, 300, 10, 200],0)
        screen.blit(moon, [0, 500, 400, 100])       ←—— 画出月球
        pygame.draw.rect(screen, [60, 60, 60],
            [220, 535, 70, 5],0)                    着陆点
        screen.blit(myThrottle.image, myThrottle.rect)  ←—— 画出推力
        display_flames()                                     操纵杆
        screen.blit(ship, [230, y_pos, 50, 90])     ←—— 画出飞船
        instruct1 = "Land softly without running out of fuel"
        instruct2 = "Good landing: < 15m/s Great landing: < 5m/s"
        inst1_font = pygame.font.Font(None, 24)
        inst1_surf = inst1_font.render(instruct1, 1, (255, 255, 255))
        screen.blit(inst1_surf, [50, 550])
        inst2_font = pygame.font.Font(None, 24)
        inst2_surf = inst1_font.render(instruct2, 1, (255, 255, 255))
        screen.blit(inst2_surf, [20, 575])
        pygame.display.flip()

    else:                             ←—— 游戏结束——打印最终得分
        display_final()
    for event in pygame.event.get():                    检查鼠标是否拖动
        if event.type == pygame.QUIT:                   反推发动机
            running = False
```

画出所有内容

```
    elif event.type == pygame.MOUSEBUTTONDOWN:
        held_down = True
    elif event.type == pygame.MOUSEBUTTONUP:
        held_down = False
    elif event.type == pygame.MOUSEMOTION:
        if held_down:
            myThrottle.rect.centery = event.pos[1]
            if myThrottle.rect.centery < 300:
                myThrottle.rect.centery = 300
            if myThrottle.rect.centery > 500:
                myThrottle.rect.centery = 500
pygame.quit()
```

检查鼠标是否拖动
反推发动机

更新反推发动
机位置

试着运行这个程序。你或许会发现自己是不错的宇航员！如果你认为这太简单了，可以尝试修改代码，来增强重力，增加飞船质量，或者减少燃料补给，还可以设置不同的起始高度或速度。你现在负责编写程序，游戏规则由你做主。

Lunar Lander 仿真程序主要考虑重力。在本章后面的内容中，我们将讨论仿真程序中的另一个重要因素——时间。我们会编写一个需要跟踪时间的仿真程序。

24.3 跟踪时间

在很多仿真程序中，时间是一个非常重要的因素。有时我们希望让时间过得快一些，就是加快事情的发展速度，这样无须等待太长时间，就可以知道事情的结果。有时希望时间慢下来，因为有些事情通常发生得太快，人们来不及观察，通过让时间慢下来，就能更好地观察类似的事情。有时则希望程序保持实时（real time），就是与正常进度保持一致。不论哪种情况，我们都需要用某种时钟在程序中度量时间。

每台计算机都内置了一个时钟，可以用来度量时间。我们在前面已经见过几个使用和度量时间的示例。

❏ 第 8 章中使用 time.sleep() 函数构建了一个倒计时的定时器。
❏ 之前创建的几个 Pygame 程序使用了 Pygame 模块中的 time.delay 函数和 clock.tick 函数，来控制动画速度或帧速率。同时使用了 get_fps() 检查动画运行的快慢，这也是一种度量时间的方法（每一帧的平均时间）。

每当程序运行时，我们就可以跟踪时间，不过有时即使程序没有运行，我们也需要跟踪时间。如果在 Python 中创建一个电子宠物（Virtual Pet）程序，它不可能一直都在运行。一般是玩一会儿，关闭程序，然后再来玩。在程序关闭期间，宠物可能会累或者会饿，或者会去睡觉。因此，程序需要知道从最后一次运行以来已经过去了多长时间。

要做到这一点，可以在程序关闭之前将当前时间保存到文件中。这样一来，在下一次启动时，程序可以读取这个文件，获得原来的时间，并检查当前时间。通过比较这两个时间，可以得到程序自上一次运行以来已经过去的时间。

Python 提供了一种特殊的对象来处理时间和日期，下一节将介绍 Python 中关于日期和时间的内容。

> **术语箱**
>
> 将当前时间保存到文件中供以后读取，这称为时间戳（timestamp）。

24.4 时间对象

Python 的日期类和时间类在单独的 `datetime` 模块中定义。`datetime` 模块包含处理日期、时间以及不同日期或时间之差（delta）的类。

> **术语箱**
>
> delta 的含义是"差"。这是一个希腊字母，看起来像是一个三角形（△）。
>
> 科学领域和数学领域经常使用希腊字母作为某些量的简写，delta 就用于表示两个值的差。

这里要使用的第一种对象是 `datetime` 对象。（没错，这个类与模块同名。）`datetime` 对象包含年、月、日、时、分、秒。可以在交互模式中像这样创建 `datetime` 对象：

```
>>> import datetime
>>> when = datetime.datetime(2019, 10, 24, 10, 45, 56)
                   ↑                ↑
                 模块名             类名
```

下面来看会得到什么：

```
>>> print(when)
2019-10-24 10:45:56
```

我们创建了一个 `datetime` 对象，名为 `when`，其中包含日期值和时间值。

在创建 `datetime` 对象时，参数的顺序（括号中的数字）应当是年、月、日、时、分、秒。不过如果你记不住这个顺序，也可以按任意顺序放置参数，只是要告诉 Python 各个参数分别表示什么，如下所示：

```
>>> when = datetime.datetime(hour=10, year=2012, minute=45, month=10,
                             second=56, day=24)
```

还可以对 datetime 对象做一些其他处理，从而获得单块信息，比如年、日或者分。此外，可以得到关于日期和时间的格式化字符串。在交互模式中试试下面的代码：

```
>>> print(when.year)
2019
>>> print(when.day)
24
>>> print(when.ctime())
Thu Oct 24 10:45:56 2019
```

获得 **datetime** 对象的单块信息

打印字符串版本的日期和时间

datetime 对象分为日期类和时间类。如果只关心日期，可以使用 date 类，其中只有年、月和日。如果只关心时间，可以使用 time 类，其中只包括时、分和秒，如下所示：

```
>>> today = datetime.date(2019, 10, 24)
>>> some_time = datetime.time(10, 45, 56)
>>> print(today)
2019-10-24
>>> print(some_time)
10:45:56
```

类似于 datetime 对象，如果指定了各个参数的含义，完全可以按不同的顺序传入参数：

```
>>> today = datetime.date(month=10, day=24, year=2019)
>>> some_time = datetime.time(second=56, hour=10, minute=45)
```

还有一种方法可以把 datetime 对象分解为 date 对象和 time 对象：

```
>>> today = when.date()
>>> some_time = when.time()
```

另外，在 datetime 模块中，可以使用 datetime 类的 combine() 方法把 date 对象和 time 对象结合起来，构成 datetime 对象：

```
>>> when = datetime.datetime.combine(today, some_time)
```

模块名　　　类名　　　方法名

我们已经知道了 datetime 对象的定义，也了解了它的一些属性，下面来看如何比较两个 datetime 对象，得到它们的差（时间间隔）。

24.4.1　时间间隔

在仿真程序中，我们常常需要知道经过了多长时间。例如，在一个电子宠物程序中，可能需要知道从上一次给宠物喂食之后过去了多长时间，从而判断它是不是饿了。

datetime 模块为此提供了一个对象类，可以帮助我们得出两个日期或时间之差。这个类名为 timedelta，其中 **delta** 表示"差"，所以 timedelta 就是两个时间之差。

要创建 timedelta 类，获得两个时间之差，只需将这两个时间相减即可，如下所示：

```
>>> import datetime
>>> yesterday = datetime.datetime(2019, 10, 23)
>>> tomorrow = datetime.datetime(2019, 10, 25)          获得两个日
>>> difference = tomorrow - yesterday                   期之差
>>> print(difference)
2 days, 0:00:00                                         明天和昨天相差两天
>>> print(type(difference))
<class 'datetime.timedelta'>                            difference 是一个
                                                        timedelta 对象
```

注意，将两个 datetime 对象相减时，我们得到的不是另一个 datetime，而是一个 timedelta 对象。**Python** 会自动实现这一点。

24.4.2 小段时间

到目前为止，我们一直都在讨论按秒度量的时间，但是相较而言，时间对象（date、time、datetime 和 timedelta）则更为精确。它们可以精确度量到微秒级，也就是百万分之一秒。

要了解这一点，可以试试 now() 方法，它会给出计算机时钟的当前时间：

```
>>> print(datetime.datetime.now())
2019-10-24 21:25:44.343000
```

注意，这个时间不仅仅包含秒，还包含不到 1 秒（微秒）的部分：

```
44.343000
```

在我的计算机上，因为操作系统中的时钟只能精确到毫秒（0.001 秒），所以时间的最后 3 位总是 0。不过对我来说，这已经足够精确了！

有一点很重要：尽管秒部分看起来像是浮点数，但它实际上是按秒和微秒存储的，这两者都是整数，也就是 44 秒和 343 000 微秒。要把它们转换为浮点数还需要一个简单的公式，假设有一个名为 some_time 的 time 对象，如果希望按浮点数形式得到秒数，可以键入下面的公式：

```
seconds_float = some_time.second + some_time.microsecond / 1000000
```

另外，可以使用 now() 方法和 timedelta 对象来测试打字速度。代码清单 24-2 中的程序会显示一条随机消息，用户必须键入这条消息。程序将记录用户键入这条

消息所用的时间，然后计算出打字速度。你可以试试看。

代码清单 24-2　度量时间差——打字速度测试

```
import time, datetime, random          为了使用 sleep() 函数，
                                        导入 time 模块
messages = [
    "Of all the trees we could've hit, we had to get one that hits back.",
    "If he doesn't stop trying to save your life he's going to kill you.",
    "It is our choices that show what we truly are, far more than our abilities.",
    "I am a wizard, not a baboon brandishing a stick.",
    "Greatness inspires envy, envy engenders spite, spite spawns lies.",
    "In dreams, we enter a world that's entirely our own.",
    "It is my belief that the truth is generally preferable to lies.",
    "Dawn seemed to follow midnight with indecent haste."
    ]

print("Typing speed test. Type the following message. I will time you.")
time.sleep(2)
print("\nReady...")
time.sleep(1)                                                            打印指令
print("\nSet...")
time.sleep(1)
print("\nGo:")
message = random.choice(messages)     从列表中选取消息
print("\n " + message)
start_time = datetime.datetime.now()     启动时钟
typing = input('>')
end_time = datetime.datetime.now()     停止时钟
diff = end_time - start_time
typing_time = diff.seconds + diff.microseconds / 1000000     计算经过的时间
cps = len(message) / typing_time
wpm = cps * 60 / 5                     在计算打字速度时，1 个单词 = 5 个字符
print("\nYou typed %i characters in %.1f seconds." % (len(message),
                         typing_time))
print("That's %.2f chars per sec, or %.1f words per minute" % (cps, wpm))
if typing == message:                                   利用打印格式化
    print("You didn't make any mistakes.")              显示结果
else:
    print("But, you made at least one mistake.")
```

关于 `timedelta` 对象还有一点应当知道，那就是与包含年、月、日、时、分、秒（以及微秒）的 `datetime` 对象不同，`timedelta` 对象只有日、秒和微秒。如果想得到月或年，必须根据天数来计算。如果想得到分或小时数，必须根据秒数来计算。

24.4.3 把时间保存到文件中

前文提到，有时需要把一个时间值保存到硬盘上的某个文件中，这样一来，即使程序没有运行，信息也能保存下来。如果在程序结束时保存当前时间（`now()`），那么等程序再次启动时就可以检查这个时间，并打印这样一条消息：

```
It has been 2 days, 7 hours, 23 minutes since you last used this program.
```

当然，大多数程序不会这样做，不过有时确实需要知道一些程序目前空闲（未运行）的时间，电子宠物程序就是这样一个示例。就像几年前流行的电子宠物钥匙链一样，你可能希望即使没有使用程序，它仍然会跟踪时间。如果你关闭程序之后过两天再来看你的电子宠物，它应该会非常饿！要想让程序知道宠物的饥饿程度，只有一个办法，那就是知道从最后一次喂食到现在隔了多长时间，这也包括程序关闭的时间。

在文件中保存时间有两种方法。第一种方法是直接在文件中写入字符串，如下所示：

```
timeFile.write("2019-10-24 14:23:37")
```

要想理解这个时间戳，可以使用 `split()` 等字符串方法，将这个字符串分解为各个部分，如年、月、日、时、分和秒。这种做法应该是可行的。

第二种方法在第 22 章中介绍过，那就是使用 `pickle` 模块。`pickle` 模块可以把任何类型的变量保存到文件中，包括对象。由于这里要使用 `datetime` 对象跟踪时间，因此使用 `pickle` 模块可以很容易地在文件中存储时间对象，并且再次读取也很方便。

下面来看一个非常简单的示例，它会打印一条消息，指出程序最后一次运行的时间。这个程序要完成以下几项工作。

❑ 查找 pickle 文件并打开它。在 Python 中有一个 os①模块，可以告诉我们 pickle 文件是否存在。这里要使用的方法名为 `isfile()`。

❑ 如果文件存在，就认为程序之前已经运行过，这样便可以知道它最后一次运行的时间（根据 pickle 文件中的时间得出）。

❑ 然后用当前时间写一个新的 pickle 文件。

_____

① operating system 的简写，即操作系统。

❑ 如果程序第一次运行，那就没有 pickle 文件可以打开，这时会显示一条消息，指出我们创建了新的 pickle 文件。

代码清单 24-3 给出了这个程序的代码，可以试试看结果如何。

代码清单 24-3　使用 pickle 模块在文件中存储时间

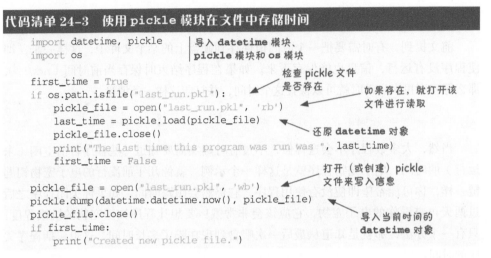

```
import datetime, pickle          导入 datetime 模块、
import os                         pickle 模块和 os 模块

                                  检查 pickle 文件
first_time = True                 是否存在
if os.path.isfile("last_run.pkl"):                如果存在，就打开该
    pickle_file = open("last_run.pkl", 'rb')      文件进行读取
    last_time = pickle.load(pickle_file)
    pickle_file.close()                           还原 datetime 对象
    print("The last time this program was run was ", last_time)
    first_time = False
                                  打开（或创建）pickle
                                  文件来写入信息
pickle_file = open("last_run.pkl", 'wb')
pickle.dump(datetime.datetime.now(), pickle_file)
pickle_file.close()                               导入当前时间的
if first_time:                                    datetime 对象
    print("Created new pickle file.")
```

现在已经万事俱备，可以构建简单的电子宠物程序了，下一节就来构建这样一个程序。

24.5　电子宠物

我们要构建一个简化版的电子宠物程序，正如前面所说的一样，这是一种仿真。你可以购买电子宠物玩具，比如带有一小块显示屏的钥匙链。另外，有一些网站（如 Neopets 和 Webkinz）就采用了电子宠物的形式。当然，所有这些也都是仿真。它们会模仿一些真实动物的行为，比如会饿，会感到孤单，会觉得累，等等。要让它们健康快乐，必须给它们喂食，陪它们玩耍，还要带它们看病。

本书的电子宠物会简单得多，与你购买或在线玩的电子宠物相比没有那么真实，这里只想让你对它有一些基本的认识，并不希望代码太过复杂。不过你可以在这个简化版本的基础上，根据自己的想法进行扩展或改进。

我们的程序要具备以下特性。

❑ 可以带宠物进行 4 种活动：喂食、散步、玩耍或者看病，如图 24-2 所示。

图 24-2　电子宠物可以进行的 4 种活动

❑ 可以监测这个宠物的 3 种统计信息：饥饿感、快乐值和健康度，如图 24-3 所示。

图 24-3　关于电子宠物的 3 种统计信息

❑ 宠物可以醒着或者睡觉，如图 24-4 所示。

图 24-4　电子宠物的状态

❑ 饥饿感会随时间增加，可以通过喂食降低饥饿感。
❑ 当宠物睡觉时，其饥饿感的变化会放慢。
❑ 当宠物睡觉时，在程序中执行的任意操作都可以让它醒过来。
❑ 如果宠物过于饥饿，它的快乐值就会减少。
❑ 如果宠物过于饥饿，它的健康度也会减少。
❑ 和宠物散步会同时增加它的快乐值和健康度。
❑ 陪宠物玩耍会增加它的快乐值。
❑ 带宠物看病会增加它的健康度。
❑ 宠物有 6 张图片，分别表示不同的状态。
　▪ 一张睡觉的图片
　▪ 一张醒着但什么也不做的图片
　▪ 一张散步的图片
　▪ 一张玩耍的图片
　▪ 一张进食的图片
　▪ 一张看病的图片

可以使用一些简单的动画。后面几节将介绍如何把所有这些整合在一起，构成一个程序。

24.5.1 GUI

卡特和我为我们的电子宠物程序创建了 PyQt GUI，如图 24-5 所示。在这个程序中，有一些按钮用来完成活动，它们实际上就是工具栏上的图标，还有一些进度条显示重要的统计信息，另外还留有一个位置，显示宠物的状态图片。

注意，窗口的标题栏上写着 Virtual Pet（虚拟宠物）。如何设置窗口标题呢？在 Qt Designer 中新建一个窗口，然后在 Object Inspector 中单击 MainWindow 对象。之后，在 Property Editor 中找到 windowTitle 属性，将它改为 Virtual Pet（或者你想在标题栏中显示的任意文字）。

图 24-5　电子宠物程序的 PyQt GUI

用来控制宠物活动的一组按钮是 PyQt 中的 toolBar（工具栏）组件，如图 24-6 所示。工具栏和菜单栏一样也有行为，但不同之处在于，工具栏中的每个行为都有一个与之关联的图标，如图 24-7 所示。

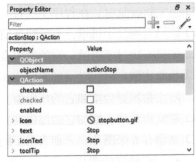

图 24-6　toolBar（工具栏）组件　　图 24-7　与 actionStop: QAction 关联的图标

要添加一个工具栏，右键单击主窗口，然后选择 Add Toolbar（添加工具栏），这会在窗口顶部创建一个非常小的工具栏。在 Object Inspector 中找到工具栏，单击它。然后在 Property Editor 中找到 minimumSize 属性，将它的宽设为 100，高设为 50，如图 24-8 所示。

要将行为（图标）添加到工具栏中，单击 Qt Designer 右下角的 Action Editor（行为编辑器）标签。在 Action Editor 面板上的任意位置单击右键，然后选择 New（新建）。这时会看到一个用来添加新行为的对话框，此时只需输入 Text 栏的内容，Qt Designer 会自动填写对象名称。然后在中间找到 3 个点的小按钮（...），单击右边的向下箭头，选择 Choose File，接着选择你想在工具栏按钮上使用的图片文件，如图 24-9 所示。

图 24-8　设置工具栏的属性

图 24-9　在工具栏中添加图标

要在工具栏中添加新图标，还需要做最后一步。一旦你创建了新的行为，就能在 Action Editor 列表中找到它。现在需要将它拖到工具栏中，当拖动完成后，你为新行为选择的图像将会作为工具栏的新图标出现。Qt Designer 会自动缩放图片以适应工具栏的大小。

血条是名为 Progress Bar（进度条）的组件类型。主图像是 Push Button（我们之前用过），通过设置它的属性，可以让它看起来不像普通的按钮，而是显示一幅图像。

窗口中其余部分的文本是 Label 组件。

可以像本节介绍的这样使用 Qt Designer 创建 GUI，也可以从示例文件夹中将我们创建好的 GUI 加载到 Qt Designer 中，检查这些组件及其属性。

24.5.2　算法

要为电子宠物程序编写代码，需要更明确地了解宠物的行为，以下是我们要使用的算法。

❑ 把宠物的"一天"分为 60 个部分，每一部分称为一次"嘀嗒"。每次嘀嗒相当于现实中的 5 秒，也就是说，宠物的"一天"就是我们的 5 分钟。

❑ 宠物在前 48 次嘀嗒中都醒着，然后在剩下的 12 次嘀嗒中睡觉。你可以中途叫醒它，不过这样它会很不高兴！

❑ 饥饿感、快乐值和健康度的范围都是 0 ~ 8。

❑ 在醒着时，饥饿感每次嘀嗒会增加 1 个单位，快乐值每 2 次嘀嗒减少 1 个单位（除非在散步或玩耍）。

❑ 在睡觉时，饥饿感每 3 次嘀嗒增加 1 个单位。

- 在进食时，饥饿感每次嘀嗒减少 2 个单位。
- 在玩耍时，快乐值每次嘀嗒增加 1 个单位。
- 在散步时，快乐值和健康度每 2 次嘀嗒都增加 1 个单位。
- 在看病时，健康度每次嘀嗒增加 1 个单位。
- 如果饥饿感达到 7，健康度每 2 次嘀嗒减少 1 个单位。
- 如果饥饿感达到 8，健康度每次嘀嗒减少 1 个单位。
- 如果在睡觉时被叫醒，快乐值减少 4 个单位。
- 如果程序没有运行，宠物可能醒着（什么也不做），也可能在睡觉。
- 当程序重启时，我们会统计过去了多少次嘀嗒，并对应过去的每次嘀嗒更新统计信息。

看起来规则很多，不过编写起来其实很容易。实际上，你可能还想增加更多的行为，让电子宠物更加有趣，稍后就会给出相关的代码，包括针对代码的一些解释。

24.5.3　简单动画

并不总是需要 Pygame 模块才能完成动画，也可以在 PyQt 中通过使用定时器完成简单的动画。定时器每隔一段时间会创建一个事件，我们可以编写一个事件处理器，当定时器到时间时便发生某件事情。这就相当于为用户动作编写事件处理器，比如说单击按钮，只不过定时器事件是由程序（而不是用户）生成的。当定时器到时间时，生成的事件类型是 timeout 事件。

我们的电子宠物 GUI 将使用两个定时器：一个用于动画，另一个用于嘀嗒。动画每半秒（0.5 秒）更新一次，嘀嗒每 5 秒发生一次。

等动画定时器到了某个时间时，程序会显示宠物的图像。每个活动（进食、玩耍等）都有自己的一组图像来实现动画，每组图像将存储在一个列表中。动画会循环显示这个列表中的所有图像，程序将根据正在进行的活动来确定使用哪个列表。

24.5.4　试一试，再试一试

这个程序还涉及一个新内容，这称为 try-except 块。

如果程序将执行一件可能会导致错误的事情，那么最好提供一种办法来收集错误消息并进行处理，而不是直接停止程序，利用 try-except 块可以实现这一点。

如果想打开一个文件，但是这个文件并不存在，你就会得到一条错误消息。如果你没有处理这个错误，程序会在这里停止。不过，也许你想让用户重新输入文件名（没准儿她只是敲错了）。利用 try-except 块，你可以获取错误消息并继续执行程序。

对于打开文件的示例，`try-except` 块如下所示：

```
try:
    file = open("somefile.txt", "r")
except:
    print("Couldn't open the file.  Do you want to reenter the filename?")
```

要将你想尝试的部分（可能导致一个错误）放在 `try` 块中。在这个例子中就是尝试打开一个文件。如果可以打开文件而不会导致错误，就会跳过 `except` 部分。

如果 `try` 块中的代码确实导致一个错误，程序就会运行 `except` 块中的代码。`except` 块中的代码告诉程序当出现错误时采取什么操作。你可以这样来考虑：

```
try:
    做这件事情而非其他事情……
except:
    如果出现错误，就做这件事情
```

针对有可能出现错误的代码，Python 一般会采用 `try-except` 语句，这个过程通常称为**错误处理**（error handling）。当使用错误处理时，我们可以编写可能出错的代码（甚至是很严重的错误），但程序仍能继续运行。否则，这些错误可能直接导致程序停止。本书不会深入讨论错误处理，只会介绍一些基础知识，比如电子宠物代码中就使用了错误处理。

下面来看电子宠物程序的代码，如代码清单 24-4 所示，这里针对大部分工作做了解释。这份代码有点长，如果你不想自己键入，可以在 examples 文件夹中找到这个程序（前提是运行了本书的安装程序）。也可以从本书网站下载，PyQt UI 文件和所有图片也都可以在这里找到。试着运行这个程序，然后再看代码，确保你能理解它是如何工作的。

代码清单 24-4　VirtualPet.py

```
import sys, pickle, datetime
from PyQt5 import QtCore, QtGui, QtWidgets, uic

formclass = uic.loadUiType("virtualpet.ui")[0]

class VirtualPetWindow(QtWidgets.QMainWindow, formclass):
    def __init__(self, parent=None):
        QtWidgets.QMainWindow.__init__(self, parent)
        self.setupUi(self)
        self.doctor = False
        self.walking = False          初始化
        self.sleeping = False
```

```
self.playing = False
self.eating = False
self.time_cycle = 0                           初始化
self.hunger = 0
self.happiness = 8
self.health = 8
self.forceAwake = False
self.sleepImages = ["sleep1.gif","sleep2.gif","sleep3.gif",
                    "sleep4.gif"]
self.eatImages = ["eat1.gif", "eat2.gif"]
self.walkImages = ["walk1.gif", "walk2.gif", "walk3.gif",    用于动画的
                    "walk4.gif"]                              图像列表
self.playImages = ["play1.gif", "play2.gif"]
self.doctorImages = ["doc1.gif", "doc2.gif"]
self.nothingImages = ["pet1.gif", "pet2.gif", "pet3.gif"]

self.imageList = self.nothingImages
self.imageIndex = 0

self.actionStop.triggered.connect(self.stop_Click)
self.actionFeed.triggered.connect(self.feed_Click)            将事件处理
self.actionWalk.triggered.connect(self.walk_Click)            器连接到工
self.actionPlay.triggered.connect(self.play_Click)            具栏按钮
self.actionDoctor.triggered.connect(self.doctor_Click)

self.myTimer1 = QtCore.QTimer(self)
self.myTimer1.start(500)
self.myTimer1.timeout.connect(self.animation_timer)
self.myTimer2 = QtCore.QTimer(self)                           设置定时器
self.myTimer2.start(5000)
self.myTimer2.timeout.connect(self.tick_timer)

filehandle = True
try:
    file = open("savedata_vp.pkl", "rb")                      尝试打开 pickle 文件
except:
    filehandle = False
if filehandle:
    save_list = pickle.load(file)                             如果 pickle 文件可以
    file.close()                                             打开，则读取该文件
else:
    save_list = [8, 8, 0, datetime.datetime.now(), 0]
self.happiness = save_list[0]
self.health = save_list[1]                                   从列表中取出          如果 pickle 文件没有
self.hunger = save_list[2]                                   单个值               打开，则使用默认值
timestamp_then = save_list[3]
self.time_cycle = save_list[4]

difference = datetime.datetime.now() - timestamp_then         检查自最后一
ticks = int(difference.seconds / 50)                         次运行以来经
for i in range(0, ticks):                                    过了多长时间
    self.time_cycle += 1
    if self.time_cycle == 60:                                模拟程序关闭
        self.time_cycle = 0                                  期间发生的所
                                                             有嘀嗒
```

```
            if self.time_cycle <= 48:        ◀─── 醒着
                self.sleeping = False
                if self.hunger < 8:
                    self.hunger += 1
            else:                            ◀─── 睡觉
                self.sleeping = True
                if self.hunger < 8 and self.time_cycle % 3 == 0:
                    self.hunger += 1
            if self.hunger == 7 and (self.time_cycle % 2 ==0) \
                                and self.health > 0:
                self.health -= 1
            if self.hunger == 8 and self.health > 0:
                self.health -=1
        if self.sleeping:
            self.imageList = self.sleepImages
        else:
            self.imageList = self.nothingImages

    def sleep_test(self):
        if self.sleeping:
            result = (QtWidgets.QMessageBox.warning(self, 'WARNING',
 "Are you sure you want to wake your pet up? He'll be unhappy about it!",
                QtWidgets.QMessageBox.Yes | QtWidgets.QMessageBox.No,
                QtWidgets.QMessageBox.No))

            if result == QtWidgets.QMessageBox.Yes:
                self.sleeping = False
                self.happiness -= 4
                self.forceAwake = True
                return True
            else:
                return False
        else:
            return True

    def doctor_Click(self):
        if self.sleep_test():
            self.imageList = self.doctorImages
            self.doctor = True
            self.walking = False
            self.eating = False
            self.playing = False

    def feed_Click(self):
        if self.sleep_test():
            self.imageList = self.eatImages
            self.eating = True
            self.walking = False
            self.playing = False
            self.doctor = False

    def play_Click(self):
        if self.sleep_test():
            self.imageList = self.playImages
```

模拟程序关闭
期间发生的所
有嘀嗒

使用正确的动画——
醒着或者睡觉

对话类型

要显示的按钮

默认按钮

执行动作之前
检查宠物是否
正在睡觉

医生按钮事件
处理器

喂食按钮事件
处理器

玩耍按钮事件
处理器

```
        self.playing = True
        self.walking = False
        self.eating = False
        self.doctor = False
```
玩耍按钮事件
处理器

```
def walk_Click(self):
    if self.sleep_test():
        self.imageList = self.walkImages
        self.walking = True
        self.eating = False
        self.playing = False
        self.doctor = False
```
散步按钮事件
处理器

```
def stop_Click(self):
    if not self.sleeping:
        self.imageList = self.nothingImages
        self.walking = False
        self.eating = False
        self.playing = False
        self.doctor = False
```
停止按钮事件
处理器

```
def animation_timer(self):
    if self.sleeping and not self.forceAwake:
        self.imageList = self.sleepImages
    self.imageIndex += 1
    if self.imageIndex >= len(self.imageList):
        self.imageIndex = 0
    icon = QtGui.QIcon()
    current_image = self.imageList[self.imageIndex]
    icon.addPixmap(QtGui.QPixmap(current_image),
                QtGui.QIcon.Disabled, QtGui.QIcon.Off)
    self.petPic.setIcon(icon)
    self.progressBar_1.setProperty("value", (8-self.hunger)*(100/8.0))
    self.progressBar_2.setProperty("value", self.happiness*(100/8.0))
    self.progressBar_3.setProperty("value", self.health*(100/8.0))
```
动画定时器（每 0.5 秒）
事件处理器

更新宠物的
图像（动画）

```
def tick_timer(self):        ◄────  5 秒定时器事件处理器
    self.time_cycle += 1             从这里开始
    if self.time_cycle == 60:
        self.time_cycle = 0
    if self.time_cycle <= 48 or self.forceAwake:
        self.sleeping = False
    else:
        self.sleeping = True
    if self.time_cycle == 0:
        self.forceAwake = False
    if self.doctor:
        self.health += 1
        self.hunger += 1
    elif self.walking and (self.time_cycle % 2 == 0):
        self.happiness += 1
        self.health += 1
        self.hunger += 1
    elif self.playing:
```
检查正在睡觉
还是醒着

根据活动增加
或减少单位

```
            self.happiness += 1
            self.hunger += 1
    elif self.eating:
        self.hunger -= 2
    elif self.sleeping:
        if self.time_cycle % 3 == 0:
            self.hunger += 1
    else:
        self.hunger += 1
        if self.time_cycle % 2 == 0:
            self.happiness -= 1
    if self.hunger > 8: self.hunger = 8
    if self.hunger < 0: self.hunger = 0
    if self.hunger == 7 and (self.time_cycle % 2 ==0) :
        self.health -= 1
    if self.hunger == 8:
        self.health -=1
    if self.health > 8: self.health = 8
    if self.health < 0: self.health = 0
    if self.happiness > 8: self.happiness = 8
    if self.happiness < 0: self.happiness = 0
    self.progressBar_1.setProperty("value", (8-self.hunger)*(100/8.0))
    self.progressBar_2.setProperty("value", self.happiness*(100/8.0))
    self.progressBar_3.setProperty("value", self.health*(100/8.0))

def closeEvent(self, event):
    file = open("savedata_vp.pkl", "wb")
    save_list = [self.happiness, self.health, self.hunger, \
                 datetime.datetime.now(), self.time_cycle]
    pickle.dump(save_list, file)
    event.accept()

def menuExit_selected(self):
    self.close()

app = QtWidgets.QApplication(sys.argv)
myapp = VirtualPetWindow()
myapp.show()
app.exec_()
```

根据活动增加
或减少单位

确保值没有
超出范围

更新进度条

将状态和时
间戳保存到
pickle 文件

行连接符

sleep_test() 函数使用了 PyQt 的 "警告消息" 对话框，其中的参数指明了要
显示的按钮以及默认按钮，参见代码清单 24-4 中的注释。当对话框弹出来时（当试
图叫醒宠物时），会提示图 24-10 中的消息。

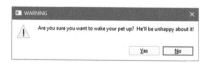

图 24-10　警告消息

当然，即使不能完全理解全部的代码也不用担心。如果你希望学习更多有关
PyQt 的内容，可以浏览 PyQt 网站。

本章只是介绍了计算机仿真的基础知识，并阐述了在模拟现实世界中一些方面时的基本思想，比如重力和时间。实际上，计算机仿真在科学、工程、医药、金融和很多其他领域有着广泛的应用。很多仿真程序非常复杂，即使用最快的计算机运行，也需要花费几天甚至几周。不过钥匙链上的小电子宠物也是一种仿真程序，有时最简单的仿真程序也是最有意思的。

你学到了什么

在本章中，你学到了以下内容。

- 计算机仿真的定义及使用计算机仿真的原因。
- 模拟重力、加速度和作用力。
- 跟踪和模拟时间。
- 使用 `pickle` 模块在文件中保存时间戳。
- 错误处理（`try-except` 块）。
- 使用定时器生成周期性的事件。

测试题

扫码查看
习题答案

1. 列出使用计算机仿真的 3 个原因。
2. 列出你见过或知道的 3 种计算机仿真。
3. 使用哪种对象可以存储不同日期或时间之差?

动手试一试

1. 为 Lunar Lander 程序增加一个"脱离轨道"测试。如果飞船飞出了窗口顶边，而且速度超过 100 米 / 秒，就停止程序，并显示一条消息，比如"You have escaped the moon's gravity. No landing today！"[①]。

2. 为 Lunar Lander 用户增加一个选项，在飞船着陆后，无须重启程序就可以继续玩这个游戏。

3. 为电子宠物 GUI 增加一个 Pause 按钮。无论该程序运行与否，这个按钮都会让宠物的时间停止。（提示：这说明可能需要在 pickle 文件中保存"暂停"状态。）

---

① 意为："你已经脱离月球引力，无法着陆！"——译者注

第 25 章
Skier 游戏的说明

第 10 章介绍了 Skier 游戏，希望你已经键入并运行了这个程序的代码。虽然代码中有一些注释，但除此之外并没有其他任何说明。一般来说，在学习编程或一门特殊语言时，对于一些代码，即使并不能完全理解，但键入并运行这些代码，也是一种很好的学习方法。

前面学习了很多关于 Python 的知识，你可能会好奇 Skier 程序是如何工作的，本章将详细讲解这个程序。

25.1　滑雪者

首先，我们来编写滑雪者的相关代码。在运行 Skier 程序时，你可能注意到了滑雪者本身只能在屏幕上左右移动，而不能上下移动。滑雪者滑"下"山的视觉效果其实是通过将场景（树和小旗）向上滚动来实现的。

在实现滑雪者滑下山的场景中，需要用到 5 张图片：一张滑雪者一直向下滑、两张滑雪者向左转（区别在于转动幅度的大小）、两张滑雪者向右转（区别在于转动幅度的大小）。程序在开始部分为这些图片创建了一个列表，然后将图片按特定的顺序放入了列表中。

```
skier_images = ["skier_down.png",
                "skier_right1.png", "skier_right2.png",
                "skier_left2.png", "skier_left1.png"]
```

很快你就会知道为什么要按照这样的顺序排列图片。

我们用变量 angle 来标记滑雪者当前面对的方向，变量 angle 的取值范围是 -2 ~ 2，分别表示下面的含义：

- ❏ −2 = 向左急转
- ❏ −1 = 稍向左转
- ❏ 0 = 一直向下
- ❏ 1 = 稍向右转
- ❏ 2 = 向右急转

注意，这里的"左"和"右"是相对屏幕的方向，即我们看到的方向，而不是滑雪者的左和右。

我们用变量 angle 的值来确定当前使用的图片，也可以直接用 angle 的值作为图片列表的索引。

- ❏ skier_images[0] 是滑雪者向下滑的图片。

- ❏ skier_images[1] 是滑雪者稍向右转的图片。

- ❏ skier_images[2] 是滑雪者向右急转的图片。

接下来的部分较为复杂。还记得第 12 章谈到的列表吗？我们说过负数索引值会从列表的尾部开始往前数，在这个例子中也是同样的情况。

- ❏ skier_images[-1] 是滑雪者稍向左转的图片，通常也称作 skier_images[4]。

- ❏ skier_images[-2] 是滑雪者向左急转的图片，通常也称作 skier_images[3]。

现在你知道为什么我们要将列表中的图片按这种特定的顺序排列了吧？

- ❏ angle = 2（向右急转）= skier_images[2]
- ❏ angle = 1（稍向右转）= skier_images[1]
- ❏ angle = 0（向下滑）= skier_images[0]
- ❏ angle = −1（稍向左转）= skier_images[-1]（skier_images[4]）
- ❏ angle = −2（向左急转）= skier_images[-2]（skier_images[3]）

我们为滑雪者定义 Pygame 模块中 Sprite 类的子类。滑雪者与窗口上边界的距离始终为 100 像素，起初他位于窗口水平方向上的中心位置，因为窗口的宽度是 640

像素，所以滑雪者距离窗口左边界 320 像素。因此滑雪者的初始位置是 [320, 100]。
下面是滑雪者类（ SkierClass 类）定义的第一部分：

```
class SkierClass(pygame.sprite.Sprite):
    def __init__(self):
        pygame.sprite.Sprite.__init__(self)
        self.image = pygame.image.load("skier_down.png")
        self.rect = self.image.get_rect()
        self.rect.center = [320, 100]
        self.angle = 0
```

我们用一个类来改变滑雪者的状态，它会改变变量 angle 的值，根据该值载入
正确的图片，并设置滑雪者的速度。速度包括水平方向上的速度（ x-speed ）和垂
直方向上的速度（ y-speed ），这里只改变了水平方向上的速度。对于垂直方向上的
速度，它决定了场景向上滚动的速度（滑雪者向"下"滑的速度）。当直线向下运动
时，垂直方向上的速度比较快，而当转向时，垂直方向上的速度相对较慢。速度的
计算公式如下：

```
speed = [self.angle, 6 - abs(self.angle) * 2]
```

这行代码中的 abs 函数用于取得变量 angle 的**绝对值**，也就是忽略符号后的值，
即这里的 2 和 -2、1 和 -1 表示的速度是一样的。对于垂直方向上的速度，无论滑雪
者是左转还是右转，我们都只需要知道转向的程度就行了。

下面是实现转向的完整代码：

```
def turn(self, direction):
    self.angle = self.angle + direction
    if self.angle < -2: self.angle = -2
    if self.angle > 2: self.angle = 2
    center = self.rect.center
    self.image = pygame.image.load(skier_images[self.angle])
    self.rect = self.image.get_rect()
    self.rect.center = center
    speed = [self.angle, 6 - abs(self.angle) * 2]
    return speed
```

我们还需要控制滑雪者的左右移动，保证他不会滑出窗口边界：

```
def move(self, speed):
    self.rect.centerx = self.rect.centerx + speed[0]
    if self.rect.centerx < 20:  self.rect.centerx = 20
    if self.rect.centerx > 620: self.rect.centerx = 620
```

因为要用方向键来控制滑雪者的左右移动，所以下面添加 Pygame 模块初始化和
事件循环的代码，这样就可以让 Skier 程序运行起来了，如代码清单 25-1 所示。

代码清单 25-1　创建 Skier 游戏——只有滑雪者

```python
import pygame, sys, random

skier_images = ["skier_down.png",
                "skier_right1.png", "skier_right2.png",
                "skier_left2.png", "skier_left1.png"]
```
滑雪者面对的方向
对应不同的图片

```python
class SkierClass(pygame.sprite.Sprite):
    def __init__(self):
        pygame.sprite.Sprite.__init__(self)
        self.image = pygame.image.load("skier_down.png")
        self.rect = self.image.get_rect()
        self.rect.center = [320, 100]
        self.angle = 0

    def turn(self, direction):
        self.angle = self.angle + direction
        if self.angle < -2: self.angle = -2
        if self.angle >  2: self.angle =  2
        center = self.rect.center
        self.image = pygame.image.load(skier_images[self.angle])
        self.rect = self.image.get_rect()
        self.rect.center = center
        speed = [self.angle, 6 - abs(self.angle) * 2]
        return speed
```
让滑雪者转向的取值
范围是 -2 ~ 2

```python
    def move(self, speed):
        self.rect.centerx = self.rect.centerx + speed[0]
        if self.rect.centerx < 20:  self.rect.centerx = 20
        if self.rect.centerx > 620: self.rect.centerx = 620
```
左右移动滑雪者

```python
def animate():
    screen.fill([255, 255, 255])
    screen.blit(skier.image, skier.rect)
    pygame.display.flip()
```
重绘屏幕

```python
pygame.init()
screen = pygame.display.set_mode([640,640])
clock = pygame.time.Clock()
skier = SkierClass()
speed = [0, 6]

running = True
while running:
    clock.tick(30)
    for event in pygame.event.get():
        if event.type == pygame.QUIT: running = False
        if event.type == pygame.KEYDOWN:
        if event.key == pygame.K_LEFT:
            speed = skier.turn(-1)
        elif event.key == pygame.K_RIGHT:
            speed = skier.turn(1)
    skier.move(speed)
    animate()

pygame.quit()
```
检查按键事件

Pygame 程序
主事件循环

左方向键表示向左转

右方向键表示
向右转

运行代码清单 25-1 中的代码,你会看到在界面中只有滑雪者(没有得分,也没有障碍物),但是你可以让滑雪者向左转弯或向右转弯,如图 25-1 所示。

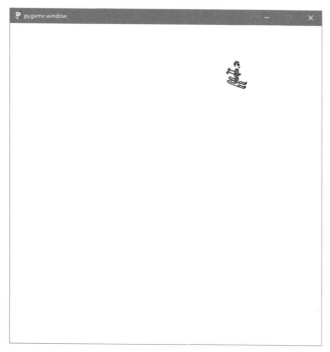

图 25-1　只有滑雪者的界面

25.2　障碍物

接下来制作障碍物,也就是 Skier 游戏中的树和小旗。为简单起见,这一部分的代码还是从头开始编写,也就是不考虑滑雪者,而只考虑障碍物,最后再将这两部分代码放到一起。

Skier 游戏的窗口大小是 640 像素 ×640 像素。为了简化程序,也为了防止障碍物靠得太近,我们将窗口分割为 10×10 的网格。这样就有 100 个格子,每个格子的大小是 64 像素 ×64 像素。由于障碍物的尺寸并没有达到 64 像素 ×64 像素,因此即使两个障碍物位于相邻的两个格子中,它们之间也是有一些空隙的。

25.2.1　创建单个障碍物

首先来创建单个障碍物。为此,我们定义了名为 ObstacleClass 的类。和 SkierClass 类一样,这也是一个 Sprite 类。

```
class ObstacleClass(pygame.sprite.Sprite):
    def __init__(self, image_file, location, obs_type):
        pygame.sprite.Sprite.__init__(self)
        self.image_file = image_file
        self.image = pygame.image.load(image_file)
        self.rect = self.image.get_rect()
        self.rect.center = location
        self.obs_type = obs_type
        self.passed = False
```

25.2.2 创建障碍物地图

现在来创建多个障碍物，还是把它们填充在 10×10 的网格中，网格的尺寸为 640 像素 $\times$ 640 像素。我们将 10 个障碍物（树和小旗）随机分布在 100 个格子中，每个障碍物既可以是树也可以是小旗。也就是说，最终可能是 8 棵树 2 面小旗、3 棵树 7 面小旗或者总和为 10 的任意组合。总之，树和小旗的数量是随机选择的，位置也是随机的。

这里需要注意的是，不要将两个障碍物放在同一个位置，所以必须知道哪些位置上已经有了障碍物。变量 locations 就是用于记录这些位置的列表，当要在某个位置上放新的障碍物时，首先检查这个位置是否已经被其他障碍物占有。

```
def create_map():
    global obstacles
    locations = []
    for i in range(10):            ← 每屏 10 个障碍物
        row = random.randint(0, 9)
        col = random.randint(0, 9)
        location = [col * 64 + 32, row * 64 + 32 + 640]   ← 障碍物的位置 (x, y)
        if not (location in locations):   ←
            locations.append(location)
            obs_type = random.choice(["tree", "flag"])    确保没有将两个障
            if obs_type == "tree": img = "skier_tree.png"  碍物放在同一位置
            elif obs_type == "flag": img = "skier_flag.png"
            obstacle = ObstacleClass(img, location, obs_type)
            obstacles.add(obstacle)
```

嘿，在障碍物位置中，为什么 y 坐标值要额外加 640 像素呢？

好眼力！这是因为我们不希望游戏一开始就满屏都是障碍物，而是刚开始时屏幕是空白的，然后这些障碍物从底部出现。这样就要把障碍物的场景创建在窗口底部的"下方"，因此每个障碍物位置的 y 坐标值就增加了 640 像素（窗口的高度）。

当游戏开始时，我们要让障碍物从底部向上滚。为此，需要修改每个障碍物位置的 *y* 坐标值，改动的大小取决于滑雪者滑下山坡的速度。我们将它写在名为 update() 的方法中，这个方法是 ObstacleClass 类的一部分。

```
def update(self):
    global speed
    self.rect.centery -= speed[1]
```

变量 speed 表示滑雪者的速度，它是一个全局变量，既包含水平方向的速度，也包含垂直方向的速度。我们用索引 [1] 来获取垂直方向的速度。

和刚才创建的第一屏障碍物一样，我们还要在窗口下方创建另外一屏障碍物。那么如何确定何时创建呢？可以定义名为 map_position 的变量，由它来确定当前场景已经向上滚动的程度。下面在主循环中进行这样的处理：

```
running = True
while running:
    clock.tick(30)
    for event in pygame.event.get():
        if event.type == pygame.QUIT: running = False

    map_position += speed[1]

    if map_position >= 640:
        create_map()
        map_position = 0
```

记录障碍物地图已经向上滚动的程度

如果整屏已经滚动完毕，就创建一个含障碍物的新场景

我们可以用 animate() 函数来重绘整个屏幕，就像在滑雪者代码中那样。将上面的代码组合到一起就是障碍物代码，如代码清单 25-2 所示。

代码清单 25-2 创建 Skier 游戏——只有障碍物

```
import pygame, sys, random

class ObstacleClass(pygame.sprite.Sprite):
    def __init__(self, image_file, location, obs_type):
        pygame.sprite.Sprite.__init__(self)
        self.image_file = image_file
        self.image = pygame.image.load(image_file)
        self.rect = self.image.get_rect()
        self.rect.center = location
        self.obs_type = obs_type
        self.passed = False

    def update(self):
        global speed
        self.rect.centery -= speed[1]
```

障碍物精灵的类（树和小旗）

```
def create_map():
    global obstacles
    locations = []
    for i in range(10):
        row = random.randint(0, 9)
        col = random.randint(0, 9)
        location = [col * 64 + 32, row * 64 + 32 + 640]
        if not (location in locations):
            locations.append(location)
            obs_type = random.choice(["tree", "flag"])
            if obs_type == "tree": img = "skier_tree.png"
            elif obs_type == "flag": img = "skier_flag.png"
            obstacle = ObstacleClass(img, location, obs_type)
            obstacles.add(obstacle)

def animate():
    screen.fill([255, 255, 255])
    obstacles.draw(screen)
    pygame.display.flip()


pygame.init()
screen = pygame.display.set_mode([640,640])
clock = pygame.time.Clock()
speed = [0, 6]
obstacles = pygame.sprite.Group()
map_position = 0
create_map()


running = True
while running:
    clock.tick(30)
    for event in pygame.event.get():
        if event.type == pygame.QUIT: running = False
    map_position += speed[1]

    if map_position >= 640:
        create_map()
        map_position = 0

    obstacles.update()
    animate()

pygame.quit()
```

每屏 10 个障碍物

创建包含障碍物的场景：640 像素×640 像素

防止两个障碍物位于同一个位置

重绘屏幕

初始化

主循环

记录障碍物已经往上滚动的程度

在下面创建含障碍物的新场景

运行以上代码，就可以看到树和小旗在屏幕上向上滚动了，如图 25-2 所示。

图 25-2 有树和小旗的界面

如果这些障碍物一直向上滚动，那么到屏幕外边了怎么办？

这个问题问得好！在上面的代码中，如果我们让这些障碍物在窗口的上边界之外一直向上滚动，那么它们的 y 坐标值（负值）的绝对值会越来越大。如果这个游戏运行较长时间，程序就会创建并积累大量的障碍物场景。这样很可能会拖慢程序的运行速度，或者在某个时间点出现内存不足的情况。因此，我们还要做一点代码清理工作。

在 ObstacleClass 类的 update() 方法中，我们要添加一个判断逻辑，判断障碍物是否滚动到屏幕外边了。如果是，就要移除该障碍物。Pygame 模块内置了名为 kill() 的方法，可用来删除障碍物。修改后的 update() 方法如下所示：

```
def update(self):
    global speed
    self.rect.centery -= speed[1]
    if self.rect.centery < -32:
        self.kill()
```

检查障碍物是否向上滚动到屏幕外边了

删除障碍物

现在可以将滑雪者的代码和障碍物的代码合并到一起了。

❑ SkierClass 类和 ObstacleClass 类必不可少。

❑ animate() 函数要同时绘制滑雪者和障碍物。

❑ 初始化代码需要创建滑雪者和初始地图。

❑ 在主循环中要绑定滑雪者的键盘事件并创建障碍物场景。

将代码清单 25-1 和代码清单 25-2 合并起来，如代码清单 25-3 所示。

代码清单 25-3　合并滑雪者代码与障碍物代码

```python
import pygame, sys, random

skier_images = ["skier_down.png", "skier_right1.png", "skier_right2.png",
                "skier_left2.png", "skier_left1.png"]

class SkierClass(pygame.sprite.Sprite):
    def __init__(self):
        pygame.sprite.Sprite.__init__(self)
        self.image = pygame.image.load("skier_down.png")
        self.rect = self.image.get_rect()
        self.rect.center = [320, 100]
        self.angle = 0

    def turn(self, direction):
        self.angle = self.angle + direction
        if self.angle < -2: self.angle = -2
        if self.angle > 2: self.angle = 2
        center = self.rect.center
        self.image = pygame.image.load(skier_images[self.angle])
        self.rect = self.image.get_rect()
        self.rect.center = center
        speed = [self.angle, 6 - abs(self.angle) * 2]
        return speed

    def move(self, speed):
        self.rect.centerx = self.rect.centerx + speed[0]
        if self.rect.centerx < 20: self.rect.centerx = 20
        if self.rect.centerx > 620: self.rect.centerx = 620

class ObstacleClass(pygame.sprite.Sprite):
    def __init__(self, image_file, location, obs_type):
        pygame.sprite.Sprite.__init__(self)
        self.image_file = image_file
        self.image = pygame.image.load(image_file)
        self.rect = self.image.get_rect()
        self.rect.center = location
        self.obs_type = obs_type
        self.passed = False

    def update(self):
        global speed
        self.rect.centery -= speed[1]
        if self.rect.centery < -32:
            self.kill()
```

滑雪者代码

障碍物代码

```
def create_map():
    global obstacles
    locations = []
    for i in range(10):
        row = random.randint(0, 9)
        col = random.randint(0, 9)
        location = [col * 64 + 32, row * 64 + 32 + 640]
        if not (location in locations):
            locations.append(location)
            obs_type = random.choice(["tree", "flag"])
            if obs_type == "tree": img = "skier_tree.png"
            elif obs_type == "flag": img = "skier_flag.png"
            obstacle = ObstacleClass(img, location, obs_type)
            obstacles.add(obstacle)
```
障碍物代码

```
def animate():
    screen.fill([255, 255, 255])
    obstacles.draw(screen)
    screen.blit(skier.image, skier.rect)
    pygame.display.flip()
```
重绘滑雪者和
障碍物

```
pygame.init()
screen = pygame.display.set_mode([640,640])
clock = pygame.time.Clock()
points = 0
speed = [0, 6]
skier = SkierClass()
obstacles = pygame.sprite.Group()
create_map()
map_position = 0
```
创建滑雪者

创建障碍物

初始化

```
running = True
while running:
    clock.tick(30)
    for event in pygame.event.get():
        if event.type == pygame.QUIT: running = False

        if event.type == pygame.KEYDOWN:
            if event.key == pygame.K_LEFT:
                speed = skier.turn(-1)
            elif event.key == pygame.K_RIGHT:
                speed = skier.turn(1)
    skier.move(speed)

    map_position += speed[1]

    if map_position >= 640:
        create_map()
        map_position = 0

    obstacles.update()
    animate()

pygame.quit()
```
主循环

运行代码清单 25-3 中的代码，就能操纵滑雪者滑下山坡，而且还会看到障碍物向上滚动。另外还需注意，滑雪者向左（右）滑动和向下滑动的速度取决于其转向方式。这个游戏马上就要制作完成了。

最后，我们还需要实现两个功能。

- ☐ 检测滑雪者是否碰到了树或者捡到了小旗。
- ☐ 记录并显示玩家的分数。

第 17 章已经介绍了如何进行碰撞检测。因为代码清单 25-3 已经将障碍物精灵放到了动画精灵组中，所以我们可以直接用 spritecollide() 函数来检测滑雪者是否碰到了树或者捡到了小旗。接下来我们需要知道这个障碍物到底是树还是小旗，然后判断以下两点。

- ☐ 如果是树，就将滑雪者的图像切换为"碰撞"的图像，并将玩家分 数减去 100。
- ☐ 如果是小旗，就将玩家分数加 10，并将小旗从屏幕上移除。

以上这些处理对应的代码包含在程序的主循环中，大概像下面这样：

```
hit = pygame.sprite.spritecollide(skier, obstacles, False)          碰撞检测
if hit:
    if hit[0].obs_type == "tree" and not hit[0].passed:      碰到树
        points = points - 100

        skier.image = pygame.image.load("skier_crash.png")      显示碰撞后的图
        animate()                                               像，时长 1 秒
        pygame.time.delay(1000)
        skier.image = pygame.image.load("skier_down.png")
        skier.angle = 0                                         继续向下滑
        speed = [0, 6]
        hit[0].passed = True          注意已经碰
                                      到了这棵树

    elif hit[0].obs_type == "flag" and not hit[0].passed:      捡到小旗
        points += 10
        hit[0].kill()          删除小旗
```

在上面的代码中，变量 hit 告诉我们滑雪者究竟是碰到了树还是捡到了小旗。变量 hit 是一个列表，但是其中只有一个元素，因为滑雪者一次只能碰到一个障碍物，所以其碰到的障碍物就是 hit[0]。

变量 passed 则用于标记滑雪者已经碰到的树，当滑雪者碰到树后继续向下滑时，它可以保证滑雪者不会立刻再次碰到同一棵树。

现在就要显示玩家分数了，这里只要再写 3 行代码就可以了。在程序的初始化

代码中，可以创建一个 `font` 对象，它是 Pygame 模块中 `Font` 类的实例：

```
font = pygame.font.Font(None, 50)
```

在主循环中，用一个新的分数文本来渲染 `font` 对象：

```
score_text = font.render("Score: " + str(points), 1, (0, 0, 0))
```

在 `animate()` 函数中，在屏幕的左上角显示玩家分数：

```
screen.blit(score_text, [10, 10])
```

以上就是 Skier 游戏的全部代码。如果你把上面这些代码都合并到一起，就会发现它们其实就是第 10 章的代码，不过现在你已经理解得更加深入了，这样对以后游戏的策划和开发大有裨益。

你学到了什么

在本章中，你学到了以下内容。

❑ Skier 游戏的各个部分的工作原理。
❑ 创建持续滚动的背景。

动手试一试

1. 试着修改这个 Skier 游戏，使游戏的难度随着游戏的进行而逐渐上升，可以参考以下建议。
   ❑ 随着游戏的进行，屏幕向上滚动的速度逐渐加快。
   ❑ 越往下滑，屏幕上的树就越多。
   ❑ 添加障碍物"冰"，增加滑雪者转向的难度。
2. Skier 游戏的灵感来自一个叫作 SkiFree 的游戏，在那个游戏中有一个非常讨厌的雪人会随机出现并追赶滑雪者。如果你想挑战自己，可以试着在 Skier 游戏中添加一些类似的障碍物，但前提是需要找到或者创建一张新的图片，修改相应代码从而实现预期功能。

第 26 章
使用套接字建立网络连接

对于在不同机器上运行的程序，本章将介绍如何使用计算机网络在它们之间发送数据。对初学者来说，这是一个相当高级的话题。但既然你已经读到了这里，我认为你已经准备好接受这个挑战了。

每当你将两台或多台计算机连接在一起的时候，无论是使用一根网线还是无线连接，你其实都是在创建一个计算机网络。世界上最著名的计算机网络就是**互联网**（Internet），它能实现在世界各地的计算机之间相互通信、对话。近到在线订购比萨，远到协调全球金融系统，总之，计算机网络可以用于各种各样的事情。

当两个程序要相互对话时，其中的一个程序会打开一个连接，连到另外一个程序。一旦它们连接起来，这两个程序就可以相互发送或接收字节数据了。网络连接有点像文件，我们需要确定机器之间通信所使用的协议（格式）。协议定义了信息将如何编码，包括发送什么字节、按照什么样的顺序等。

Python 自带了许多利用网络连接来工作的模块。在第 5 章中，我们使用了 urllib.request 从一台 Web 服务器上下载了一小段数据。正如第 22 章中的 pickle 模块利用一种特殊格式在文件中存储数据一样，urllib.request 模块使用了一种叫作 HTTP 的协议从互联网上获取数据。

另外，还有一种方式，那就是利用"更底层"的 socket 模块，将构造请求所需要的字节数据直接发送出去，如代码清单 26-1 所示。

代码清单 26-1　利用 socket 模块构造 HTTP 请求

打开套接字连接
到服务器

```
import socket
connection = socket.create_connection(('helloworldbook3.com', 80))
connection.sendall('GET /data/message.txt HTTP/1.0\r\n'.encode('utf-8'))
connection.sendall(b'Host: helloworldbook3.com\r\n\r\n')
```

请求服务器发送机密消息

```
response = bytes()
while True:
    new_data = connection.recv(4096)
    if not new_data:
        break
    response += new_data
print(response.decode('utf-8'))
connection.close()
```

接收服务器
返回的消息

当没有更多消息可供下
载时，停止接收消息

关闭套接字连接

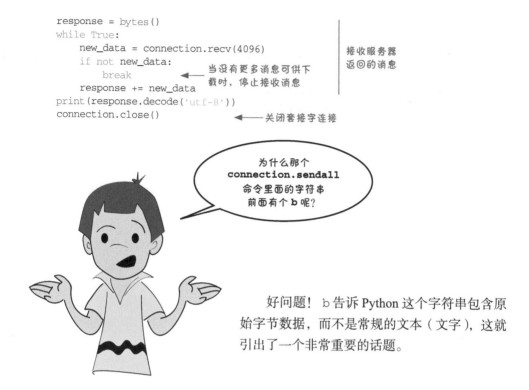

为什么那个
connection.sendall
命令里面的字符串
前面有个 **b** 呢？

　　好问题！b 告诉 Python 这个字符串包含原
始字节数据，而不是常规的文本（文字），这就
引出了一个非常重要的话题。

26.1　文本与字节

　　在本书目前所编写的大多数程序中，
我们用到了一串一串的文本：字母、数字、
标点符号和空格。但事实上计算机并不是
用字母来思考的，它会将数据以二进制数
字的方式存储在内存中，因此人们想出了
用二进制字节来代表文本的办法。（记住，
1 字节就是 8 个二进制位的组合。）

字　　母	二进制数	十进制数
A	01000001	65
B	01000010	66
C	01000011	67
D	01000100	68
E	01000101	69
F	01000110	70
G	01000111	71
H	01001000	72

　　然而，因为程序员很长一段时间都在
争论哪种方式最为有效，所以现在有许多
不同的**字符编码**可以用来在文本和字节之间做转换。不同的网络协议要求使用不同
的编码格式，当用 Python 通过套接字发送文本时（作为字节流），必须先声明你想用
哪一种编码格式。可以在一个字符串上调用 encode() 方法并传入编码的名字，这样
就可以做转换了。（本书会一直使用 UTF-8，这是现在最流行的编码格式。）

从前的美好时光

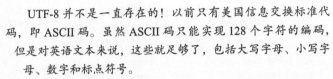

UTF-8 并不是一直存在的！以前只有美国信息交换标准代码，即 ASCII 码。虽然 ASCII 码只能实现 128 个字符的编码，但是对英语文本来说，这些就足够了，包括大写字母、小写字母、数字和标点符号。

如果你想用其他语言来编写，但该语言使用的字母不同于英语中的字母，那么除非编写特定的代码格式，否则相对难以实现。事实上很多人已经这样做了，这样就显得很乱。比如数字 169，它在一台俄文计算机上对应й，而在一台日文计算机上对应ヮ。现在情况就简单多了，基本上每个人都在使用 UTF-8，它包含了数千种字母，可以表示全世界所有的语言。

encode() 方法返回一种特殊的对象，叫作 bytes（字节对象）。这种对象有点像字符串，但是每个索引中存储的不是字母而是整数。在交互式 shell 中执行下面的命令，就可以看到字符串和 bytes 对象的区别了：

```
>>> hello_str = "Hello!"
>>> hello_bytes = hello_str.encode('utf-8')
>>> type(hello_str)
<class 'str'>
>>> type(hello_bytes)
<class 'bytes'>
>>> list(hello_str)
['H', 'e', 'l', 'l', 'o', '!']
>>> list(hello_bytes)
[72, 101, 108, 108, 111, 33]
>>>
```

bytes 对象有一个方法叫作 decode()，可以将字节转换成字符串：

```
>>> secret_word = bytes([112, 105, 122, 122, 97])
>>> secret_word.decode('utf-8')
'pizza'
>>>
```

在 Python 中也有一种创建 bytes 对象的快捷方式。如果字符串只包含 ASCII 字符（在大多数标准美式键盘上可以看到字母和符号），那么你就可以在这个字符串前面加上一个字母 b，把该字符串转换为 bytes 对象：

```
>>> some_bytes = b"pepperoni"
>>> type(some_bytes)
<class 'bytes'>
>>> list(some_bytes)
[112, 101, 112, 112, 101, 114, 111, 110, 105]
>>>
```

在 Python 中可以这样转换的原因是，在大多数的字符编码格式中，ASCII 字符对应的是相同的字节。

噢！卡特提出的这个问题，答案似乎有点长了，但是现在我们已经学习了 bytes 对象和字符编码，本章后续会用到这些知识。

26.2 服务器

我们之前提到了代码清单 26-1 的程序向 Web 服务器发送了一个请求。"服务器"到底指什么呢？当人们讨论服务器时，他们通常讨论的实质上是管理互联网的特殊计算机。这些计算机接受来自客户端程序（如 Web 浏览器）的连接，并提供相关信息。

事实上，一台服务器仅仅是一个可以接受连接的程序。你可以在任何计算机上运行一台服务器，包括你家里的计算机。和大多数网站使用的专用计算机相比，这台服务器可能无法处理那么多的连接，但它确实是可以工作的。

要编写一个服务器程序，我们需要做到以下几点。

1. 创建一个套接字。代码清单 26-1 使用了 socket.create_connection 来创建一个套接字连接，服务器则需要创建自己的套接字来接受该连接。
2. 告诉 Python 这台服务器要使用的**端口号**，这个过程叫作**绑定**。

到底怎么回事？

对一台计算机上的多个程序来说，它们之间可以借助端口号实现共享网络连接，不同的协议使用不同的端口号。比如代码清单 26-1 中用到的 HTTP 就使用了端口 80，电子邮件消息通常使用端口 25。

端口号的取值范围是 1 ~ 65535。通常你可以使用任意端口号，只要其他程序没有使用该端口号就可以了。（一般来说，你应当选取一个至少 4 位数字长度的端口号，大多数小的端口号已经被占用了。）

3. 将套接字绑定到一个端口号上后，告诉服务器监听从那个端口号上传入的
   连接。

4. 接受传入的连接，读取该连接的信息并向其发送某种响应。

5. 最后，当完成所有处理后，关闭服务器的套接字。

来看一下如何在 Python 中编写服务器程序，如代码清单 26-2 所示。

代码清单 26-2　一台简单的套接字服务器

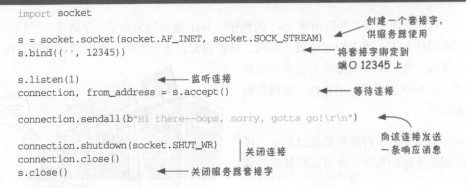

```
import socket

s = socket.socket(socket.AF_INET, socket.SOCK_STREAM)    创建一个套接字，
s.bind(('', 12345))                                      供服务器使用
                                                         将套接字绑定到
                                                         端口 12345 上
s.listen(1)              监听连接
connection, from_address = s.accept()                    等待连接

connection.sendall(b"Hi there--oops, sorry, gotta go!\r\n")
                                                         向该连接发送
connection.shutdown(socket.SHUT_WR)     关闭连接          一条响应消息
connection.close()
s.close()                关闭服务器套接字
```

当运行这个程序时，可能看起来
什么也没发生，那是因为服务器正在
等待连接。我们可以编写自己的程序
连接到这台服务器，但是就现在而言，
如果直接使用其他人写好的程序会容
易得多。大多数计算机自带了一个叫
作 Telnet 的程序，可以通过一种基于
文本模式的非常基础的方式，连接到
一台服务器上。

> 如果你在使用 Windows 计算机，
> 可能需要打开设置面板来启用 Telnet，
> 就是搜索 Telnet，然后在"打开或关
> 闭 Windows 功能"框中启用"Telnet
> 客户端"。如果你用的是 Mac，在本
> 书开头运行的安装程序中就已经包
> 含 Telnet 了。Linux 计算机默认支持
> Telnet 程序。

　　因为 Telnet 是文本模式的程序，
所以需要打开 shell 窗口才能使用
它。在 Windows 系统上，你可以在
Windows 启动菜单的系统目录中找到**命令提示符**应用程序。在 macOS 系统和 Linux
系统上，该程序通常叫作**终端**。

shell 的工作方式很像 Python 的交互式控制台。打开 shell 窗口之后，你就可以
键入 telnet，接着是一个空格，然后是想通信的计算机地址，这样就启动了 Telnet
程序。在大多数情况下，计算机地址就是像 127.0.0.1 这样的 IP 地址，但是由于我们
的服务器和 Telnet 客户端在同一台计算机上运行，因此这里会使用一个特殊的地址，

即 localhost。然后，再键入一个空格，接着是你想用的端口号。现在命令看起来应该如图 26-1 所示。

当按下回车键时，Telnet 程序会连接到服务器，这时候应该可以看到一条消息，如图 26-2 所示。

图 26-1 启动 Telnet 程序

图 26-2 Telnet 程序连接服务器

如果 Telnet 程序不工作，检查 Python 程序是否仍在运行。由于防火墙可以阻止程序创建或接受连接，因此可能同时需要禁用计算机上的防火墙软件。

到底怎么回事？

你或许在想代码清单 26-2 中的 socket.AF_INET 和 socket.SOCK_STREAM 代表什么意思，它们分别告诉 socket 模块创建一个使用 IPv4（AF_INET）和 TCP（SOCK_STREAM）的套接字。

IPv4（第 4 版互联网协议）用来确定数据去往以及如何到达某处。TCP（传输控制协议）可以创建连接并确保数据在互联网上准确无误地传输。这两个协议通常是结合在一起使用的，程序员经常把它们叫作 TCP/IP，这是现代互联网的基石。

有些计算机网络使用了 IPv6，这是一种使用长地址的新版本 IP。可以修改代码清单 26-2，把 socket.AF_INET 替换成 socket.AF_INET6，这样就可以使用 IPv6 了。也可能需要修改下一行，把 s.bind(('', 12345)) 改为 s.bind(('::', 12345))。

26.3 从客户端获得数据

代码清单 26-2 中的程序创建出的服务器作用有限。我们连接到了这台服务器，它发回了一条消息并立即关闭了连接。正如大多数有效程序需要从用户获得输入一样，大多数服务器会从客户端接收某种数据，代码清单 26-3 展示了这个过程。

代码清单 26-3 从套接字服务器上响应用户输入

```
import socket
s = socket.socket(socket.AF_INET, socket.SOCK_STREAM)
s.bind(('', 12345))                                          启动服务器并
s.listen(1)                                                  接受 1 个连接
connection, from_address = s.accept()
connection.sendall(b"Hi there! Welcome to my server!\r\nWhat's your name? ")
name = bytes()
while True:                                        等待客户端发送
    next_character = connection.recv(1)  ◄──── 1 字节的数据
    if next_character in [b'', b'\r', b'\n']:      当按下回车键或没有
        break                                       更多数据时停止读取
    else:
        name += next_character
connection.sendall(b"Nice to meet you, " + name + b"! Goodbye for now!\r\n")
connection.shutdown(socket.SHUT_WR)
connection.close()                                 每次从客户端读取
s.close()                                          1 字节数据
```

26.4 制作聊天服务器

目前本章已经介绍了关于套接字、客户端、服务器的基础知识，以及如何在网络上发送数据，接下来将利用这些知识创建一台简单的聊天服务器。

第一批服务器只能接受一个连接，这些服务器接受连接、做出响应，随即就关闭连接并退出程序。要创建的聊天服务器需要能够一次处理多个连接，这样可以连接大量的用户并接收消息。当某个用户向服务器发送一条消息时，我们要将该消息一并发送给其他所有用户。

通常，当调用套接字上的 recv() 方法时，Python 会一直等到一些数据传进来为止，并且在等待过程中，不能执行任何其他操作。这对聊天服务器来说是行不通的，在等待某个客户端发来消息时，我们根本无法知道是否有其他客户端预先发来了消息。因此我们必须改变这种做法，转而让 Python 等待，直到任意客户端发来消息，这种做法包括以下两个部分。

❑ 把套接字设置为非阻塞模式。这意味着当套接字在等待输入时，程序可以执行其他操作。可以在套接字上调用 setblocking(False) 来达到这一效果。
❑ 用一个叫作 select 的模块同时在多个套接字上等待。当我们传递给它的任意套接字上出现新数据时，select.select() 函数就会返回。

为了让下一个程序更清晰一些，这里创建了一个叫作 Client 的类。下面为每个客户端连接创建 Client 类的新实例，维护一个打开的客户端套接字列表，同时也会跟踪与每个套接字对应的 Client 类实例，如代码清单 26-4 所示。

代码清单 26-4　聊天服务器

```
import select, socket

server_socket = socket.socket(socket.AF_INET, socket.SOCK_STREAM)
server_socket.setsockopt(socket.SOL_SOCKET, socket.SO_REUSEADDR, 1)
server_socket.bind(('', 12345))
server_socket.listen()
server_socket.setblocking(False)

client_sockets = []
client_objects = {}

class Client:
    def __init__(self, socket):
        self.socket = socket
        self.text_typed = b""
        self.username = None

        socket.setblocking(False)
        msg = b'Welcome to the chat server!\r\n'
        msg += b'Please enter a username:\r\n'
        socket.send(msg)

    def receive_data(self):
        data = self.socket.recv(2048)
        if not data:
            self.close_connection()
            return
        for char in data:
            char = bytes([char])
            if char == b'\n':
                self.handle_command(self.text_typed.strip())
                self.text_typed = b""
            else:
                self.text_typed += char

    def handle_command(self, command):
        global client_objects
        if self.username == None:
            self.username = command
            msg = b'Hi, ' + self.username + b'!'
            msg += b' Type a message and press Enter to send it.\r\n'
            self.socket.send(msg)
        elif command == b'/quit':
            self.close_connection()
        else:
            msg = b'[' + self.username + b']: ' + command + b'\r\n'
            for client_object in client_objects.values():
                if client_object == self or client_object.username == None:
                    continue
                client_object.socket.send(msg)

    def close_connection(self):
        global client_sockets, client_objects
```

启动服务
器并监听
连接

设置套接字为
非阻塞模式

每次最多读取
2048 字节

当没有更多数据可以读
取时，也就意味着客户
端已经关闭了连接

当有更多数据要读
取或客户端已经关
闭了连接时，则调
用这段程序

当用户按下回车
键时，就发送已
键入的消息

将消息发送给
服务器上的其
他所有用户

```
        client_sockets.remove(self.socket)
        del client_objects[self.socket.fileno()]
        self.socket.close()

while True:
    ready_to_read = select.select([server_socket] + client_sockets, [], [])[0]
    for sock in ready_to_read:
        if sock == server_socket:
            new_connection, address = sock.accept()
            client_sockets.append(new_connection)
            client_objects[new_connection.fileno()] = Client(new_connection)
            server_socket.listen()
        else:
            client_objects[sock.fileno()].receive_data()
```

等待其中任意套
接字上收到消息

当服务器获得新连接
时,运行这段程序

当某个现有客户端发送
数据或者关闭连接时,
运行这段程序

继续监听更多的连接

你可能已经注意到了,这一次在设置服务器套接字时,我们采取了不同的方法。之前,如果服务器没有关闭套接字就停止运行(或许服务器崩溃了,又或许你按下了 CTRL+C 组合键),你可能无法立即在相同的端口上运行另外一台服务器。但是,下面这行代码就可以避免这个问题:

```
server_socket.setsockopt(socket.SOL_SOCKET, socket.SO_REUSEADDR, 1)
```

可以这样来测试这个程序:在计算机上打开多个 shell 窗口,并在每个窗口中都运行 telnet localhost 12345。如果你在某个窗口中键入一条消息然后按下回车键,这条消息应该会出现在其他所有窗口中。

所以,我们找到了一种可以让人们相互之间发送消息的方法,但是他们都必须挨个站在一起并在同一台计算机上键入消息吗?

你说得对,卡特,那样听起来没什么用。为了让我们的聊天服务器能够真正地工作,应当把多台计算机连接起来。为此,我们需要学习一些关于 IP 地址如何工作的内容。

26.4.1　IP 地址

当你插入一根网线或者使用 Wi-Fi 连接到网络时,这个网络就会给计算机分配一个 IP 地址。IPv4 地址通常包含用点号分隔的 4 个数字，如 192.168.27.86。IPv6 地址就长得多了，而且其中可以包含字母、数字和冒号，如 fe80::fa5d:8468:4ce2:c681。

网络上的其他计算机可以使用 IP 地址连接到你的计算机上，这有点像其他人通过电话号码来呼叫你。然而大多数时候，网络分配的 IP 地址只能被同一个网络上的计算机使用，比如学校里的所有计算机或者家里的所有计算机。在个人网络上使用的地址叫作**本地 IP 地址**。

因此，如果你想在多台计算机上尝试使用聊天服务器，那么只要每台计算机都知道运行服务器程序的那台计算机的 IP 地址，并且这些计算机都是在同一个网络上，这样就可以做到了。

查找计算机本地 IP 地址的方法取决于当前使用的操作系统。可以尝试在计算机的网络设置中查找 IP 地址，也可以在 shell 窗口中键入 `ipconfig` 命令或 `ifconfig` 命令，还可以在 Web 上搜索 "本地 IP 地址是什么"。然后，在另外一台计算机上运行 Telnet 并传入刚才找到的那个 IP 地址，就可以连接到服务器上了，这个命令看起来像这样：`telnet 192.168.1.38 12345`。

如果连接到了互联网，那么计算机还会有一个**全局 IP 地址**，也叫作**公网 IP 地址**，这个地址可以用来连接到本地网络之外的服务器上。但是，因为通常在一个本地网络上的所有设备都会共享一个全局 IP 地址，所以其他人很可能无法使用这个 IP 地址连接到你的计算机所在的服务器上。

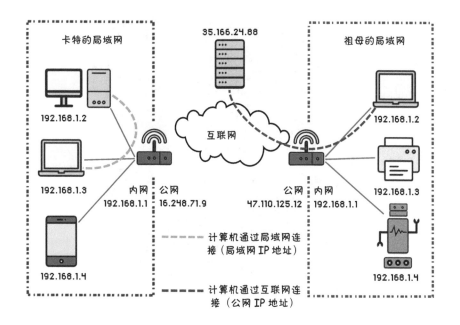

26.4.2 创建聊天客户端

图 26-3 新消息打断未完成的消息

卡特注意到这个问题了，使用 Telnet 从这台聊天服务器发送并接收数据，存在一定的局限性，如图 26-3 所示。本章的最后一部分将使用 Pygame 模块为这台聊天服务器创建个性化的客户端，如图 26-4 所示。

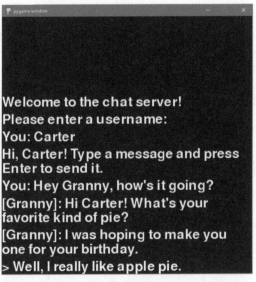

图 26-4 使用 Pygame 模块创建的聊天客户端

这个客户端工作起来更像一个正常的聊天程序，你可以在屏幕下方键入消息而不会被打断。首先来编写一个 Pygame 程序，如代码清单 26-5 所示，它可以让我们键入一条消息！

代码清单 26-5 键入一条消息

```python
import pygame

pygame.init()
screen_width, screen_height = screen_size = (640, 320)
font = pygame.font.Font(None, 50)
bg_color = (0, 0, 0)
text_color = (255, 255, 255)

screen = pygame.display.set_mode(screen_size)
pygame.key.set_repeat(300, 100)
typing_text = ""          ← 在开始时，屏幕上
running = True               设有文本消息
clock = pygame.time.Clock()

while running:
    clock.tick(60)
    for event in pygame.event.get():
        if event.type == pygame.QUIT:
            running = False
        elif event.type == pygame.KEYDOWN:
            if event.key == pygame.K_BACKSPACE:
                if typing_text:
                    typing_text = typing_text[:-1]    ← 删除已显示文本消息
            elif event.key == pygame.K_RETURN:           的最后一个字符
                typing_text = ""
            else:
                typing_text += event.unicode    ← 将用户键入的字母加入到
在屏幕底部绘制                                       已显示的文本消息中
文本消息
    screen.fill(bg_color)
    typing_surf = font.render(typing_text, True, text_color, bg_color)
    screen.blit(typing_surf, (0, screen_height - typing_surf.get_height()))
    pygame.display.flip()

pygame.quit()
```

这里的大部分代码看起来跟前面章节中的代码很相似。可能你会对 event.unicode 感到疑惑，它是 Pygame 键盘事件上的一个属性，包含一个带有键入字母或符号的字符串。

如果运行这个程序，你应该可以键入一条消息，它会显示在窗口的底部。你可能也注意到了，如果键入一条很长的消息，它只能显示到窗口的边缘处（多余部分就被截断了），如图 26-5 所示。

This message is so long that part of it g

图 26-5　在这个 Pygame 程序中键入一条很长的消息

这是因为 pygame.font.Font.render()
总是在一行中显示文本信息（只显示单行文
本）。因为并不知道当前窗口的宽度，所以它
无法实现单词自动折行的功能，接下来就一
起解决这个问题吧。

如何才能把这么长的书放进书架里呢？

术语箱

> 　单词折行，也叫作换行，是为了避
> 免文本单行放置过长，而将其分割成多
> 行来显示。本书中的所有文本都是自动
> 换行的，否则会造成页面过宽。

　　EasyGUI 和 PyQt 中的文本组件都内置了自动折行功能。但是，Pygame 模块并
没有这种功能，我们不得不自己来实现，如代码清单 26-6 所示。

代码清单 26-6　键入一条自动折行的消息

```
import pygame
pygame.init()
screen_width, screen_height = screen_size = (640, 320)
font = pygame.font.Font(None, 50)
bg_color = (0, 0, 0)
text_color = (255, 255, 255)
space_character_width = 8                          ← 注意，我们加入
screen = pygame.display.set_mode(screen_size)        了这个常量
pygame.key.set_repeat(300, 100)
def message_to_surface(message):
    words = message.split(' ')
    word_surfs = []
    word_locations = []
    word_x = 0
```

```
            word_y = 0
            text_height = 0
            for word in words:
                word_surf = font.render(word, True, text_color, bg_color)
                if word_x + word_surf.get_width() > screen_width:
                    word_x = 0
                    word_y = text_height
                word_surfs.append(word_surf)
                word_locations.append((word_x, word_y))
                word_x += word_surf.get_width() + space_character_width
                if word_y + word_surf.get_height() > text_height:
                    text_height = word_y + word_surf.get_height()
            surf = pygame.Surface((screen_width, text_height))
            surf.fill(bg_color)
            for i in range(len(words)):
                surf.blit(word_surfs[i], word_locations[i])
            return surf
    typing_text = ""
    running = True
    clock = pygame.time.Clock()
    while running:
        clock.tick(60)
        for event in pygame.event.get():
            if event.type == pygame.QUIT:
                running = False
            elif event.type == pygame.KEYDOWN:
                if event.key == pygame.K_BACKSPACE:
                    if typing_text:
                        typing_text = typing_text[:-1]
                elif event.key == pygame.K_RETURN:
                    typing_text = ""
                else:
                    typing_text += event.unicode
        screen.fill(bg_color)
        typing_surf = message_to_surface(typing_text)
        screen.blit(typing_surf, (0, screen_height - typing_surf.get_height()))
        pygame.display.flip()
    pygame.quit()
```

创建一个表面，只包含一个单词

如果这个单词太长，无法在当前行中显示，就把它移到下一行

在这个单词和下个单词间加上一个空格

将所有单词表面绘制到一个大表面上

修改这一行，调用新编写的文本折行函数

看到这段代码，你可能注意到了，现在每个单词都绘制到单独的表面上了，这样就能够准确地控制每个单词要显示的位置。然后，将所有的单词表面都合并到一个大表面并且输出到屏幕上，如图 26-6 所示。

现在就可以用这个程序连接到聊天服务器了！

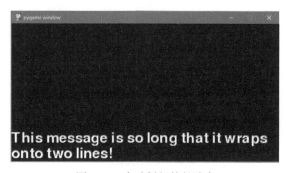

图 26-6　自动折行的长消息

　　我们的客户端会一直等待从服务器发过来的消息，有时候会有消息，有时候则没有。当服务器上没有消息时，调用 recv() 方法通常会暂停程序，直到有新的消息发过来。如果想在等待消息的同时执行其他操作，需要使用非阻塞模式。

　　在非阻塞模式中，当没有数据可接收时，调用 recv() 方法会导致 BlockingIOError 错误，而不是暂停整个程序。如果我们用 try-except 块（参见第 24 章）来处理这个错误，那么在套接字等待输入时，程序就会继续运行，如代码清单 26-7 所示。

代码清单 26-7　网络聊天客户端

```python
import pygame
import socket                    ←── 导入 socket 模块
pygame.init()
screen_width, screen_height = screen_size = (640, 640)    ←── 增加屏幕的高度，
font = pygame.font.Font(None, 50)                              显示更多消息
bg_color = (0, 0, 0)
text_color = (255, 255, 255)
space_character_width = 8
message_spacing = 8
connection = socket.create_connection(('localhost', 12345))   ┐
connection.setblocking(False)                                 ├ 连接到服务器
screen = pygame.display.set_mode(screen_size)                 ┘
pygame.key.set_repeat(300, 100)

def message_to_surface(message):
    words = message.split(' ')
    word_surfs = []
    word_locations = []
    word_x = 0
    word_y = 0
    text_height = 0
    for word in words:
        word_surf = font.render(word, True, text_color, bg_color)
        if word_x + word_surf.get_width() > screen_width:
            word_x = 0
            word_y = text_height
        word_surfs.append(word_surf)
        word_locations.append((word_x, word_y))
        word_x += word_surf.get_width() + space_character_width
        if word_y + word_surf.get_height() > text_height:
            text_height = word_y + word_surf.get_height()
    surf = pygame.Surface((screen_width, text_height))
    surf.fill(bg_color)
    for i in range(len(words)):
        surf.blit(word_surfs[i], word_locations[i])
    return surf
message_surfs = []

def add_message(message):                        ┐
    if len(message_surfs) > 50:                   │ 用新的代码跟踪
        message_surfs.pop(0)                      │ 已发送的消息
    message_surfs.append(message_to_surface(message))   ┘
```

```
text_from_socket = b''

def read_from_socket():
    global connection, text_from_socket, running
    try:
        data = connection.recv(2048)
    except BlockingIOError:          处理非阻塞模式
        return                        导致的错误

    if not data:                      当连接关闭时        用新的代码从套接字
        running = False               停止程序           中读取消息
    for char in data:
        char = bytes([char])
        if char == b'\n':
            add_message(text_from_socket.strip().decode('utf-8'))  ◄
            text_from_socket = b''
        else:                                   将来自服务器的消息从字节转换为
            text_from_socket += char             单个字符串，并绘制出来

def redraw_screen():
    screen.fill(bg_color)

    typing_surf = message_to_surface("> " + typing_text)
    y = screen_height - typing_surf.get_height()
    screen.blit(typing_surf, (0, y))                          用新的函数在
                                                              屏幕上绘制所
    message_index = len(message_surfs) - 1                     有消息
    while y > 0 and message_index >= 0:
        message_surf = message_surfs[message_index]
        message_index -= 1
        y -= message_surf.get_height() + message_spacing
        screen.blit(message_surf, (0, y))
    pygame.display.flip()
running = True
typing_text = ""
clock = pygame.time.Clock()
while running:
    clock.tick(60)
    for event in pygame.event.get():
        if event.type == pygame.QUIT:
            running = False
        elif event.type == pygame.KEYDOWN:
            if event.key == pygame.K_BACKSPACE:
                if typing_text:
                    typing_text = typing_text[:-1]
            elif event.key == pygame.K_RETURN:
                add_message('You: ' + typing_text)
                connection.send(typing_text.encode('utf-8') + b"\r\n")  ◄
                typing_text = ""
            else:                                              用新的代码向服务
                typing_text += event.unicode                   器发送一条消息
    read_from_socket()            通过修改主循环，
    redraw_screen()               调用新的函数
pygame.quit()
connection.close()    ◄─── 在完成操作后关闭连接
```

"同时运行这两个程序"
是什么意思呢?
我只有一台计算机,
而且 IDLE 一次只能
运行一个程序啊!

现在我们有了聊天服务器和聊天客户端。接下来就可以同时运行这两个程序，查看它们是不是正常工作！如果它们在不同的计算机上运行，那么需要把客户端程序中的 `'localhost'` 修改为服务器的 IP 地址。

好吧，卡特，现在我们需要想另外一个办法来运行其中一个程序。到目前为止，我们一直在用 IDLE 来运行程序，但是在 shell 窗口中运行 Python 程序也是可行的，就像在 shell 窗口中运行 Telnet 程序一样。

其实这非常简单。只需要键入 python，然后键入一个空格，接着就是程序的名字，程序就会运行起来了。比较麻烦的地方就是要确保 shell 程序在正确的路径上，这样 shell 才能找到你的程序并运行它。

你可能还记得我们在第 22 章中讨论过路径、目录和子目录。在 shell 中，你可以用 cd 命令在目录树中来回移动。要进入子目录的话，可以键入 cd，接着键入一个空格，随后就是这个子目录的名字。而且，你可以键入 cd ..回到目录树中的上一层目录。图 26-7 展示了如何利用 shell 进入正确的目录，然后运行其中一段样例代码。

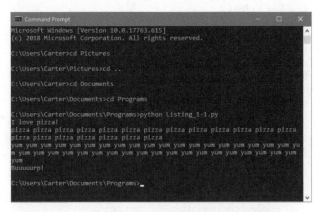

图 26-7　利用 shell 进入正确的目录并运行代码

也许你需要多尝试几次，才能让 shell 进入正确的目录，但只要完成了这一步，后面的事情就很简单了。你可以先在 shell 中运行客户端或者服务器，然后在 IDLE 中运行另外一个程序。

你学到了什么

在本章中，你学到了以下内容。

❏ 计算机在互联网上发送文本前，预先对文本进行编码的原因。
❏ 使用套接字连接到另外一台计算机。
❏ 在套接字上发送和接收数据。
❏ 接受来自其他计算机的套接字连接。
❏ 在套接字上等待数据时，利用非阻塞模式可以执行其他操作。
❏ 自动换行的工作原理。
❏ 在 shell 中运行程序。

测试题

扫码查看
习题答案

1. 什么是服务器？
2. 在将字符串传给 `socket.sendall()` 前，需要对字符串进行什么处理？
3. 为什么自己家里的计算机不能直接连接到朋友家里的计算机上？
4. 在 shell 中可以用什么命令在目录树中来回移动？

动手试一试

1. 使用 `telnet` 命令，尝试手动将 HTTP 请求直接发送至 Web 服务器，可以参考代码清单 26-1。
2. 很多聊天服务器支持用 /me 命令发送特殊消息。如果某人在聊天窗口中键入了这样一条消息：

   ```
   /me is feeling hungry
   ```

   服务器就会向每个人发送一条类似的消息：

   ```
   * Carter is feeling hungry
   ```

   尝试让这个聊天程序也支持这个命令。（只需要修改服务器，无须修改客户端。）

3. 当有新用户加入聊天时，很多聊天服务器会向其他用户发送一条消息。修改本章的聊天服务器，使它也实现这个功能。
4. 为聊天程序增加"表情符号"功能，该功能的工作原理就是用图片替代特殊的单词。比如，可以把 :pizza: 替换成比萨的图片。（只需要修改客户端，无须修改服务器。）

第 27 章

接下来呢

本书已接近尾声。如果你读完了整本书，并且尝试了书中的所有示例，现在应该对编程及其用途有了基本的了解。

本章介绍一些其他资源，可以浏览更多关于编程的信息。在这些资源中，有些关于通用编程，有些针对 Python 编程，还有一些关于游戏编程或其他一些方面。

关于如何进一步学习编程，主要还是取决于你想利用编程做些什么。现在你大概了解了 Python 编程，另外，本书中的很多知识是通用的编程思想和概念，在其他计算机语言中也完全适用。因此，如何学习以及学些什么都取决于你想往哪个方向深入：游戏？ Web 编程？机器人编程？（机器人需要软件告诉它们执行的操作。）

27.1 致小·读者

对小读者来说，如果你喜欢用 Python 学习编程，可能你也会乐于尝试另一种方法——Scratch。这是一种面向青少年或初学者的编程"语言"，它几乎是完全图形化的。你几乎不用编写任何代码就可以创建程序，就是通过拖放动画精灵和编排代码块来控制动画精灵的行为。

另外一种编程语言看起来和 Scratch 很类似，那就是 Squeak Etoys。和 Scratch 一样，Squeak Etoys 也可以通过拖放动画精灵的方式来编写程序，其中的图形对象在幕后会转换为一种叫作 Smalltalk 语言的代码。可以在 squeakland 网站了解更多有关 Squeak Etoys 的内容。

27.2　Python

还有很多资源可以帮助你更深入地学习 Python。在线 Python 文档非常完备，不过读起来可能有点困难。这份文档包括语言参考、库参考、全局模块索引和在线教程。可以在 Python 网站的 Docs 页面，浏览这些文档。

另外，现在出现了很多关于 Python 高级编程的书，鉴于这个数量过于庞大，本书就不作具体推荐了。总之，选择哪些书取决于你个人的品味、学习方式以及使用 Python 的目的。我坚信，如果你想深入学习 Python，就一定能找到适合自己的书。

27.3　游戏编程与 Pygame 模块

如果你只是想编写游戏，那么关于这个主题的书实在是太多了，考虑到篇幅原因，这里将不作细述。在游戏编程方面，你可能会学习一种叫作 OpenGL 的技术，这是 Open Graphics Language（开放式图形语言）的缩写，很多游戏使用了这种图形系统。在 Python 中可以调用一个名为 PyOpenGL 的模块来使用 OpenGL 技术，关于这方面的内容也可以找到很多参考书目。

如果你对 Pygame 模块感兴趣，也可以找到一些资源来学习更多的知识，Pygame 网站就提供了很多示例和教程。

如果想在游戏中实现更逼真的物理效果，可以尝试一些不同的库。比如 PyMunk 库，它是基于 Chipmunk 物理引擎开发的。可以利用 Chipmunk 物理引擎在二维世界中创建圆、直线和图形等，它会让这些图形模拟出物理学中一些基本的作用力，比如重力和摩擦力。可以在 PyMunk 网站下载该库。

27.4　其他语言的游戏编程（不包括 Python）

如果你对游戏编程很感兴趣，可能会想了解 Unity 游戏引擎。Unity 包含很多内容，比如 3D 游戏引擎和物理引擎，还提供了编写脚本的能力。Unity 的脚本是使用一种叫作 C# 的语言来编写的。

一些游戏可以通过编写代码实现扩展，有可能你已经玩过这些游戏了。比如，Roblox 游戏（参见 Roblox 网站）支持利用 Lua 语言编写代码。Minecraft 游戏（《我的世界》）支持利用 Lua 语言、Forth 语言或 Java 语言编写代码，从而获取游戏模组。另外，备受欢迎的 Angry Birds 游戏（《愤怒的小鸟》）就是用 Lua 语言编写的。

27.5 传承 BASIC

如果去图书馆找书,你可能会注意到这样一种现象:20 世纪 80 年代出现了大量面向青少年或初学者的编程书,其中很多用到了一种名为 BASIC 的语言,这种编程语言在当时颇为流行(现在仍能找到一些针对现代计算机的 BASIC 语言版本)。在这些编程书中往往有很多游戏示例,如果你把某个游戏用 Python 语言重写,可能会很有趣。当然如果有必要,可以用 Pygame 模块或 PyQt 模块来实现游戏中的图形部分。我保证这样做一定会大有收获!

27.6 网站

如果要创建一个网站,那么需要学习 3 种语言:HTML、CSS 和 JavaScript。HTML 包括网页的内容和框架,CSS 涉及网页的样式,JavaScript 可以用来响应用户的输入。MDN Web Docs 网站就是学习网站开发的好资源。

当然,还有许多无须编写任何代码就可以创建网站的工具,本书并未全部列明。很可能你会享受从零开始搭建网站的过程。

27.7 移动应用程序

如果你对编写 iOS 系统或者 Android 系统的应用程序感兴趣,可以通过多种方式来实现。以编写原生(native)应用程序为例:在 iPhone 设备上,可以用 Swift 编程语言和 UIKit 图形库来实现;在 Android 设备上,可以用 Kotlin 编程语言来实现。

此外,还有一些跨平台的应用程序开发工具,这些工具降低了兼容 iOS 系统和 Android 系统的程序的编写难度。现在有很多这样的开发工具,而且新的开发工具也不断涌现,在你阅读本书时,这里提到的一些开发工具很可能已经过时了。

27.8 回顾

除了本书介绍的内容外,还有许多其他的主题可供研究,同时,也有很多其他的资源,可以帮助你了解不同的编程领域(尤其是 Python)。你可以在图书馆或书店中找一找,看看哪些书中有你感兴趣的内容。也可以在互联网上搜索这些主题,浏览是否有一些在线教程或者 Python 模块有助于实现目标。

虽然通过 Python 可以实现很多操作，但对一些特定操作来说，可能还要用到其他的编程语言，比如 C 语言、C++ 语言、Java 语言、JavaScript 语言（和 Java 语言完全不同）。这时，就要找到其他书或者资源来学习相关语言了。这方面的书和学习资源也非常之多，本书不再赘述。

不管怎样，尽情享受编程的乐趣吧！你可以不断地学习、探索和实验。对编程了解得越多，就会发觉它越有意思！

版权声明